Pour le Professeur W. Pyta,
cette

La petite exploitation rurale triomphante

France, XIXe siècle

en très cordial
hommage
J J Mayaud

En couverture :
Rappel des glaneurs (détail). Tableau de Jules Breton (1827-1905). Musée d'Orsay. © RMN – Jean Schormans.

JEAN-LUC MAYAUD

La petite exploitation rurale triomphante
France, XIXe siècle

BELIN
8, rue Férou 75278 Paris cedex 06
http://www.editions-belin.com

HISTOIRE ET SOCIÉTÉ

DANS LA MÊME COLLECTION

HISTOIRE DE LA BELLE JARDINIÈRE
LA CITY DE LONDRES
VERS UNE SOCIÉTÉ EUROPÉENNE
DU LUXE AU CONFORT
LE GRAND OPÉRA EN FRANCE
LES FRANCO-AMÉRICAINS
LES MÉDIAS AMÉRICAINS EN FRANCE
LIMOGES, LA VILLE ROUGE
LES ÉCOLES D'ARTS ET MÉTIERS
LA FÉE ET LA SERVANTE
LA RÉVOLUTION FERROVIAIRE (1823-1870)
LES EXPOSITIONS UNIVERSELLES (1851-1900)
MONTRÉAL
LES FRANÇAIS ET LEUR MÉDECINE AU XIXe SIÈCLE
L'ARCHITECTURE MÉTALLLIQUE AU XXe SIÈCLE
LA FRANCE N'EST-ELLE PAS DOUÉE POUR L'INDUSTRIE

Le code de la propriété intellectuelle n'autorise que *« les copies ou reproductions strictement réservées à l'usage privé du copiste et non destinées à une utilisation collective »* [article L. 122-5]; il autorise également les courtes citations effectuées dans un but d'exemple ou d'illustration. En revanche «toute représentation ou reproduction intégrale ou partielle, sans le consentement de l'auteur ou de ses ayants droit ou ayants cause, est illicite» [article L. 122-4]. La loi 95-4 du 3 janvier 1994 a confié au C.F.C. (Centre français de l'exploitation du droit de copie, 20, rue des Grands Augustins, 75006 Paris), l'exclusivité de la gestion du droit de reprographie. Toute photocopie d'œuvres protégées, exécutée sans son accord préalable, constitue une contrefaçon sanctionnée par les articles 425 et suivants du Code pénal.

© 1999 Éditions Belin   ISSN 0985-4460   ISBN 2-7011-**1144**-7

*À Ronald Hubscher,
le pionnier et l'ami.*

*À Martine Bacqué-Cochard
et à Yann Stéphan,
les continuateurs.*

DU MÊME AUTEUR

L'industrie en sabots, Paris, Éditions Garnier, 1982 (en coll. avec C.-I. Brelot).
Les Secondes Républiques du Doubs, Paris, Les Belles-Lettres, 1986.
Courbet et Ornans, Paris, Éditions Herscher, 1989 (en coll. avec J.-J. Fernier et P. Le Nouëne).
150 ans d'excellence agricole en France. Histoire du Concours général agricole, Paris, P. Belfond, 1991.
Les patrons du Second Empire. Franche-Comté, Paris/Le Mans, Picard éditeur/Éditions Cénomane, 1991.
Besançon horloger, 1793-1914, Besançon, Musée du Temps, 1994.
Voyages en histoire, Besançon, Annales littéraires de l'Université, 1995 (co-dir. avec C.-I. Brelot).
Horlogeries : le temps de l'histoire, Besançon, Annales littéraires de l'Université, 1995 (co-dir. avec Ph. Henry).
Cinquante ans de recherches sur 1848. – Revue d'histoire du XIXe siècle, n° 14, 1997 (co-dir. avec F. Démier).
L'animal domestique, XVIe-XXe siècles. – Cahiers d'histoire, tome 42, n° 3-4, 1997 (co-dir. avec É. Baratay).
Clio dans les vignes, Lyon, Presses universitaires de Lyon, 1998 (dir.).
1848 en provinces. – Cahiers d'histoire, tome 43, n° 2, 1998 (dir.).
Courbet, l'Enterrement à Ornans : un tombeau pour la République, Paris, La Boutique de l'histoire Éditions, 1999.

« *M. Jaurès.* À cette heure, la propriété agricole, la propriété paysanne, n'a guère le choix qu'entre deux formes de disparition : elle disparaîtra par la ruine, ou par la finance et le capital mobilier. *(Applaudissements à l'extrême gauche).*
 M. Charles Ferry. Elle nous enterrera tous !
 M. Jaurès. Elle nous enterrera tous, dites-vous, monsieur Charles Ferry ? Je crois, au contraire, que c'est vous qui l'enterrerez ; je crois que la petite propriété paysanne se dérobera à ceux qui ont mis en elle tout leur espoir, et qu'elle est condamnée par la nécessité même du développement capitaliste »[1].

Avertissement

L'ouvrage que voici est la version actualisée du mémoire pour l'habilitation à la direction de recherche que j'ai soutenue en décembre 1994 devant l'Université Paris X-Nanterre, sous le titre *La petite exploitation paysanne dans la France agro-industrielle du XIXe siècle*. Le jury, constitué des professeurs Louis Bergeron (EHESS), Claude-Isabelle Brelot (Lyon 2), François Caron (Paris IV), Gilbert Garrier (Lyon 2), Ronald Hubscher (Paris X) et Alain Plessis (Paris X), avait souhaité la publication de ce texte. Grâce aux directeurs de la collection « Modernités » aux Éditions Belin, c'est donc chose faite, dans une forme quelque peu revue et partiellement allégée de son appareil critique : je remercie bien vivement Louis Bergeron et Patrice Bourdelais pour leur confiance et pour les conseils qu'ils ont bien voulu me donner.

L'exercice de l'habilitation à la direction de recherche n'est pas aisé pour qui doit, tout à la fois, rendre compte de son activité scientifique depuis la soutenance de sa thèse et proposer une « œuvre originale » synthétisant travaux, réflexions et programme de recherche. Il oblige ainsi à une certaine ego-histoire que j'ai tenté d'éviter malgré la fréquence de l'autocitation peu conforme aux usages : le lecteur voudra bien, je l'espère, tenir compte des contraintes particulières de l'exercice auquel j'ai souhaité conserver pour partie sa forme originale. La thèse relative à la petite exploitation rurale, défendue ici, s'applique à la France du

XIXe siècle. Il aurait été possible de multiplier les exemples locaux pour l'illustrer. Reste que la nature de la démarche – rendre compte de ses propres travaux – et le souci d'une démonstration cohérente et précise me font resserrer systématiquement l'argumentation sur le terrain de la Franche-Comté, région à laquelle j'ai consacré plusieurs années de recherches. La construction de ce livre, de l'ensemble français aux départements comtois, ne vise qu'à l'efficacité scientifique en prenant appui sur la cohérence de recherches antérieures. Elle ne signifie nullement ni enfermement dans une histoire régionaliste ni défense d'une spécificité comtoise.

La solitude de l'historien devant son clavier d'ordinateur a été largement compensée d'abord par de multiples échanges avec les collègues et amis qui ont accepté de discuter de mon projet, puis par les débats avec ceux – souvent les mêmes – qui ont suivi la progression de sa mise en œuvre. Ma gratitude est grande envers les professeurs Maurice Garden (ENS Cachan), Paul Gerbod (Paris XIII), Yves Rinaudo (Avignon) et le regretté Philippe Vigier; Claude-Isabelle Brelot, fidèle complice depuis les années de recherche en Franche-Comté, et Ronald Hubscher, tuteur de ce mémoire, n'ont pas ménagé leur peine, discutant et relisant ce travail, de ses premières ébauches au manuscrit final. Ont encore apporté leurs amicales observations Marcel Jollivet et Hugues Lamarche, sociologues ruralistes du CNRS (Paris X), et le professeur d'économie rurale Philippe Lacombe (Montpellier). Que soient encore remerciés mes collègues historiens Jean-Clément Martin (Nantes), André Straus (CNRS-Paris I), Patrick Verley (Paris I) et Eugen Weber (Los Angeles): leur réflexion sur la présentation de ce travail m'a été précieuse.

Ce n'est pas par conformisme académique que je tiens à remercier les membres de mon jury: leur approbation comme leurs remarques et leurs critiques pertinentes m'ont conduit à infléchir quelque peu mon propos. Les professeurs Giulliana Biagioli (Pise), Edward J.T. Collins (Reading), Heinz Gerhard Haupt (Bielefeld), Jean-Pierre Hirsch (Lille 3), Jean-Pierre Jessenne (Rouen), Philippe Jobert (Dijon), John M. Merriman (Yale) et Peter McPhee (Melbourne), ont accepté eux aussi, de débattre de la petite exploitation rurale, et je leur en sais gré. Je n'oublie pas non plus les collègues étrangers qui m'ont invité à présenter les résultats de mes travaux devant les doctorants de leur université

AVERTISSEMENT

et/ou de leur équipe de recherche; ainsi s'est structuré un authentique réseau international de recherche. Merci donc, pour leur confiance et leurs riches critiques aux professeurs Lourenzo Fernández Prieto (Saint-Jacques-de-Compostelle), Ramon Garrabou (Barcelone), Anne-Lise Head (Genève), Philippe Henry (Neuchâtel), François Jequier (Lausanne), Philippe Marguerat (Neuchâtel), Gino Massulo (Rome), Lutz Raphael (Trèves) et Enric Saguer (Gérone).

Je voudrais enfin dire ma reconnaissance aux membres de l'axe « sociétés rurales européennes contemporaines » du Centre Pierre Léon – collègues, postdoctorants et doctorants – et particulièrement à Martine Bacqué-Cochard et à Yann Stéphan, qui ont entrepris avec courage une thèse d'histoire sur le thème de la petite exploitation et auxquels ces pages sont dédiées: le travail collectif entrepris dans l'enthousiasme ne peut que laisser augurer un renouvellement de l'histoire rurale contemporaine.

Introduction

Les profonds bouleversements de l'espace rural de ce dernier demi-siècle n'ont pas fait disparaître l'un des traits de l'agriculture française : la modestie relative de ses exploitations agricoles. Si leur superficie moyenne est aujourd'hui à peine supérieure à une vingtaine d'hectares, c'est qu'à la différence des secteurs industriel et financier, toujours plus concentrés, l'agriculture demeure, qu'on le regrette ou non, largement héritière des structures d'un pesant passé. Au XIXe siècle, la France rurale – celle dont la population vit dans des communes de moins de 2 000 habitants – est encore statistiquement majoritaire : dans les limites des frontières actuelles, les ruraux sont 26,35 millions parmi les 33,60 millions de Français de 1831, soit 78,4 % ; 23 millions sur une population totale de 41,48 millions en 1911, soit 55,4 %[1]. Or, en 1851, le nombre des agriculteurs totalement ou partiellement propriétaires est inférieur à cinq millions et leur propriété moyenne dépasse alors à peine cinq hectares, à côté de 1,1 million de fermiers, régisseurs et métayers non propriétaires. Quarante ans plus tard, ce sont 5,7 millions de chefs d'exploitation qui travaillent une superficie moyenne de huit hectares (carte I, p. 56). Ainsi, même si existent çà et là quelques grands domaines, la plus grande part des ruraux français du siècle dernier travaille sur de très petites tenures, manifestement insuffisantes, non seulement pour nourrir une population totale en permanente augmentation – l'autosuffisance agricole de la France ne date que de la «révolution silencieuse» du second tiers du XXe siècle – mais encore pour vivre du seul travail de la terre. C'est que l'espace rural du siècle passé n'est pas seulement agricole : s'y ajoutent échoppes, ateliers et établissements proto-industriels capables d'offrir d'indispensables ressources complémentaires aux ruraux. Ces simples et évidents constats conduisent à s'interroger sur la réalité et le fonctionnement des sociétés et des économies paysannes. Ce livre voudrait, à sa façon, contribuer à une relecture du XIXe siècle rural.

Le moment semble venu d'ouvrir une réflexion synthétique sur la petite exploitation rurale. Deux raisons, au moins, justifient cette tentative: d'une part, la relative ignorance de l'exploitation agricole par les spécialistes de l'histoire rurale à la française dans les années 1950-1970; d'autre part, le glissement de l'agricole au rural, à la faveur de l'affirmation des problématiques interdisciplinaires, a permis un renouvellement des recherches sur la France du XIXe siècle, comme en témoignent l'invention de la *pluriactivité* agricole et celle de la *proto-industrie*.

Cet intérêt pour la petite exploitation n'est certes pas entièrement neuf. Dès la fin du siècle, celle-ci est l'objet de nombreuses publications, lorsque les républicains parent l'attaque des socialistes «collectivistes» en affirmant leur sollicitude pour la petite propriété agricole[2]: en juin et juillet 1897, à la Chambre, la polémique Jaurès/Deschanel fixe durablement les lignes de conduite respectives[3]. Une décennie plus tard, les radicaux se démarquent de l'extrême-gauche, pour laquelle les petits ne peuvent que rejoindre les rangs du prolétariat puisqu'inévitablement ils seraient historiquement condamnés à disparaître, broyés par l'agriculture capitaliste et monopoliste[4]. Une politique de soutien à la petite propriété, dont la défense est nettement réclamée lors du congrès national des syndicats agricoles de Nancy de 1909, connaît un début de mise en œuvre au moment où sont publiés les résultats de l'enquête commandée par le ministre de l'Agriculture Joseph Ruau[5]. Reste qu'au lendemain de la Grande Guerre, la question de la petite propriété ne semble plus d'actualité[6], et il faut attendre les années 1950 pour qu'elle réapparaisse véritablement. Syndicalistes, jeunesse agricole et responsables politiques partagent une même vision du développement agricole de la France, ainsi qu'en témoignent les implications du Centre national des jeunes agriculteurs (CNJA) dans la préparation des lois dites Pisani-Debré de 1960 et 1962[7]. Le volontarisme affirmé est toutefois respectueux des structures héritées : il s'agit de rendre viable, non la propriété rurale, mais l'exploitation agricole dite familiale. Le productivisme agricole adapté aux spécificités françaises contribue ainsi à forger l'image – sinon la réalité – d'un espace rural purement agricole, au sein duquel les *paysans* doivent laisser la place aux *agriculteurs*[8]. La crise de ces dernières années, en mettant en cause la validité des choix opérés et en envisageant un développement agricole moins productiviste et plus respectueux de l'environnement[9], incite à de nouvelles lectures de l'exploitation rurale et de son fonctionnement. La réflexion aujourd'hui proposée n'échappe pas aux interrogations du temps présent.

Les apports de l'historiographie rurale

Particulièrement féconde a été l'histoire rurale des dernières décennies[10]. Évitant de se constituer en discipline autonome et devenant de fait laboratoire d'une histoire totale, l'histoire rurale à la française, des années 1950 aux années 1970, a d'abord été une histoire du politique. Sur l'un de ses terrains de prédilection, la France du XIXe siècle, elle s'est donné pour but de rendre compte des comportements électoraux et des réactions des provinciaux face à la République ressuscitée en 1848. Pionnier parmi quelques autres, Philippe Vigier choisit ainsi d'investir cinq départements alpins au milieu du siècle dernier : opposant les notables aux paysans[11], il cherche à expliquer les votes du suffrage « universel » en terme de dépendance vis-à-vis des notables ou de fragilisation sociale face à la double crise de 1846-1852[12]. Une semblable préoccupation politique guide le plus grand nombre des auteurs des thèses qui se succèdent au cours de ces décennies : au risque d'une départementalisation de l'histoire de France[13] est menée la traque des électeurs de la plupart des départements « rouges »[14] durant le temps court de la Seconde République[15] ou le long terme de l'une ou l'autre moitié du siècle, selon que les auteurs prennent 1848 comme point d'aboutissement ou point de départ d'une politisation provinciale[16].

Cette quête a mis en jeu toutes les ressources de la science historique ; ainsi ont été forgés les outils nécessaires aux approches économique et sociale, voire culturelle, primitivement envisagées comme autant d'angles d'appréhension du politique. La démarche de Maurice Agulhon en est un parfait exemple : d'abord décidé à comprendre le passage du Midi légitimiste – en l'occurrence le département du Var[17] – au Midi rouge, dont les ruraux se lèvent en décembre 1851 pour la défense de Marianne, il rencontre la sociabilité des chambrées que connaissent déjà sociologues et ethnologues[18] et infléchit son itinéraire vers une histoire sociale en voie d'autonomisation. Quelques années auparavant, un semblable glissement avait eu lieu à propos de la région alpine : l'aspect économique et social était ici abordé par le biais des structures de la propriété, pour l'étude desquelles Philippe Vigier fondait une méthode de dépouillement, d'exploitation et d'analyse des matrices cadastrales du XIXe siècle[19]. Dès lors, tout thésard se devait de dresser une typologie communale en fonction de l'appropriation du sol, point de passage obligé pour mesurer les capacités de résistance à la conjoncture économique et rendre compte du degré de liberté des électeurs évalué à l'aune de leur maîtrise du moyen de production qu'est la terre. La finalité politique demeurait durablement affirmée : ainsi, pour Philippe Vigier, mon premier travail, *Les paysans du Doubs au milieu du XIXe siècle, étude économique et sociale*[20] devait, de toute évidence, être suivi de « l'étude du fait politique lui-même, ainsi que de celle des autres facteurs qui permettent de l'éclairer »[21].

Inspirée par les « pères fondateurs »[22], la multiplication des travaux universitaires – monographies régionales ressenties, selon Ronald Hubscher, comme autant d'« exercices académiques » répondant à « un modèle normatif »[23] – loin de permettre la synthèse, confirme le constat de l'infinie diversité des provinces et des paysanneries, même si chacune de ces remarquables études propose un faisceau d'explications généralement convaincant. Surtout, outre le fait qu'elles ont « produit un effet de saturation »[24], elles n'ont pas permis d'atteindre les nuances de l'analyse microsociale. Force est de reconnaître que ces études macrosociales n'ont guère dépassé l'opposition entre « petits » et « gros ». Elles n'ont pas véritablement investi le champ historique de la complexité du social.

Reste que le passage par l'examen des structures sociales et économiques, aussi imparfait et limité qu'il ait été, laisse la voie ouverte aux historiens qui font le choix d'une approche économique. La question de l'évaluation et de la place de la croissance agricole dans la croissance française du XIXe siècle fait l'objet de recherches spécifiques[25] tandis que sont élaborées quelques grandes thèses patronnées par des historiens de l'économie[26]. Le projet est affirmé – et assumé – sans ambiguïté :

> « *Compter et recompter des hommes, des hectares, des quintaux, des hectolitres et des francs, [...] laisser trop souvent de côté les mentalités, ignorer volontairement les comportements religieux et politiques [...]* »[27].

Largement fondés sur le recours au quantitatif, ces travaux réalisés dans un cadre départemental ou régional permettent une saisie plus fine des structures et des rapports de production. Si l'étude de la propriété demeure un préalable obligé, elle ne sert plus seulement à alimenter une réflexion sur le politique et le social. Le glissement est net : la connaissance de l'utilisation du sol est devenue tout aussi importante que celle de sa possession. Dans le Calvados, le Beaujolais et le Lyonnais, le Pas-de-Calais ou le Roussillon, modes de faire-valoir, spécialisations et pénétration des produits sur le marché deviennent objets d'étude. Autant de facteurs qui expliquent que l'exploitation agricole soit bientôt envisagée comme agent économique.

Imprégnés des méthodes des économistes ruralistes[28] et des techniques comptables qu'appliquent certains gestionnaires mis au service des agriculteurs depuis les années 1960, quelques historiens de l'économie rurale entreprennent une lecture quantitative de l'exploitation agricole : comptabilités et bilans d'exploitation reconstitués deviennent le miel de ces audacieux que ne rebute pas l'extrême rareté des sources de ce type pour le XIXe siècle[29]. Mais de tels travaux ne concernent guère que les exploitations grandes ou moyennes, celles précisément pour lesquelles les lacunes archivistiques sont le plus aisément contournables, celles aussi qui, indiscutablement, participent à l'économie de marché : elles sont donc agricoles – et seulement agricoles – et elles incarnent l'archétype d'une réussite économique de l'agriculture. Surtout, ces exploitations sont le plus souvent pensées sur le modèle de l'entreprise : l'exploitant est un entrepreneur[30] qui obéit à la même logique économique que celle que doivent suivre les nouveaux agriculteurs des «Trente Glorieuses».

Les nouvelles lectures de l'objet rural

L'apport de l'analyse économique, essentiel, permet de dépasser les blocages rencontrés par les historiens du politique. Surtout, en proposant de nouvelles problématiques et de nouvelles chronologies, il autorise un retour au social :

> « *c'est autour de la terre que se nouent les rapports sociaux, non seulement à l'intérieur de la société rurale, mais aussi avec la société globale* »[31].

L'ouverture est ainsi possible en direction de l'ethnohistoire, de la sociologie et de l'anthropologie[32], consacrée, qui plus est, par l'affirmation du *credo* pluridisciplinaire institutionnellement concrétisé, par exemple, par le lancement de la revue *Études rurales* en 1961[33] ou par la création, en 1974, de l'Association des ruralistes français. La société rurale est ainsi révélée dans toute sa complexité. Parenté et réseaux d'alliance, représentations mentales et « capital symbolique »[34] viennent renouveler les approches. Les stratégies foncières s'ajoutent aux stratégies matrimoniales, tandis que sont réappropriées les problématiques nées de l'étude des modes de transmission[35]... Au total, le croisement entre démarches et logiques différentes est fructueux. La tendance qui se dessine avec le développement des études de microhistoire autorise de nouvelles lectures de l'objet rural.

Jusqu'alors enfermés dans l'archétype du monoactif agricole, les paysans du XIXe siècle sont découverts dans la multiplicité de leurs statuts économiques, juridiques et sociaux. Rendues encore plus délicates par le flou des frontières entre les groupes sociaux, les classifications apparaissent de surcroît mouvantes. Le structuralisme, à peine conçu, est ainsi dépassé par l'observation de structures qui « n'ont pas de stabilité [et qui] sont en perpétuelles modifications »[36]. La longue durée révèle les dynamiques sociales : les situations ne sont pas figées, des cycles familiaux peuvent même être reconnus dans lesquels les individus semblent ballotter au gré, par exemple, des crises ou des stratégies patrimoniales. Enfin, glissant des observations transversales aux approches longitudinales et quittant le cadre monographique du « village immobile »[37] pour un ambitieux programme de recherche national, le renouveau de la démographie historique s'oriente vers la quête de la mobilité sociale : l'enquête nationale dite des « TRA » ambitionne ainsi un suivi longitudinal pendant les deux derniers siècles de tous les individus dont le patronyme commence par les lettres *Tra*[38]. Autant d'approches nouvelles qui légitiment la longue durée pour la construction d'un objet de recherche dont les centres d'intérêt peuvent être déplacés.

C'est ainsi qu'est envisagé le passage de l'étude des paysans à celle de l'exploitation. Certes, l'absence de sources quantitatives spécifiques la rend plus délicate à saisir que celle de la propriété, même si les lacunes archivistiques peuvent être comblées. Mais le pari ne peut être tenu à la seule lumière d'une problématique économique. L'étude de l'exploitation paysanne peut prétendre être « histoire totale » : c'est sur l'exploitation que vit le groupe familial, plus ou moins large, c'est elle qui est l'enjeu des comportements individuels de ses détenteurs ou de ses utilisateurs, c'est encore elle qui, en dépit de ses variations, est un élément de permanence dans l'espace rural. Mais si la grande exploitation, sans doute plus aisée à étudier, fait l'objet de recherches[39], la petite exploitation attend encore les historiens désireux de s'engager dans la voie ouverte par l'article de Ronald Hubscher que publient les *Annales* en 1985[40].

Un autre glissement, complémentaire du précédent, est celui qui permet le passage d'une lecture purement agricole de l'activité et de l'exploitation paysannes à une appréhension plus large, incluant la pluriactivité. Officiellement découverte en 1981 lors du colloque que lui consacre l'Association des ruralistes français[41], elle autorise une véritable relecture de la ruralité. Certes, les historiens n'ignoraient pas la pluriactivité, mais les mineurs-paysans rencontrés par Rolande Trempé[42] sont pensés à travers le prisme du monde ouvrier et non à travers celui des campagnes. Et lorsque l'existence de la pluriactivité est avérée, se pose le problème de la place à lui reconnaître au sein de l'activité paysanne, individuelle ou familiale. Les ressources qu'elle procure sont déclarées marginales puisqu'elles font figure de simple appoint et puisqu'elles ne relèvent pas de l'agriculture : leur est donc assigné le statut de persistances héritées de l'économie d'ancien type et de survivances d'une autosubsistance condamnée à disparaître. Dorénavant, la prise en compte de la pluriactivité invite les historiens à relire leur documentation d'un œil nouveau et à inventer de nouvelles approches méthodologiques[43]. La pluriactivité se découvre alors dans sa richesse et sa diversité[44] : individuelle, elle est aussi familiale et va de pair avec une répartition sexuée des tâches et des rôles. État transitoire, elle apparaît tantôt comme une stratégie momentanée destinée à désintéresser des cohéritiers ou à retarder un déclin, en permettant par exemple le financement rapide d'un achat de terre, tantôt comme un état permanent, bref comme une autre façon de vivre, voire un art de vivre[45]. L'avancée des recherches impose cette constatation : au XIXe autant qu'au XVIIIe siècle, l'exception n'est pas le pluriactif, mais le monoactif[46].

Au total, les avancées réalisées sur ces différents fronts de la recherche en histoire rurale peuvent être conjuguées pour servir l'approche proposée. La petite exploitation paysanne, qui n'est que rarement monoactive, est agent économique. L'étude de son fonctionnement, de sa reproduction et de son maintien – voire de sa progression – fait appel à tous les secteurs de la science historique.

De la petite exploitation à l'économie de marché

L'objet rural est d'autant moins assimilable au monoagricole que la campagne est aussi le lieu d'authentiques activités proto-industrielles. Quelques années avant celles des spécialistes de la pluriactivité, les propositions de l'historien américain Franklin Mendels, âprement discutées[47], suscitent une première révision de l'appréhension de la ruralité. En cherchant à comprendre la transition qui conduit de l'économie d'ancien type à l'industrie, transition dont les modalités foisonnantes apparaissent irréductibles au seul « modèle » préindustriel, il invente la proto-industrialisation : à travers la variété des voies d'industrialisation et de désindustrialisation que connaissent l'Europe nord-occidentale du XIXe siècle et les pays en voie de développement, est découvert, à l'échelle de la région, un véritable mode de production, celui du « modèle » proto-industriel, capable d'une durable pérennité ou susceptible d'induire aussi bien une désindustrialisation totale qu'une authentique industrialisation[48]. Dans les Flandres du XVIIIe siècle comme dans la Lombardie[49], soucieux de répondre à la demande et de contourner les limites des corporations urbaines, les négociants font sillonner les campagnes proto-industrielles par des contremaîtres qui embauchent une main-d'œuvre rurale à laquelle ils fournissent, le temps d'une campagne de production, métiers, matière première et travail. Les ruraux double-actifs équilibrent leur budget par un salaire d'appoint, se maintiennent au village et deviennent des paysans-tisserands doués d'un véritable savoir-faire. La nouveauté de l'analyse est d'autant plus grande qu'elle remet en cause les certitudes acquises tant sur l'industrialisation que sur le développement agricole : en effet, les ateliers proto-industriels, parce qu'ils répondent à la pression démographique, sont complémentaires d'une forme d'agriculture qui dépasse le seuil de l'autosubsistance pour nourrir une population en pleine expansion, et qui se fait donc productiviste pour s'intégrer à l'économie de marché.

Jusqu'ici, les exemples choisis pour étayer et conforter la thèse de Franklin Mendels montrent que le succès de la proto-industrialisation implique, à moyen ou long terme, la disparition du secteur agricole[50]. Le cas de la Franche-Comté, retenu pour une série de recherches collectives[51], montre que la pérennité de l'industrialisation rurale, des années 1770 à 1950, va de pair avec le succès d'une spécialisation pastorale. Ici, et le cas franc-comtois est sans doute loin d'être unique[52], les campagnes sont caractérisées par la durable coexistence d'une agriculture dynamique et d'ateliers proto-industriels conquérants[53] : coexistence qui s'entend sans domination de l'un sur l'autre et qui implique, au contraire, la complémentarité des échanges de main-d'œuvre, de denrées et de savoir-faire[54]. La validité du « modèle » proto-industriel se trouve ainsi remise en cause et mérite pour le moins d'être une fois de plus discutée[55]. À la différence des Flandres, par exemple, découpées en Flandre intérieure et en Flandre maritime, le Jura ne se divise pas en groupes de villages agricoles riches et en blocs de communes industrielles ou proto-industrielles à l'agriculture pauvre. Plus, en leur sein, les exploitations apparaissent elles aussi dominées par la pluralité des apports et des revenus. Pluriactivité et complexe agro-industriel sont fondés sur un désenclavement des marchés qui impose la démultiplication et la surexploitation des ressources locales, de la terre à la force hydraulique[56] et aux potentialités de la main-d'œuvre.

S'impose donc une problématique tournée vers l'analyse du versant rural et agricole du processus proto-industriel et, de ce fait, organisée autour des stratégies de l'exploitation rurale, ainsi placée au centre du champ d'étude. La petite exploitation paysanne, envisagée dans un premier temps, doit être étudiée ensuite comme agent économique, inclus d'abord dans une communauté agraire puis inséré progressivement dans une économie de marché. Si la réflexion proposée part de l'examen critique du cas régional comtois, il va de soi qu'elle ne peut s'y limiter et qu'elle prétend se situer dans la France du XIXe siècle et s'appliquer à d'autres pays ou régions européens.

PREMIÈRE PARTIE

La petite exploitation paysanne

Nouvel objet d'étude, la petite exploitation paysanne doit d'abord être cernée dans la totalité de ses composantes : l'historiographie permet de jalonner les étapes de sa perception, qui a nettement évolué au gré des modèles ou des projets volontaristes mis en œuvre sous les yeux des historiens[1], des juristes[2], des économistes[3] ou des sociologues appelés à observer les mutations de la France agricole[4] depuis les débuts de « la révolution silencieuse »[5] des années 1950-1960. Découverte dans la variété de ses composantes – variété qui oblige à la qualifier d'exploitation rurale plutôt que d'exploitation agricole – elle fait preuve d'une remarquable souplesse et de capacités d'adaptation, voire de dynamisme, qui lui permettent de se maintenir et de se reproduire, demeurant un élément de permanence des campagnes françaises.

CHAPITRE 1

La France, un pays de petites exploitations agricoles

Délicate est la perception de l'exploitation paysanne du XIXe siècle. La Révolution et le Code civil développent «le culte de la propriété»[6]. Ainsi, pour Louis Bergeron,

> «*la Révolution forge la société française sur des bases physiocratiques ou plus platement rentières [...] : la nouvelle répartition de la propriété immobilière illustre bien la Révolution comme phénomène d'extension d'un privilège à de plus larges couches sociales* »[7].

La propriété terrienne est valorisée, comme en témoigne la première version du Code rural, présentée en 1806 avant d'être abandonnée, qui précise que :

> «*le respect religieux de la propriété, et des moyens certains et simples de la mettre à l'abri de toute atteinte, entraîneront indubitablement l'agriculture à un haut point de prospérité* »[8].

Le statut juridique de la terre l'emporte dorénavant : la tenure et le tenancier des siècles antérieurs ont laissé la place à la propriété et au propriétaire, piliers de la société révolutionnaire et postrévolutionnaire. Créé par la loi du 15 septembre 1807, le cadastre napoléonien[9] permet la levée de l'impôt foncier et, pour les plus riches de ceux qui y figurent, vaut reconnaissance de citoyenneté puisque, jusqu'à la restauration du suffrage « universel » en 1848, le droit de vote est fondé sur le cens, lui-même essentiellement déterminé par la propriété immobilière. Porteuse des meilleures vertus conservatrices, garante d'indépendance et de liberté[10], la propriété occupe une place qui n'est pas seulement économique. L'un des clichés le plus tenace n'est-il pas celui qui présente Jacques Bonhomme avide de terre et sans cesse soucieux d'arrondir son patrimoine par tous les moyens[11] ?

Faute d'inventer des formes plus souples d'appropriation, tels les statuts de société forgés progressivement dans la sphère industrielle et commerciale, le rapport à la terre demeure durablement médiatisé par la seule propriété. Donnant lieu à d'importants débats, donnant matière à de multiples thèses de droit[12], la reconnaissance juridique de l'exploitation paysanne n'intervient qu'au lendemain de la Grande Guerre, si bien que rares sont les sources la concernant – elle n'a pas son « cadastre ». Tardivement perçue, sa réalité devient objet statistique : en 1862, pour la première fois, est publié un état des exploitations dans chacun des départements français[13]. Reste que l'ampleur des lacunes archivistiques explique que la plupart des historiens de la ruralité du XIXe siècle français n'aient d'abord eu d'autre choix que d'admettre l'adéquation entre propriété et exploitation. Acceptable pour la petite propriété en faire-valoir direct, ce choix, incontournable, a également permis d'ouvrir les débats sur les problèmes de définition.

Omniprésence de la petite propriété

Source aujourd'hui classique, le cadastre permet une approche fine de la propriété terrienne puisque peuvent être identifiés chaque propriétaire et la nature de ses biens, commune par commune[14]. Fastidieux et répétitif, le simple relevé des tableaux récapitulatifs des cotes foncières et de leur revenu donne un état précis de la propriété au moment de l'élaboration du premier cadastre – dit napoléonien – et à celui de sa rénovation, au début du XXe siècle. Plus délicate, voire inconcevable à grande échelle, est la réalisation d'une coupe à une date donnée, puisqu'elle contraint le chercheur à calculer les possessions de chaque propriétaire. Un travail patient, possible pour quelques communes, permet de suivre la destinée de telle parcelle ou de telle propriété à travers les siècles[15] : en dépit des décalages temporels entre les dates de mutation des biens fonciers et celles de leur enregistrement par l'administration[16], un suivi des propriétés – changement de propriétaire et éventuellement changement de nature des parcelles[17] – peut être entrepris pour la période courant de la création des cadastres à nos jours ; de même, l'informatisation des matrices cadastrales de six communes de la vallée de la Valserine (département de l'Ain), actuellement en cours au Centre Pierre Léon de l'Université Lyon 2, devrait permettre une lecture fine et précise de l'évolution de la propriété et de la nature des terroirs depuis deux siècles.

Ne livrant que ce qu'elle pouvait offrir avant l'ère de l'informatique, cette source fiscale a néanmoins été largement utilisée par la quasi-totalité des historiens ruralistes du XIXe siècle[18]. La possibilité de classer les propriétés, dans le territoire de chaque commune, en fonction des critères de superficie ou de revenu, a posé le problème de la détermination des seuils de définition des petite, moyenne et grande propriétés. Reprises par Philippe Vigier, les propositions de l'économiste Auguste Souchon[19] n'ont pas été récusées ; sont considérées comme grandes propriétés

> *« celles qu'un chef de famille ne pourrait songer à exploiter directement sans recourir d'une façon régulière à l'aide de salariés ; les possessions* moyennes *sont celles dont la récolte doit être assez abondante pour*

> *nourrir le maître et sa famille, à la double condition que celle-ci ne soit pas excessivement nombreuse, et que tous ses membres consacrent leur activité aux soins de l'exploitation ; les petites propriétés sont celles qui ne dispensent pas leurs détenteurs de demander au salaire une part de leur subsistance ».*

Ces définitions, assez larges, concernent la propriété ; même si elles doivent être discutées, elles peuvent parfaitement être transposées aux exploitations.

Reste à déterminer les superficies qui répondent aux critères retenus. La seule fréquence statistique des distributions ne peut suffire à fixer les limites entre les diverses catégories[20]. Faute d'études précises sur la rentabilité des terres, variable selon leur qualité et la nature des cultures entreprises, et faute d'approche fine de l'investissement nécessaire à la production et de la valeur de cette dernière – valeur commerciale ou valeur d'usage – force est d'avoir recours aux classifications opérées par les contemporains[21] et largement reprises par les historiens. C'est ainsi que, pour le Loir-et-Cher, Georges Dupeux estime que :

> « *la limite supérieure de la petite propriété* [est] *de cinq hectares dans les vallées, et* [de] *dix hectares dans les autres régions, exception faite de la Sologne où elle atteint cinquante hectares ».*

Pour le Rhône, Gilbert Garrier adopte

> « *une échelle mobile des superficies suivant l'économie régionale,* [...] *solution possible à l'irritant problème du classement des cotes foncières par contenances ou par revenus* »[22].

La plus grande uniformité départementale des revenus, mais surtout les nécessités de la présentation graphique et le souci de ne pas obscurcir d'éventuelles comparaisons inter-régionales conduisent parfois à retenir des limites uniques : le seuil supérieur de la petite propriété est établi à deux hectares par Robert Laurent pour la Côte-d'Or et par

Pierre Goujon pour le vignoble de Saône-et-Loire[23]; la même limite est placée à trois hectares dans le Doubs et à dix hectares dans le Pas-de-Calais et le Vaucluse[24].

La multiplicité des choix rend difficile une synthèse consacrée à la petite propriété en France. En revanche, les auteurs des statistiques officielles n'hésitent pas à fixer des seuils valables pour la totalité du territoire national: c'est ainsi que pour les rédacteurs de l'enquête de 1862, la petite propriété est comprise entre un et dix hectares; il faut d'ailleurs attendre l'enquête de 1882 pour que soient comptabilisées les propriétés d'une superficie inférieure à un hectare[25] que Ronald Hubscher découvre comme terres de culture dans le Pas-de-Calais[26]. Plus délicat est le calcul du nombre des propriétés. Établies pour chaque commune, les matrices cadastrales ne rendent compte que des cotes foncières: à moins de dresser par recoupement un fichier nominatif des propriétaires dans un ensemble de communes limitrophes – entreprise démesurée qui ne peut être envisagée que pour un nombre restreint de communes[27] – échappent les propriétés constituées de cotes foncières multiples. À l'exemple de l'administration[28], les historiens se contentent donc d'évaluations. Reste que l'approche du nombre des cotes foncières, à elle seule, produit des résultats des plus significatifs.

Le constat n'est pas neuf: la catégorie des « petits » forme l'écrasante majorité de l'ensemble des cotes foncières et de celui des propriétés. Quoique tardif, le dénombrement des cotes foncières de 1884 présente l'avantage d'être fondé sur les superficies et de ne concerner que les parcelles non bâties: 93,89% des 14,07 millions de cotes foncières françaises sont d'une contenance inférieure à dix hectares[29]. Si les calculs laissent de côté les cotes inférieures à cinquante ares, celles comprises entre cinquante ares et dix hectares représentent encore 88,50% du total. Certes, ces premières données réelles décrivent la situation après quatre-vingts années de forte croissance démographique et de mise en œuvre, au moins théorique, du partage successoral égalitaire imposé par le Code civil, alors que la réalité de « l'exode rural » laisse sans doute subsister une micropropriété résiduelle. Limitées au dénombrement des cotes foncières et à celui des parcelles, elles ne livrent pas le nombre des propriétaires : sont seulement appréciés divers coefficients applicables au nombre des cotes pour atteindre une hypothétique évaluation, susceptible de confrontation aux résultats des recensements de population, dès lors que ceux-ci précisent les professions. Reste qu'à l'exemple de celles du ministère de l'Agriculture, les évaluations de l'administration des Finances[30] apparaissent satisfaisantes lorsqu'il s'agit d'en dresser une géographie et de tenter de discerner les évolutions au cours du siècle. C'est ainsi que Georges Dupeux légitime la comparaison séculaire entre les diverses catégories de cotes, y compris lorsque celles-ci concernent les seules quotités :

> « *Comme il est peu probable que les cotes multiples aient été plus nombreuses dans une catégorie que dans une autre, la comparaison entre catégories reste valable* »[31].

Les cotes d'un revenu annuel inférieur à vingt francs sont 8,02 millions en 1826, soit 77,94 % du total des cotes, bâties et non bâties ; en 1835, elles sont 8,47 millions, soit 77,77 % ; 8,87 en 1842, soit 77,09 % et 10,45 en 1858, soit 79,63 %[32].

Si l'étude quantitative de la petite propriété rurale dans la France du XIXe siècle reste à faire[33], diverses thèses régionales et départementales offrent une approche plus précise. Le travail statistique, conduit à partir du cadastre napoléonien, puis à partir des matrices rénovées du début du XXe siècle, est heureusement complété par des analyses qualitatives. La propriété dans le département du Doubs au milieu du siècle a ainsi fait l'objet d'une série de travaux, étendus ensuite à l'ensemble des communes des trois départements comtois[34]. Ici, la petite propriété est économiquement et socialement dominante : inférieure à trois hectares, elle concerne 73 % des 110 000 cotes foncières du département ; renforcée sur les plateaux du Doubs par les propriétés de trois à trente hectares (26 %), elle rassemble avec elles 250 000 hectares, soit 73 % de la superficie appropriée privée. La pression sur la terre des petits et des moyens propriétaires est encore accrue dans le bas pays, les vallées du Doubs, de l'Ognon et de la Loue, puisque dans les cantons de Quingey, d'Ornans et de l'Isle-sur-le-Doubs, ils détiennent respectivement 74, 80 et 91 % des superficies privées. Surtout, dans 207 communes sur 640, ils sont les seuls maîtres de la terre. À l'inverse, leur emprise s'étend sur moins de 50 % du terroir dans seulement 73 communes.

Rare est donc la grande propriété, qui couvre cependant 94 000 hectares, dont 19 000 peuplés de bois et forêts répartis en domaines de plus de cent hectares. Identifiés grâce au fichier nominatif constitué, après recoupement, à partir des 1 561 cotes foncières supérieures à trente hectares, les grands propriétaires forment un groupe de 1 333 individus : maîtres de forges et nobles non résidents[35] se partagent l'essentiel des forêts privées, mais la majorité des grandes possessions implique des biens cultivés. Bref, la grande propriété ne concerne au total que 20,5 % de la surface agricole utile[36]. Absente dans près d'un tiers des communes, elle est également, une fois sur deux, entre les mains de propriétaires non-résidents, médecins, avocats, notaires, prêtres. Pour eux, la terre est source de revenu mais n'est pas outil de travail. Limitées aux communes du haut Doubs, les grandes propriétés agricoles sont enfin rarement dominantes : 39,7 % d'entre elles ne dépassent pas quarante hectares et apparaissent ainsi comme strates supérieures de la moyenne propriété qu'elles prolongent. Selon la typologie des sociétés rurales dressée par Pierre Barral, qui distingue les « démocraties rurales » des « hiérarchies » et des « hiérarchies capitalistes » elles-mêmes acceptées ou contestées[37], le Doubs – comme le Jura et, avec quelques nuances, la Haute-Saône –

constitue l'archétype des «démocraties rurales». Le seul critère juridique du rapport à la terre mérite toutefois d'être discuté: le postulat qui assimile petite propriété et petite exploitation paysanne peut être dépassé.

Réalité de la petite exploitation

L'étude de l'appropriation du sol rend compte d'un fait social. Elle permet d'établir des hiérarchies au sein de la communauté villageoise en situant chaque propriétaire en fonction de la quantité de terre possédée. La connaissance des superficies appropriées favorise une perception plus économique dans la mesure où elle informe du pouvoir réel sur le terroir. Ainsi, la multitude des micropropriétés révèle un groupe social quantitativement important, mais dont l'emprise sur le sol est, au total, le plus souvent négligeable. En revanche, la présence de la grande propriété ne prend sens que si son mode de faire-valoir est connu: cultivée directement ou confiée à quelque régisseur dirigeant des salariés, elle domine économiquement; divisée en petites tenures pour sa location, elle s'efface. Les cas où « la petite exploitation se superpose à la grande propriété »[38] apparaissent assez nombreux pour légitimer son étude.

Objet reconstruit par l'historien, l'exploitation ne bénéficie pas, nous l'avons vu, de sources satisfaisantes pour le XIXe siècle. Fréquentes sont les locations qui ne donnent lieu à aucun acte écrit ou dont le contrat n'est pas officialisé par un notaire: il en va ainsi des multiples baux passés verbalement – dont on retrouve parfois trace dans les archives judiciaires lors de conflits – et des terres que leurs propriétaires absents laissent exploiter par leur proche parenté. Incomplètes sont donc les tables des baux dressées par l'administration de l'Enregistrement: si elles permettent de fructueuses analyses des revenus et des fermages[39], elles n'autorisent pas directement les études sérielles. L'approche quantitative doit alors être infléchie, de l'exploitation à l'exploitant. À partir de 1851, les recensements de population fournissent des données socioprofessionnelles[40] : avec les précautions méthodologiques d'usage[41], peuvent dès lors être dénombrés les propriétaires-cultivateurs, les métayers, les fermiers et les salariés agricoles. Les catégories retenues demeurent toutefois très imprécises et ambiguës. Elles ne rendent pas compte des statuts mixtes comme ceux des différents salariés-propriétaires ou ceux des multiples locataires partiellement propriétaires. Seul le croisement entre les listes nominatives de recensement[42] – lorsqu'elles sont conservées – et les matrices cadastrales permet d'affiner les classifications : nominatif, il ne peut être effectué qu'à petite échelle. Reste que la différenciation des types d'exploitants offre une première approche statistique[43] bientôt complétée par les enquêtes agricoles. La rubrique « Économie rurale » de celle de 1852[44] distingue ainsi, pour chaque arrondissement, les fermiers, les métayers, les journaliers, les « ouvriers venant du dehors » et, parmi les propriétaires, les forains, ceux qui « ne cultiv[ent] que pour eux-mêmes » et ceux qui « cultiv[ent] pour eux-mêmes et pour autrui (journaliers) ». Les « aides agricoles »[45] font l'objet de rubriques particulières qui livrent le nombre de ceux qui « émigr[ent] périodiquement pour aller chercher du travail » et le nombre de ceux qui sont « venus du dehors » de l'arrondissement. En dépit des difficultés nées du classement et des inévitables erreurs liées à l'élaboration des catégories, preuve a été faite de la fiabilité de telles données statistiques[46] : chacun des auteurs de thèses consacrées au monde rural français du XIXe siècle a confronté les résultats du recensement de 1851 à ceux de l'*Enquête* de 1852 dont ont été parfois retrouvées les statistiques préliminaires aux synthèses départementales ; récemment, la même enquête a fait l'objet d'un considérable travail cartographique et analytique[47].

Macrosociale, voire macroéconomique, l'approche de l'exploitation par le biais des exploitants apparaît toutefois limitée. Informant des modes de faire-valoir et des statuts des travailleurs de la terre, elle ne restitue pas les hiérarchies instaurées au sein de chaque groupe défini. Ainsi, les propriétaires-exploitants, comme les exploitants partiellement propriétaires, sont rassemblés dans des catégories qui ne tiennent pas compte de l'étendue des superficies qu'ils cultivent. De même, ces sources socioprofessionnelles ne prennent en compte le plus souvent que les seuls hommes : lorsqu'elles ne sont pas ignorées, les femmes sont soit déclarées sans profession, soit parées du statut donné au chef de famille. Cette lacune archivistique contribue à rendre encore plus difficile une étude consacrée aux femmes dans les campagnes françaises du siècle dernier[48]. Elle a également incité à une lecture restrictive de l'exploitation.

En effet, les données statistiques relatives aux individus tendent à assimiler le seul exploitant, chef de ménage, propriétaire ou non, à l'exploitation, bien que la famille, plus ou moins large, qui en vit, lui consacre tout ou partie de ses forces productives. Les éléments mis en avant par Auguste Souchon pour la définition de la moyenne propriété caractérisent en fait l'exploitation. Elle doit procurer

> *« une récolte assez abondante pour nourrir le maître et sa famille, à la double condition que celle-ci ne soit pas excessivement nombreuse, et que tous ses membres consacrent leur activité aux soins de l'exploitation ».*

Certes, cette définition est entachée de connotations idéologiques : elle est élaborée en 1899 par un partisan de la petite culture qui ne cache pas son aversion pour

> *« la grande agitation créée dans notre pays par les collectivistes autour des problèmes agraires, la prétention hautement affichée par leurs chefs de porter devant le monde rural une "question paysanne" et même quelques succès locaux de ces tentatives »*[49].

Idéologique dans la mesure où l'exaltation de la propriété paysanne vaut défense du régime républicain, la définition proposée en révèle un idéal-type, tout autant social et économique que politique et culturel : loin des perturbations et

LA FRANCE, UN PAYS DE PETITES EXPLOITATIONS AGRICOLES

des tentations de la ville, le paysan est chef en son monde, chef de famille et chef d'exploitation[50]. Il est indépendant parce que propriétaire et ne peut abdiquer sa liberté tant qu'il maintient sa propriété[51]. De tels présupposés disparaissent si l'on glisse de la propriété à l'exploitation. S'affirme l'originalité française qui lie famille et entreprise. Soulignée par les spécialistes d'histoire industrielle[52], cette association est tout autant marquée dans le domaine agricole :

> *« Que la famille reste au XIXe siècle le noyau de l'entreprise [...], c'est [...] l'effet de la prévalence, dans les philosophies conservatrices de la société, de l'idée que la famille, étant la pierre angulaire de la société, l'est par là même de l'activité économique »*[53].

Reste qu'en 1882, les rédacteurs des enquêtes agricoles assimilent toujours exploitation et exploitant. Les questionnaires destinés à guider les enquêteurs précisent :

> *« sous le nom d'exploitation, il faut comprendre l'ensemble des terres cultivées par un seul individu, que ces terres forment un tout compact ou soient composées de parcelles éparses »*[54].

En 1892, ils déplorent les erreurs d'interprétation de leurs directives qui ont provoqué le gonflement de la statistique des exploitants :

> *« on pouvait [...] espérer obtenir des résultats exacts, d'autant plus que, par définition, le nombre des exploitations devait être le même que celui des exploitants, dont les éléments se retrouvent dans la* Population des travailleurs agricoles, *et pouvaient servir de contrôle »*[55].

Les statistiques des exploitations apparaissent donc plus fiables. 5,67 millions d'exploitations agricoles sont dénombrées en 1882 : 84,6 % d'entre elles sont inférieures à dix hectares (carte II, p. 57), 12,89 % sont comprises entre dix et quarante hectares tandis que 2,51 % sont d'une contenance supérieure à quarante hectares.

La cartographie départementale des résultats des enquêtes de 1882 et 1892 est éclairante (cartes I à XIII, p. 56 à 68) : la France du nord, du centre-est, de l'est et de la bordure méditerranéenne se distingue à la fois par une superficie moyenne des exploitations inférieure à la moyenne nationale (carte I, p. 56) et par une nette domination des tenures de moins de dix hectares (cartes II et III, p. 57 et 58) puisque celles-ci représentent au minimum deux tiers du total des exploitations. Surtout, si les très petites cultures, inférieures à cent ares, ne sont pas retenues (carte IV, p. 59), la domination des petits exploitants demeure supérieure à 65 % dans 81 départements sur les 87 que compte alors le pays : les présences les plus fortes – 80 à 90 % – confirment cette géographie, seulement nuancée par leur relative faiblesse dans les Hautes et Basses-Alpes et dans la Drôme : dans ces zones montagneuses, la nature des sols et les pratiques culturales contraignent à repousser les limites supérieures de la petite tenure.

Tailles (en hectares)	Cotes foncières 1884 (CF)	Exploitations 1882 (E)	Ratio CF/E
0-1 ha	8 585 323	2 167 667	3,96
1-5 ha	3 735 173	1 865 878	2,00
5-10 ha	892 887	769 152	1,16
10-20 ha	476 843	431 335	1,11
20-30 ha	151 017	198 041	0,76
30-40 ha	70 466	97 828	0,72
40-50 ha	40 346	56 419	0,72
50-100 ha	73 503	56 866	1,29
100-200 ha	31 567	20 644	1,53
> 200 ha	17 676	8 157	2,17
Total	14 074 801	5 671 987	2,48

Tableau I : Propriétés et exploitations dans la France de 1882

LA FRANCE, UN PAYS DE PETITES EXPLOITATIONS AGRICOLES

Comparé au nombre des cotes foncières – 14,07 millions – celui des exploitations révèle une réduction numérique considérable – ratio 2,48[56]. Le ratio le plus élevé – 3,96 – provient des superficies inférieures à un hectare (carte V, p. 60). Traduisant la contraction de 8,59 millions de cotes à 2,17 millions d'exploitations, il pose problème puisque trois hypothèses, non exclusives les unes des autres, peuvent être émises. Certes, le grand nombre des cotes foncières est le résultat de la fréquence des phénomènes de multipropriété : une propriété dispersée sur différentes communes compte plusieurs cotes foncières, mais, sauf si ces dernières sont d'une extrême petitesse – cas de figure non invraisemblable – la somme de leur superficie devrait dépasser cent ares et donc dilater le nombre des exploitations supérieures à un hectare, ce qui n'est pas le cas (cartes VIII, IX et X, p. 63, 64 et 65). En second lieu, le dégonflement du nombre des cotes foncières provient de la forte présence des micropropriétés résiduelles des victimes de « l'exode rural » : elles ne restent pas toujours incultes[57] et devraient apparaître rattachées aux exploitations des frères, sœurs, parents ou locataires des émigrés. Enfin, les enquêteurs ont éliminé de leurs statistiques les microparcelles tenues par ceux qu'ils considèrent n'être pas de véritables cultivateurs[58]. S'il n'est pas possible de trancher en l'état de la recherche, force est de constater le paysage offert par l'approche statistique, imparfaite il est vrai[59], de l'exploitation. La France est pays de petites exploitations : comprises entre un et dix hectares, elles sont 2,44 millions en 1862, 2,64 millions en 1882 (carte IV, p. 59) et 2,62 en 1892 ; inférieures à cent ares[60], elles sont 2,17 millions en 1882 (carte VI, p. 61) et 2,24 en 1892 (carte VII, p. 62).

L'omniprésence de la petite exploitation est d'autant plus marquée que sont partiellement gommées les grandes et très grandes cotes foncières. 17 676 d'entre elles, supérieures à 200 hectares, ne constituent plus que 8 157 exploitations avec un ratio de 2,17. Cette érosion est également forte pour les superficies comprises entre

100 et 200 hectares pour lesquelles le ratio atteint 1,53. C'est qu'une part importante des grandes et très grandes propriétés est divisée en exploitations plus petites, participant sans doute au gonflement de la moyenne exploitation[61] dont le ratio est nettement inférieur à un pour les cotes foncières comprises entre 20 et 50 hectares. Rares sont donc les grandes exploitations, comme celle des Chartier, aux portes de Paris, qui réunissent plus de 220 hectares provenant de six propriétaires en 1820 et de trois en 1846[62]. Le cas le plus fréquent est celui d'un morcellement des grandes propriétés en fermes plus réduites : si « la Beauce reste à la veille de la Première Guerre mondiale une région de grande culture », Jean-Claude Farcy remarque que « les grandes fermes, peut-être un peu moins nombreuses, [ont] dû concéder un peu de leur surface » ; et Ronald Hubscher, constatant un net recul des fermes de plus de cent hectares dans le Pas-de-Calais, signale que entre 1851 et 1900, « la phase de récession a une plus grande influence sur les catégories supérieures »[63].

Au milieu du siècle, le département du Doubs ne compte que 61 fermes de plus de cent hectares, dont certaines, il est vrai, sont distinguées lors des comices agricoles[64]. Elles ne sont toutefois pas toutes rentables, comme le montre l'échec spéculatif de Louis de Jouffroy qui, trop âpre au gain, ne peut retenir, sur le domaine de 117 hectares qu'il possède dans le canton de Morteau, les cinq fermiers qui se succèdent de 1831 et 1842 : ils ne peuvent renouveler leur bail après trois ans en raison de saisies pour endettement[65]. Les fermes de 50 à 100 hectares, presque aussi rares, sont souvent constituées à partir de grandes propriétés démembrées, comme celle des marquis de Moustier et de Saint-Mauris (802 hectares dans le canton d'Ornans) dont proviennent cinq exploitations d'une cinquantaine d'hectares louées à des fermiers médaillés du comice d'Ornans. Exceptionnelle apparaît ainsi la grande culture dans le département où, dans les années 1880, la réduction du nombre des grandes cotes foncières est nettement plus marquée que dans l'ensemble du pays : le ratio des superficies de plus de 200 hectares atteint 6,33, celui de la classe de 100 à 200 hectares est de 4,43 tandis que les 542 cotes de 50 à 100 hectares produisent 259 exploitations avec un ratio de 2,09.

Tailles (en hectares)	Cotes foncières 1884 (CF)	Exploitations 1882 (E)	Ratio CF/E
0-1 ha	80 838	17 920	4,51
1-5 ha	35 466	14 866	2,39
5-10 ha	8 915	8 458	1,05
10-20 ha	4 458	4 625	0,96
20-30 ha	1 289	1 746	0,74
30-40 ha	549	762	0,72
40-50 ha	298	319	0,93
50-100 ha	542	259	2,09
100-200 ha	310	70	4,43
> 200 ha	342	54	6,33
Total	133 007	49 079	2,71

Tableau II : Propriétés et exploitations dans le département du Doubs en 1882

Le Doubs se distingue également par la forte contraction des cotes de moins de cent ares avec un ratio de 4,51. Ici, les microexploitations sont incontestablement un assemblage de très petites parcelles possédées et louées par 36,5 % de ceux qui sont considérés comme exploitants agricoles par les enquêteurs[66]. Surtout, en 1882 comme au milieu du siècle, petites et moyennes exploitations découlent directement des cotes foncières et suggèrent la forte fréquence du faire-valoir direct par les propriétaires de cinq à vingt hectares, ainsi qu'en témoignent les ratio 1,05 et 0,96 pour les superficies de cinq à dix (carte XI, p. 66) et de dix à vingt hectares. Dominant, le faire-valoir direct n'empêche pas le recours partiel aux locations, en complément d'une propriété trop restreinte. La réduction du nombre des petites cotes foncières trouve ici une part de son explication. De même, le démantèlement de domaines grands ou moyens pour des locations de très petite taille apparaît singulièrement fréquent. Voici Pierre-Joseph Vauthier, propriétaire de 2,37 hectares à Frasne (canton de Mouthe) qui y loue en 1848 la totalité des biens de François-Xavier Guy, de Dompierre (canton de Levier), soit cinq parcelles de labour totalisant 78 ares et un pré de un hectare. Ce sont les frères Robert, du Friolais, et Julie Perrot, de Mont-de-Vougney (canton de Maîche), tous trois propriétaires de moins de trois hectares, qui prennent à bail les 53 ares possédés par le forain Léonard Cuenin. François-Alexandre Mairot, propriétaire-cultivateur à Frambouhans (canton de Maîche) où il possède 14 hectares, est sans doute trop éloigné de Maîche et du Bréseux puisqu'il y donne en location la totalité de ses propriétés : 1,41 hectare à Joseph Domoir, propriétaire-cultivateur de 4,30 hectares ; 18 ares à Joseph Demonge, menuisier, qui possède déjà 2,10 hectares ; 71 ares de pré à Joseph Hammer, négociant et 1,54 hectares à Pierre-Louis Pillot, propriétaire-cultivateur de 2,30 hectares. C'est Jean-Frédéric Alix, rentier à Saint-Juan (canton de Baume-les-Dames), qui divise en petits lots les 6,70 hectares de ses propriétés et les amodie à treize preneurs. Enfin le prince d'Arenberg découpe les 34 hectares du pré des Armolets, à Boujailles (canton de Levier), en « portions de dix soitures » qu'il loue à seize fermiers[67], imitant la famille de Vaulchier du Deschaux dont les propriétés sont dispersées dans le département du Jura et dont la directe est amodiée à une foule de fermiers qui reçoivent chacun de un à deux hectares[68]. Tables des baux, actes notariés et archives privées complétés par les matrices cadastrales et les archives communales permettraient de multiplier les exemples. Au total, le département du Doubs reste un monde de petits : les structures de l'exploitation corrigent et renforcent le système égalitaire créé par les structures de propriété.

LA FRANCE, UN PAYS DE PETITES EXPLOITATIONS AGRICOLES

Réalité incontournable des campagnes françaises, la petite exploitation paysanne apparaît toutefois multiforme. Peuvent être esquissés les premiers éléments d'une typologie encore rudimentaire, qui devra être affinée. Durant la seconde moitié du XIXe siècle, le cas de la petite exploitation travaillée par un non-propriétaire est très fréquent : dans la Mayenne, dans le Jura ou dans la plaine du Vaucluse[69], ce fermier « est un paysan qui ne se distingue guère de la masse des petits propriétaires exploitants »[70]. En Sologne, de gros exploitants, eux-mêmes fermiers, constituent des *locatures* rassemblant une « petite maison avec un jardin, trois ou quatre hectares, et un droit de pacage pour une vache ou une chèvre », qu'ils sous-louent « à des familles malheureuses » s'acquittant « de leur loyer par les journées de travail qu'elles fournissent »[71]. Le vigneronnage du Beaujolais ou de Saône-et-Loire tend également à uniformiser la taille de ce type dominant d'exploitation laissée en métayage et à la « conten[ir] dans des limites étroites, de deux à quatre hectares »[72] (cartes IX et X, p. 64 et 65). L'ensemble des exploitations de ce premier type, petites et grandes confondues, atteint 19,67 % du total des exploitations françaises du milieu du siècle ; celles du Doubs, proportionnellement moins nombreuses, n'en totalisent que 14,41 %[73].

Une seconde catégorie de petites exploitations est constituée par celles qui ne sont cultivées que par leur propriétaire : dans la France de 1852, elles représenteraient 30,71 % des exploitations et ne correspondraient pas, loin de là, aux seules moyennes ou grandes tenures[74]. Les statistiques agricoles de la seconde moitié du siècle se font plus précises et distinguent les exploitations travaillées par « les bras » de leur propriétaire « ou avec l'aide de leur famille ou d'autrui » de celles cultivées « avec l'aide d'un régisseur »[75]. Ces dernières, peu nombreuses, peuvent être éliminées car elles appartiennent vraisemblablement à la catégorie des grandes exploitations. Les petites propriétés en faire-valoir direct sont particulièrement nombreuses dans le Limousin – en particulier dans la Creuse[76] – et dans le Var du début et de la fin du siècle[77] (carte XII, p. 67). Dans le département du Doubs, vers 1850, elles représentent 34,10 % des exploitations et dépassent la moyenne nationale.

Que le propriétaire « ne cultive que pour lui-même » suppose toutefois que l'exploitation lui procure, ainsi qu'à sa famille, des revenus suffisants pour vivre. En dessous du seuil vital, variable en fonction de la nature des cultures et selon la taille de la famille, force est d'avoir recours à des revenus complémentaires. De façon semblable, l'exploitation totalement louée doit procurer la même satisfaction : que sa taille soit augmentée par l'adjonction d'autres parcelles ne change pas sa nature ; en revanche, la recherche d'autres types de revenus fait basculer l'exploitation dans une autre catégorie. Le parti pris des enquêteurs de définir l'exploitation exclusivement comme entité agricole implique qu'ils n'envisagent, comme compléments possibles, que la location de parcelles supplémentaires par les propriétaires-exploitants, ou le recours au travail salarié agricole pour les propriétaires comme pour les locataires[78]. Le statut d'exploitation qu'ils attribuent à certaines des microtenures témoigne de la même logique puisque ces dernières ne peuvent être viables que par le salariat. Apparaît ainsi une troisième catégorie, qui mêle propriété et/ou location et/ou salariat agricole. Travaillées par des tenanciers partiellement propriétaires, ces exploitations sont celles du groupe des « propriétaires cultivant leurs biens mais travaillant en outre pour autrui en qualité de fermiers et locataires de terres, métayers ou colons, journaliers »[79]. Cette catégorie est la plus imposante : représentant 49,62 % des exploitations françaises, elle atteint 51,49 % dans le département du Doubs.

La distinction entre les tenures dont les exploitants ont recours au salariat et celles que les propriétaires complètent par des locations supplémentaires n'est pas statistiquement possible. Le nombre de celles des journaliers-propriétaires est ainsi donné par les enquêtes sans que soient fixés de quelconques critères les différenciant de celles que travaillent des propriétaires vendant occasionnellement leur force de travail. L'appréciation des enquêteurs est donc des plus variables : elles formeraient 10,10 % des exploitations françaises mais seulement 4,19 % de celles du Doubs[80]. De plus, la part du salariat étant importante – et justifiant la qualification de journalier-propriétaire au détenteur d'un lopin – il pourrait sembler abusif de considérer comme exploitations ces microtenures. Pour celles qui sont inférieures à un hectare dans le Pas-de-Calais, Ronald Hubscher considère qu'il « y a là une extension exagérée de la notion d'exploitation », mais précise aussitôt que « le problème est plus difficile à résoudre au niveau de la catégorie supérieure [même si] autour de un à deux hectares [et] hormis les cultures maraîchères [...] il ne s'agit pas d'une entreprise agricole »[81]. Ces très petites exploitations semblent toutefois devoir être retenues : leur existence témoigne d'une phase transitoire dans des processus d'ascension ou de déclin de leurs détenteurs, mais elles peuvent aussi être considérées comme éléments d'une exploitation définie selon des critères plus larges que ceux qu'implique une acception strictement agricole (cartes V, VI et VII, p. 60, 61 et 62).

Présupposé de la monoactivité agricole

Au XIXe siècle, la prise en compte de la réalité de l'exploitation paysanne à travers l'exploitant est d'autant plus problématique qu'elle va à l'encontre d'un double postulat sur lequel s'établit pourtant un fort consensus : elle est à la fois agricole et familiale. La totalité de la famille de l'exploitant doit se consacrer au seul travail de la terre. L'exploitation doit ainsi être suffisante pour entretenir les bras qui la cultivent. C'est ainsi que les monographies retenues par Frédéric Le Play[82] pour représenter le monde agricole offrent cette double caractéristique. Plus, lorsqu'il s'agit d'illustrer d'un exemple concret l'ouvrage que lui réclame Napoléon III[83], Le Play choisit les Mélouga, une famille-souche de petits agriculteurs du Lavedan[84], et justifie son choix en affirmant la difficulté de trouver « ailleurs des types de paysans-propriétaires représentant plus dignement la civilisation européenne et, en particulier, la nationalité française »[85]. La valorisation de la famille-souche, où un héritier est avantagé pour permettre la continuité d'un lignage sur l'exploitation, légitime les prises de position de l'auteur qui s'élève contre le « partage successoral prévu par le Code civil [accusé] de hacher les petits domaines en parcelles insuffisantes »[86].

Si le discours contre la parcellisation n'est pas neuf, qui avait rassemblé « les ultraroyalistes de la Restauration et Honoré de Balzac voisinant avec les agronomes anglais et Léon Faucher »[87], il relève toujours d'une semblable conception de la petite tenure. Durant les dernières décennies du siècle, la petite culture devient sujet de thèse pour les juristes[88]; discutée par les économistes[89], elle est glorifiée lorsque lui est reconnue une meilleure capacité de résistance à la crise et une propension à favoriser un certain conservatisme politique[90]. Les définitions proposées par Auguste Souchon sont significatives : la moyenne propriété est idéal-type car, demeurant strictement agricole, elle occupe et nourrit toute la famille ; les petites tenures, parce qu'elles « ne dispensent pas leurs détenteurs de demander au salaire une part de leurs subsistances » sont impures, même si, ajoute l'auteur :

> *« il ne faut pas perdre de vue que, dans l'immense majorité des cas, la véritable propriété paysanne se forme autour de parcelles qui ont été comme son germe »*[91].

En 1892, à la veille du congrès de Marseille qui doit définir leur programme agraire, les guesdistes lancent leur propre enquête et précisent à leurs adhérents qu'il faut entendre

LA FRANCE, UN PAYS DE PETITES EXPLOITATIONS AGRICOLES

par « petite propriété celle qui est cultivée exclusivement par le propriétaire et sa famille [...] »[92]. Est décidément prégnante l'identité entre propriété et exploitation.

La petite tenure ne trouve pas que des défenseurs. Au nom du libéralisme, le fondateur de l'*Économiste français*, Paul Leroy-Beaulieu, condamne les petits à la disparition[93]. Les différents courants du socialisme partagent une même logique du déclin inévitable face au développement du capitalisme : si pour Karl Kautsky « la petite exploitation est un phénomène économique du passé »[94], Jean Jaurès, tout en proposant à la Chambre des députés quelques mesures pour sa survie, précise que :

> *« le péril le plus grave que nous puissions courir, en intervenant par la loi au profit de la petite propriété paysanne, [...] serait de lui donner l'illusion qu'elle peut, même ainsi protégée, indéfiniment se prolonger et indéfiniment durer »*[95].

Pour les uns comme pour les autres, les signes de sa mort prochaine et fatale sont perceptibles dans son incapacité à demeurer exploitation agricole puisque ses détenteurs sont contraints à avoir recours au salariat. Ces « misérables exploitations hybrides »[96] jalonnent le chemin vers la prolétarisation et sont accusées à la fois de ne pas donner « l'indépendance et le bien-être à ceux qui en sont les détenteurs », et de propager « la misère et la dépression parmi les ouvriers agricoles eux-mêmes » :

> *« Qu'est-ce pour beaucoup de ces petits propriétaires que la propriété de la terre ? Est-ce qu'elle leur donne l'indépendance ? Est-ce qu'elle leur donne le moyen de vivre ? Mais la plupart d'entre eux sont obligés en même temps d'être des salariés et de compléter la maigre rente sortie de leur sol par le salaire qu'ils vont chercher dans la grande propriété voisine. (Applaudissements à l'extrême-gauche). Non seulement ils sont obligés d'aliéner ainsi leur indépendance, mais ils*

> *déterminent par contre-coup la baisse, la dépression des salaires pour ceux qui sont exclusivement des ouvriers agricoles »*[97].

Les positions de compromis prises par les socialistes français avant la Grande Guerre illustrent le relatif consensus pour la défense de la petite tenure. Quelques-uns d'entre eux se joignent ainsi aux radicaux[98] et aux catholiques sociaux pour appuyer l'abbé Lemire, fondateur en 1896 de la Ligue française du coin de terre et du foyer[99], lorsqu'il plaide pour la protection de la petite propriété et obtient, le 12 juillet 1909, le vote de la loi sur la constitution d'un bien de famille insaisissable[100]. La perpétuation familiale de la petite exploitation est dorénavant inscrite dans la loi : afin de demeurer viable et de dispenser du recours au salariat, l'exploitation est préservée de toute atteinte, y compris celle du morcellement institué par le partage successoral égalitaire, qu'il est possible dès lors d'éviter. Peu appliquée avant 1914, la loi de juillet 1909 marque cependant une étape dans la politique de soutien à la petite exploitation paysanne engagée dès les débuts de la République[101] et contribue à en fixer durablement les caractéristiques, comme en témoigne la politique agricole française de la Cinquième République, politique fondée sur l'exploitation familiale.

Procès en routine et sous-développement

Évidentes dans la mise en œuvre des moyens de défense de la petite exploitation paysanne, les motivations sociales et politiques se sont heurtées aux discours qui affirment l'absence de rentabilité des petites tenures. C'est que l'interrogation sur la taille des exploitations est également révélatrice des conceptions du développement agricole qui s'affrontent depuis le XVIIIe siècle. Pour les physiocrates, seules les grandes fermes sont porteuses de progrès et capables de livrer «un surcroît de production et de revenu disponible»[102]. Les économistes libéraux du siècle suivant poursuivent le procès, accusant une supposée incapacité des petites tenures à se dégager de la routine et à assimiler les rudiments de la science agronomique: les plus radicaux proposent de «renouveler absolument les cadres de l'agriculture» et pour cela présentent comme une obligation

> «*la disparition des petits propriétaires qui ne sont ni assez éclairés ni assez riches,* [et] *aussi la disparition des fermiers qui sont impuissants à s'adapter aux nécessités du progrès*»[103].

Les petits exploitants «courbés sous le joug de l'habitude»[104] seraient donc rétifs à l'innovation: innombrables sont les rapports administratifs, les observations médicales et ethnographiques[105], les publications de notables aux prétentions scientifiques ou les pages de littérature romanesques[106] pour lesquels les petites fermes et les «petites cultures [...] encouragent chez le paysan l'amour de la routine et la répugnance au progrès»[107].

Moins méprisants, mais tout aussi accusateurs sont les discours fondés sur une approche directement économique. Si la routine n'est pas décrite comme le produit d'un quelconque atavisme paysan, elle est expliquée par des incapacités économiques structurelles: trop petite, l'exploitation ne justifie ni la mécanisation – outillage et mécanisation au demeurant peu étudiés[108] – ni la division du travail; les économies d'échelle sont impossibles et les grands travaux d'aménagement sont déclarés hors de portée des finances des petits. Le manque de capitaux est aussi déploré:

> «[la petite exploitation est] *compromise par un vice fondamental* [puisqu'il] *est très rare que le cultivateur, qui a pour tout bien immobilier une chaumière et un champ insuffisant pour le nourrir, soit en même temps détenteur de quelques capitaux; il les emploierait sans doute à l'agrandissement immédiat de son domaine*»[109].

L'absence de capitaux implique la recherche de revenus à l'extérieur de l'exploitation par le salariat. Dès lors,

> « [le petit exploitant] *néglige sa propriété, dont d'ailleurs l'exploitation, pour ne rien dire de sa faible étendue et du manque de moyens, est irrationnelle au dernier degré* » : « *il est forcé d'abandonner à sa femme et à ses enfants, quand ils ont déjà un certain âge, l'exploitation de sa terre ; il ne peut y travailler que les jours de fête et les dimanches* »[110].

Salariés à l'extérieur ou livrant tous leurs soins à leurs tenures, les petits exploitants en sont réduits, faute de capitaux nécessaires à la modernisation, à développer leur investissement en travail :

> «*à mesure que l'agriculture devient plus scientifique, que la concurrence augmente entre l'exploitation rationnelle du sol et la petite culture routinière, les paysans sont forcés de plus en plus à recourir au travail des enfants et à restreindre l'instruction qu'on leur donne ; l'augmentation du travail du petit paysan propriétaire et de sa famille, indépendamment de toute considération morale ou autre, ne peut, même au point de vue purement économique, passer pour un avantage de la petite exploitation* »[111] ;

et pour Jean Jaurès,

> «*si la petite propriété subsiste encore, c'est parce que le paysan a pour ses besoins [...] une faculté de compression presque illimitée* »[112].

Rares sont les historiens de l'Ancien Régime qui, tel Michel Morineau[113], font justice des clichés et démontrent « que la préférence pour le grand domaine comme agent privilégié de modernisation ne relevait que de présupposés sous-entendus »[114] : les études concernant la grande exploitation demeurent privilégiées[115]. Force est de reconnaître que les historiens de l'économie des XIXe et XXe siècles ont longtemps développé de semblables *a priori*[116]. La vente des biens nationaux, le Code civil, la politique de consolidation de la petite et de la moyenne exploitation sont ainsi autant de mesures interprétées dans le sens du sacrifice « de l'efficacité économique à la stabilité des campagnes »[117]. L'intérêt pour la vitalité économique de la petite exploitation paysanne est très récent. La réalité de sa survie et de sa reproduction est établie par les multiples thèses qui décrivent la ruralité du XIXe siècle et qui peignent d'autres paysages que ceux qu'inspirent les clichés de la routine et de l'immobilisme paysans. Eugen Weber, par exemple, peut conclure que :

> « *la routine n'impliquait pas un travail inattentif mais une expérience, ce qui avait marché, et qui marchait encore, la sagesse accumulée sans laquelle la vie ne saurait être maintenue* »[118].

Économistes du contemporain et historiens acceptent la notion d'exploitation familiale et certains discutent la théorie de l'économie paysanne non capitaliste proposée en 1924 par Alexandre Tchayanov[119]. C'est avec les études sur le vignoble parcellaire, puis sur les petites exploitations orientées vers les cultures à fort investissement en travail et à forte valeur ajoutée[120] que sont tentées les lectures économiques de la petite exploitation : *insertion dans une économie de marché*, *leading sector* et *reconversions culturales* deviennent autant de problématiques qui jalonnent les pistes empruntées par quelques chercheurs pionniers. Enfin, est proposée une approche économétrique[121] de la petite exploitation fondée sur les dossiers des participants aux comices et concours agricoles : les calculs effectués tiennent ainsi compte de la force de travail fournie par tous les membres de la famille engagés sur l'exploitation[122]. Encore balbutiantes, ces premières études prouvent la viabilité économique de nombre de petites exploitations. Elles attestent également la pertinence d'une telle approche et ouvrent la voie à de nouvelles recherches.

Dossier cartographique 1

LA PETITE EXPLOITATION RURALE TRIOMPHANTE

Carte I : superficie moyenne des exploitations en 1892

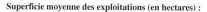

Superficie moyenne des exploitations (en hectares) :

1,8 - 4,3	7 - 8,99	11 - 13
5 - 6,99	9 - 10,99	13,6 - 18

moyenne France : 8,20

DOSSIER CARTOGRAPHIQUE 1

Carte II : % des exploitations inférieures à 10 hectares en 1882

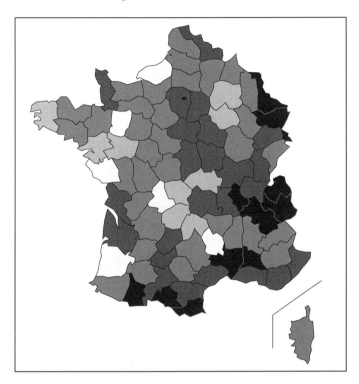

% des exploitations inférieures à dix hectares/total des exploitations :

- 70,1 - 74,99
- 75 - 79,99
- 80 - 84,99
- 85 - 89,99
- 90 - 93,4

Effectif : 4 801 602   moyenne France : 84,7%   (Mayenne : 63,4 ; Seine : 97,9)

LA PETITE EXPLOITATION RURALE TRIOMPHANTE

Carte III : nombre d'exploitations inférieures à 10 hectares en 1892

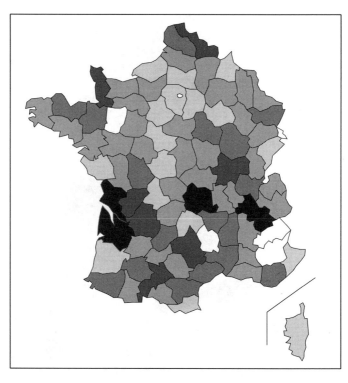

Nombre d'exploitations par département (en milliers) :

nombre total : 4 852   moyenne par département : 56

DOSSIER CARTOGRAPHIQUE 1

Carte IV : % des exploitations de 1 à 10 hectares en 1882

% des exploitations de 1 à 10 hectares/total des exploitations
supérieures à un hectare :

☐ < 60	▨ 65 - 69,99	▨ 75 - 79,99	■ 85 - 89,6
▨ 60 - 64,99	▨ 70 - 74,99	▨ 80 - 84,99	

Effectif : 2 634 029   moyenne France : 75,2%

LA PETITE EXPLOITATION RURALE TRIOMPHANTE

Carte V : cotes foncières et exploitations inférieures à 1 hectare en 1882

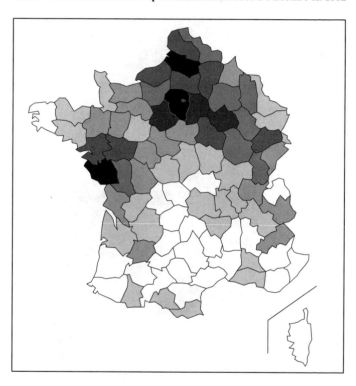

Ratio cotes foncières/exploitations inférieures à un hectare :

ratio moyen : 3,96

DOSSIER CARTOGRAPHIQUE 1

Carte VI : % des exploitations inférieures à 1 hectare en 1882

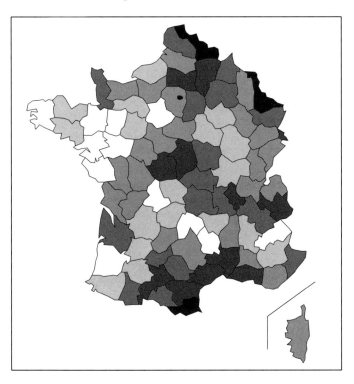

% des exploitations inférieures à un hectare/total des exploitations :

- 23,8 - 29,99
- 30 - 34,99
- 35 - 39,99
- 40 - 44,99
- 45 - 49,99
- 50 - 53,6

Effectif total : 2 167 573   moyenne France : 38,2 %   (Seine : 79,8)

LA PETITE EXPLOITATION RURALE TRIOMPHANTE

Carte VII : nombre d'exploitations inférieures à 1 hectare en 1892

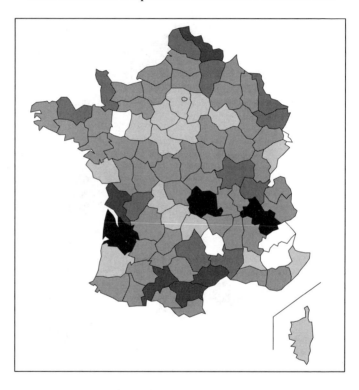

Nombre d'exploitations par département (en milliers) :

nombre total : 2 235   moyenne par département : 26

DOSSIER CARTOGRAPHIQUE 1

Carte VIII : cotes foncières et exploitations de 1 à 5 hectares en 1882

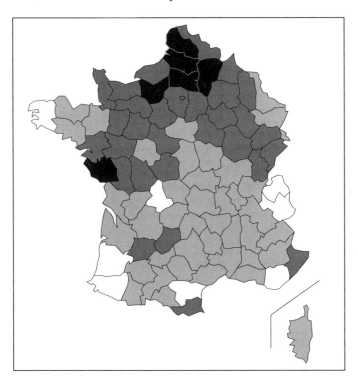

Ratio cotes foncières/exploitations 1-5 hectares :

ratio moyen : 2

LA PETITE EXPLOITATION RURALE TRIOMPHANTE

Carte IX : % des exploitations de 1 à 5 hectares en 1882

% des exploitations de 1 à 5 hectares/total des exploitations :

- ☐ 24,4 - 24,99
- ▓ 30 - 34,99
- ■ 40 - 43,3
- ▒ 25 - 29,99
- ▓ 35 - 39,99

Effectif total : 1 865 378   moyenne France : 32,9%   (Seine : 14,1)

DOSSIER CARTOGRAPHIQUE 1

Carte X : nombre d'exploitations de 1 à 5 hectares en 1892

Nombre d'exploitations par département (en milliers) :

5 - 9,99	15 - 19,99	25 - 29,99	> 37
10 - 14,99	20 - 24,99	30 - 35	

nombre total : 1 824   moyenne par département : 21
(Seine : 2 ; Isère : 46 ; Puy-de-Dôme : 49)

LA PETITE EXPLOITATION RURALE TRIOMPHANTE

Carte XI : cotes foncières et exploitations de 5 à 10 hectares en 1882

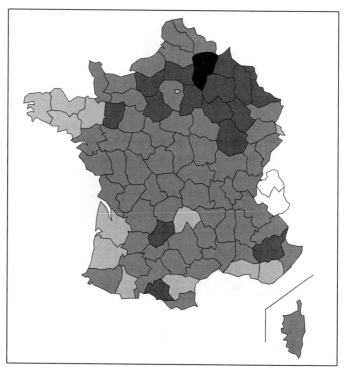

Ratio cotes foncières/exploitations 5-10 hectares :

| | 0,47 - 0,49 | | 1 - 1,49 | | 2,21 |
| | 0,5 - 0,99 | | 1,5 - 2 | | |

ratio moyen : 1,16

DOSSIER CARTOGRAPHIQUE 1

Carte XII : % des exploitations de 5 à 10 hectares en 1882

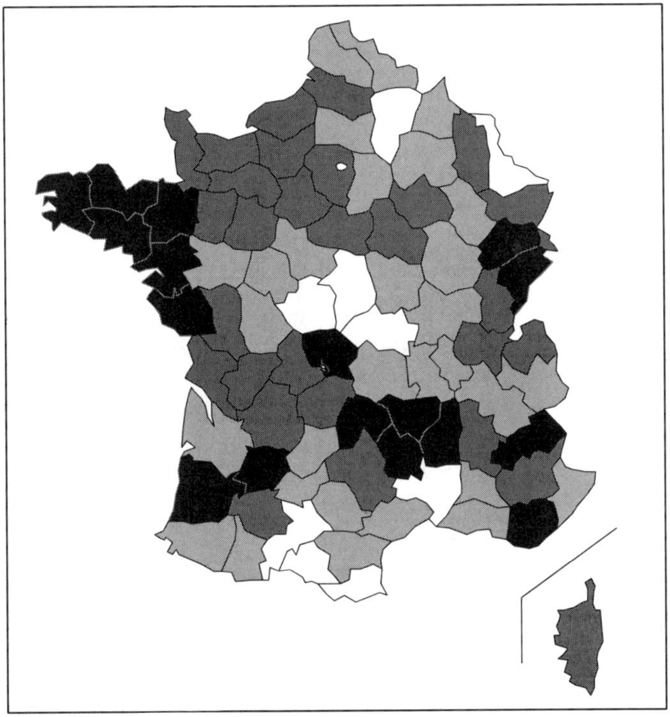

% des exploitations de 5 à 10 hectares/total des exploitations :

- ☐ 7,8 - 9,99
- ▨ 10 - 12,99
- ▩ 13 - 15,99
- ▮ 16 - 19,6

Effectif total : 768 651   moyenne France : 13,6%   (Seine : 4%)

LA PETITE EXPLOITATION RURALE TRIOMPHANTE

Carte XIII : nombre d'exploitations de 5 à 10 hectares en 1892

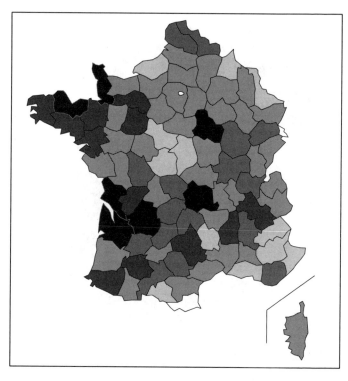

Nombre d'exploitations par département (en milliers) :

nombre total : 792   moyenne par département : 9,1   (Seine : 0,4)

CHAPITRE 2

La découverte de l'exploitation rurale

Proportionnellement, le poids statistique des petites et très petites exploitations varie peu durant le XIXe siècle et autorise à considérer cette domination comme un fait structurel. Il implique également quelques évidences. La pression sur la terre de la grande exploitation est loin d'être exclusive : celle-ci n'est donc pas seule à approvisionner les marchés proches et lointains sur lesquels interviennent les petites tenures, à condition que leur soit reconnue la capacité de sortir d'une supposée autarcie. De même, le nombre particulièrement élevé et permanent des microexploitations oblige à reconnaître que leur maintien passe par d'autres ressources que le seul travail de la terre. C'est ainsi que peut être avancé le concept d'exploitation rurale : celle-ci est envisagée comme rassemblant autour d'elle les membres d'une famille dont les activités peuvent n'être pas exclusivement agricoles. Pluriactivité individuelle et pluriactivité familiale contribueraient donc à la pérennité et au développement de la petite exploitation tout en renforçant sa propension à l'ouverture et au désenclavement.

Ouvertures aux inflexions du marché

Tendancieuse apparaît la présentation de la petite exploitation polyculturale repliée sur elle-même et vivant en autarcie, sans contact avec le moindre marché extérieur. Du type *Robinson*, elle procède du cliché de l'indépendance du paysan libre sur sa tenure[1], schéma de pensée hérité de Jean-Jacques Rousseau, Maximilien Robespierre et réactualisé par Léon Gambetta, qui s'inscrit dans la ligne de l'idéologie républicaine radicale. L'existence des foires et marchés suggère des échanges[2], même réduits en volume ; Arthur Young constate ainsi :

> *« un fait très étrange que l'on voit dans presque tous les marchés de France : des masses de gens qui perdent régulièrement un jour par semaine pour des objets qui montrent clairement le peu de valeur qu'a le temps pour ces petits cultivateurs. Peut-il y avoir rien de plus absurde qu'un homme robuste et énergique faisant à pied plusieurs milles et perdant une journée de travail, qui vaudrait quinze ou vingt sous, pour vendre une douzaine d'œufs ou un poulet, dont la valeur ne serait pas équivalente au travail de les porter au marché, si les gens étaient utilement employés »*[3].

Au milieu du siècle, toutes les foires ne sont pas comme celles des « cantons ruraux de l'Ouest lyonnais [qui] vivent encore en économie presque fermée [et où] beaucoup n'ont rien à vendre [sans toujours suffire] à leurs propres besoins ». Sur les champs de foire d'Ille-et-Vilaine, « pays qui vit encore en polyculture de subsistance », « les paysans échangent les surplus de l'élevage et de la culture contre les objets qu'ils ne fabriquent pas »[4]. Les spécialisations agricoles régionales impliquent l'organisation de marchés : dès le XVIIIe siècle, en Vendée[5],

LA DÉCOUVERTE DE L'EXPLOITATION RURALE

« aucune habitation paysanne n'est éloignée de plus de quinze à vingt kilomètres du lieu d'une grande foire mensuelle au bétail ».

L'adaptation des cultures aux conditions du terroir et le développement des moyens de communication poussent à des spécialisations qui ne sont pas le fait des seules grandes exploitations. L'histoire de l'agriculture vauclusienne est exemplaire. Elle montre une série continue de reconversions réussies par de petits tenanciers tôt spécialisés dans des cultures spéculatives : la ruine de la culture de la garance provoquée par la découverte de l'alizarine, colorant artificiel, précède celle des vers à soie, ravagée par la maladie, et celle de la vigne, condamnée par le phylloxéra. L'orientation vers les fruits et légumes est alors engagée et facilitée par une politique d'irrigation ambitieuse[6] ; l'arrivée de l'eau par le canal de Carpentras favorise et accentue « le morcellement de propriétés déjà traditionnellement peu étendues », si bien que :

« la culture maraîchère impose un régime d'exploitations familiales sur petites parcelles qui mue le cultivateur en véritable jardinier »[7].

La spécialisation pastorale implique elle aussi l'ouverture de la petite exploitation : comme les marchés aux bestiaux de Villersexel, Montbozon, Faverney et Monjustin, approvisionnés par les exploitants, grands et petits, du département de Haute-Saône[8], celui de Vercel (département du Doubs) est le lieu périodique de rencontres entre maquignons locaux, marchands « flamands »[9] et petits éleveurs des plateaux du Doubs. En haute Lozère, les foires d'automne sont fréquentées par

« les petits tenanciers [qui], surtout lorsque la récolte de foin [a] été maigre, se [séparent] de quelques bêtes avant l'hiver, veaux et agneaux de l'année notamment »[10].

Les petites tenures vigneronnes ne vivent pas non plus en autosubsistance. Si dans le Beaujolais «on ne trouve que très peu de foires dans le vignoble» c'est que :

> « *la vente du vin se fait individuellement, presque secrètement, aux négociants et on n'imagine pas de tonneaux sur une place publique* »[11].

En Languedoc, où peuvent être distingués trois types d'intermédiaires, les «courtiers installés en ville» et les commissionnaires se distinguent des «courtiers de village [qui] se partagent la clientèle des petits et des micropropriétaires». Ces derniers apparaissent démunis devant les pressions de leurs courtiers qui négocient des prix jusqu'à vingt pour cent inférieurs à ceux qu'obtiennent « les grands domaines voisins », mais ils conservent cependant, selon Rémy Pech, «un niveau de profit [leur] permettant de subsister»[12] et continuent à produire pour le marché. Mais le «puceron bienfaisant»[13] oblige à de profondes mutations. Les petites exploitations qui ont pu se maintenir se heurtent aux difficultés du marché: en 1893, la Société centrale d'agriculture de l'Hérault se préoccupe des «celliers de la petite culture» et défend

> *« ces cultivateurs, amoureux de leur métier, soucieux d'amélioration, ayant fait des efforts sérieux pour bien organiser leurs exploitations,* [qui] *n'ont pu produire que des installations incomplètes ou insuffisantes, les ressources ayant manqué pour mener à bien cette grosse opération, l'installation complète des celliers»*[14].

Lorsque Michel Augé-Laribé annonce que «la vinification familiale est appelée à disparaître devant la concurrence des celliers perfectionnés, usines de vinification de l'avenir»[15], c'est moins pour prédire la disparition des petits que pour les inciter à une coopération capable de leur laisser ouvert l'accès au marché.

Si les spécialisations des petites tenures impliquent la production pour la commercialisation, la polyculture peut également permettre le dépassement de l'autoconsommation familiale. En Ille-et-Vilaine, tandis que s'engage une spécialisation vers la fabrication de beurre salé, placé sur les foires locales ou progressivement expédié directement vers Paris, les petits paysans « vendent aussi des œufs, des volailles, du pain, du lard, du cidre, des haricots, [...] des pommes de terre [et] enfin des grains de toute espèce : froment, seigle, mil, blé noir, *etc.* »[16]. Dans le département du Doubs, comme dans tous les départements comtois, les petits fermiers autosubsistants du bas pays sont également fournisseurs du marché. Ici, la perception des fermages en nature est la règle pour les terres labourables louées par des propriétaires qui ne se satisfont pas d'une autarcie familiale et placent sur le marché *les blés de rentaires* – l'expression signifiant blés de seconde qualité – que leur livrent leurs fermiers[17]. Correspondance et livres de compte des propriétaires nobles étudiés par Claude-Isabelle Brelot éclairent ainsi le fonctionnement de la rente foncière et l'adaptation des petits au marché. Ainsi Charles Terrier de Loray fait régler ses petits fermiers partie en argent et partie en blé et en avoine pour les parcelles qu'il loue à Émagny et à Berthelange (canton d'Audeux, Doubs). Les centaines de mesures de blé ainsi accumulées sont stockées pour être vendues au meilleur cours à l'hospice de Bellevaux à Besançon. Louis de Jouffroy opère de même depuis son château d'Abbans-Dessous (canton de Boussières, Doubs) et attend le moment de la soudure pour vendre au plus haut prix le blé de ses petits rentaires aux boulangers du bourg proche de Quingey[18].

Les exemples qui attestent la participation de la petite exploitation paysanne au marché sont donc nombreux. Certes, quelques cas relèvent de nécessités conjoncturelles. Ainsi lors de la crise du milieu du siècle, les petits du département du Doubs ne trouvent d'autre expédient que la vente de leur bétail. Les républicains de la veille peuvent ainsi dresser le noir tableau de ces petits cultivateurs qui,

> « *ne possèdent qu'une seule vache laitière pour alimenter leur ménage et un porc nourri et engraissé à grands frais,* [et qui] *sont obligés de vendre l'un et l'autre vers la fin de l'année pour solder définitivement les impôts* [et] *le surplus des fermages* »[19].

Reste que la stricte autarcie apparaît des plus limitées. Polyculturale, la petite exploitation paysanne, seule ou à l'aide d'intermédiaires, réussit à approvisionner un marché dont elle parvient à suivre les inflexions. Spécialisée, elle ne peut se concevoir sans une participation active à un marché dont l'envergure est de plus en plus large. Capable de saisir les opportunités commerciales, elle bénéficie également des courants d'échanges ouverts par les produits de l'artisanat rural et de la proto-industrialisation.

Désenclavement par la pluriactivité

Les propriétés et les exploitations parcellaires ont retenu l'attention des historiens comme résultantes du morcellement imposé par le Code civil et comme témoins du processus de déclassement des éléments les plus faibles de la communauté paysanne, contraints au salariat et à l'exode. Ces microtenures peuvent pourtant révéler un processus inverse, celui qu'illustre, par exemple, l'accession progressive à la propriété de salariés agricoles[20]. Se dégage ainsi la possibilité d'une sortie « par le haut » des journaliers, ascension qui permet d'expliquer la croissance du nombre des propriétaires-cultivateurs constatée entre 1862 et 1892. Selon les enquêtes agricoles, le pays perd 794 0 00 salariés tandis qu'il gagne 387 0 00 propriétaires[21]. Très petites, ces exploitations, qui sont d'une autre nature que de simples potagers ou jardins ouvriers[22], ne sont pourtant pas nécessairement provisoires et ne témoignent pas toujours, dans l'histoire des exploitations, d'une phase transitoire aboutissant soit à une disparition soit à une constitution. Difficilement viables par le seul travail agricole, elles se maintiennent par le recours à d'autres formes de revenu procurées par la pluriactivité. Toutefois, la pluriactivité paysanne n'est pas seulement pluriactivité de nécessité : Ronald Hubscher propose l'alternative «impératif ou style de vie», tandis que Gabriel Désert s'interroge sur la dichotomie «essentiel et accessoire»[23]. Surtout, elle n'est pas réservée aux microexploitants : multiples sont les cas d'exploitations de taille supérieure où sont mêlés des revenus d'origine différente, d'autant plus repérables que la pluriactivité n'est pas seulement observée à l'échelon individuel mais étendue à la totalité du groupe familial vivant sur l'exploitation[24]. Enfin, la logique de cette investigation conduit à considérer comme exploitations rurales les fermes-ateliers qui associent structurellement travail de la terre et activités artisanales ou *proto-industrielles*[25].

Individuelle ou familiale, permanente ou occasionnelle, la pluriactivité permet d'élargir la notion d'exploitation paysanne : ouverte à d'autres formes de revenus que celui du travail agricole, elle entraîne les microtenures puisque la seule viabilité agricole n'est plus requise. Elle introduit également une double appartenance à des sphères généralement considérées comme différentes, voire opposées. Au nom de classifications dont les règles et les motivations mériteraient d'être éclairées, un travail agricole *pur* ne saurait accepter de compromission avec aucune activité hétérogène (textile, métallurgique ou autre). Une division stricte est alors établie «entre activité agricole et activité industrielle, [division qui pourtant] n'exist[ait] pas dans l'économie traditionnelle»[26]. C'est ainsi qu'à la fin du siècle dernier, l'extrême-gauche n'est pas isolée lorsque, constatant le poids important d'agriculteurs exerçant «un métier accessoire», elle affirme que :

> «*la combinaison de travaux absolument différents a une action paralysante : si le petit marchand ou le colporteur perd le goût du travail agricole soutenu et n'a plus la force de le faire, d'un autre côté le paysan est le plus souvent un mauvais artisan et l'artisan un mauvais paysan*»[27].

Aujourd'hui encore, c'est seulement sous la pression de la crise agricole, qui remet en cause la politique conduite depuis plusieurs décennies, que syndicats agricoles, administrations et mutuelles d'assurance sociale acceptent de reconnaître le considérable regain de la pluriactivité paysanne[28]. Reste que celle-ci est ouverture et contribue à l'introduction des paysans

> « *dans d'autres mondes sociaux, économiques, culturels : mondes de l'atelier, de l'usine, du voyage et du commerce, de "l'étranger" et du lointain* »[29].

Cette ouverture est à double effet : elle peut tout autant accélérer le passage définitif et sans retour vers ces autres mondes que le freiner, voire le rendre sans objet, en confortant et renforçant la viabilité de la petite exploitation paysanne.

Sans masquer la réalité de la pluriactivité comme « solution pour les agriculteurs marginalisés », il convient de ne point négliger celle qui est « art de vivre »[30] et se découvre structurellement liée à l'exploitation paysanne. Révélée dans la longue durée, la pluriactivité trouve sa place aussi bien durant les temps morts du travail agricole qu'à la faveur d'un partage familial des tâches, partage fixe ou variable, temporaire ou permanent[31]. D'une extrême souplesse, elle est adaptation dans la courte comme dans la longue durée : diverses typologies en ont ainsi été dressées qui tiennent compte des contraintes plus ou moins vives de l'activité agricole, des rythmes du travail dans les divers secteurs de l'artisanat, de la proto-industrie ou de l'industrie mais aussi des possibilités offertes par la société englobante[32]. Sans limite est, au siècle dernier, la liste des exemples de pluriactivité qui n'épargnent aucun espace de campagne, de la Normandie à la Loire et au Tarn, de la Meurthe-et-Moselle et de la Provence à la Picardie et au Vaucluse, de la Bretagne et du Nord au Périgord, au Perche et à la Franche-Comté[33] : elle est même présente (faiblement il est vrai) dans la Beauce engagée dans une forme de capitalisme agraire[34]; interdite par les contrats de vigneronnage du Beaujolais, elle pullule pourtant puisque « cette interdiction ne concerne pas la famille »[35].

La Franche-Comté offre de multiples exemples de complémentarité entre travail agricole et ressource extérieure. Une typologie en a été dressée[36], qui mêle anciens et nouveaux types de pluriactivité. L'un est celui hérité du cadre ancien de l'auto-subsistance – forme fermée[37] – tandis que d'autres – tous de forme ouverte – sont attachés aux « industries » traditionnelles, liés au *domestic system* ou encore suscités par les fermes-ateliers; autant de types multiples qui ne sont d'ailleurs pas exclusifs les uns des autres. Ainsi perdure le travail familial du chanvre attesté par les nombreuses chènevières et, pour le seul département du Doubs, le fonctionnement des 257 ribes recensées en 1851. La tournerie de Saint-Claude (département du Jura), elle, résiste à l'arrêt des pèlerinages en se reconvertissant à la fabrication d'objets profanes pour lesquels « les tourneurs des communes rurales travaillent en famille durant l'hiver seulement »[38]. Dans la montagne jurassienne[39], longtemps isolée par les neiges, artisanat et agriculture se « complètent harmonieusement » et

> « *il aurait été aussi étrange pour un artisan de n'avoir aucune activité agricole que pour un paysan, de n'avoir pas un établi dans sa ferme* »[40].

De même, les formes les plus anciennes de l'industrialisation comtoise induisent une forte pluriactivité. Pendant le premier XIXe siècle, les petits paysans situés à proximité des sites métallurgiques et salicoles continuent à fournir du travail pour les approvisionner en matière première et en combustible. Chaque agriculteur trouve à s'employer: certains partent « l'hiver avec le chevalet, le pic et la "tine" pour employer les loisirs forcés » et se dispersent « pour gratter le sol partout où l'on soupçonne du minerai »[41]; d'autres se transforment en bûcherons, en débardeurs ou en voituriers pour la fourniture de bois de chauffe aux salines et aux multiples hauts-fourneaux dont les directeurs persistent dans leur refus de produire des fontes au coke[42]; d'autres encore, employés aux houillères de Ronchamp selon les horaires en 3 × 8, «arrivent à la mine déjà harassés» et sont critiqués par les administrateurs qui se plaignent de leur absentéisme qui culmine de juillet à septembre parce que ces paysans-mineurs, comme ceux du Tarn[43], sont «portés à manquer beaucoup de journées à cause des travaux de la campagne»[44].

Tandis que subsiste une économie traditionnelle riche en possibilités de pluriactivité, se développent des formes nouvelles qui s'ajustent aux potentialités de la petite exploitation paysanne. En Franche-Comté les ressources du *domestic system* sont remarquables. Les initiatives industrielles cotonnières des frères Peugeot et celles de la famille Méquillet-Noblot, dans le Pays de Montbéliard[45], s'appuient sur le travail à domicile: les ajustements entre filage et tissage nécessitent durablement le recours à une multitude de bras qui,

> «*au moment des semailles et des récoltes, quittent leur métier pour s'occuper de leur terre, si bien que deux périodes creuses scandent régulièrement la production de tissu, le début du printemps et la fin de l'été*»[46].

Une semblable organisation est constatée dans les campagnes de la montagne jurassienne[47]. À Morez, à Saint-Claude ou à Champagnole[48], l'ancienne tournerie, les industries pipières et lapidaires, introduites à la veille de la Révolution, font appel aux multiples ateliers de pluriactifs: possédant un tour à pied et quelques outils, ils travaillent corne, bruyère, buis, ébonite, strass et pierres fines pour quelques négociants qui les payent à façon. Triomphe de l'établi associé à l'étable, encore, avec l'horlogerie, d'abord développée dans la mouvance des établissements suisses de Genève et du Pays de Neuchâtel, eux-mêmes bientôt concurrencés par les maisons bisontines[49]: la confection des multiples *parties brisées* est confiée à de denses nébuleuses d'établis pluriactifs[50], chargés chacun d'une *passe* pour le compte des établisseurs qui, eux, se réservent l'assemblage final et le réglage des montres avant leur commercialisation.

La ferme-atelier, enfin, apparaît doublement représentative de la pluriactivité. Dans le seul département du Doubs, en 1852, 650 établissements hydrauliques sont recensés, au long des cours d'eau, au pied des cascades ou au débouché de sources. Beaucoup demeurent polyvalents, reliant à une même roue meule, ribe, foule, battoir, scie, martinet[51]... La fréquence des fériations dues à la sécheresse, au gel ou aux fortes crues ne permet pas l'embauche régulière d'une main-d'œuvre qui vivrait du seul travail de l'atelier: elle provient pour l'essentiel de familles de petits exploitants capables de jongler entre activité agricole et emploi industriel. Mais la ferme-atelier apparaît encore plus structurellement pluriactive dans la mesure où elle est le plus souvent flanquée de parcelles de terres agricoles. À Montecheroux (canton de Saint-Hippolyte, Doubs), « capitale mondiale de la pince », chaque ferme du village est complétée, au fond de son jardin, par une forge familiale qui façonne des outils d'horlogerie[52]; à Nans-sous-Sainte-Anne (canton d'Amancey, Doubs), les roues hydrauliques et les martinets qui permettent chaque année la fabrication de plusieurs dizaines de milliers de faux et d'outils agricoles sont complétées de quelques hectares, d'une charrue et d'une machine à battre[53]; à Labergement-Sainte-Marie (canton de Mouthe, Doubs), la scierie Thiébaud[54] associe exploitation agricole (trois hectares de champs et prés et trois ou quatre vaches) et moulin polyvalent, bien représentative en cela des établissements hydrauliques du haut Doubs et du haut Jura[55]; dans la vallée de la Valouse (canton d'Orgelet, Jura), les neuf établissements qui se succèdent sur moins de cinq kilomètres relèvent encore de ce type, comme le Moulin neuf, polyvalent, qui abrite des meules, une scierie, une modeste forge, une teinturerie, un atelier d'impression et, enfin, un petit train de culture[56]. Enfin à Damprichard (canton de Maîche,

Doubs), la famille Bourgeois demeure durablement agricole et horlogère, rassemblant fabrique de boîtes de montres et d'assortiments cylindres, terres agricoles, pâtures et étable de douze têtes de bétail[57], prouvant ainsi la participation de la ferme-atelier à la double spécialisation horlogère et pastorale des montagnes jurassiennes au XIXe siècle[58]. Natalie Petiteau peut souligner combien « les fermes-ateliers ont su s'insérer dans une économie de marché »[59] et montre, à travers l'exemple *des* Bourgeois *conquérants*, que la ferme-atelier, comme la pluriactivité, est un tout indissociable qui, loin d'être archaïsme, révèle un authentique système de production, celui de l'exploitation paysanne.

Perméabilité aux circuits du crédit

L'accès au crédit atteste également l'ouverture à l'économie englobante. L'endettement est l'une des clefs qui ont été expérimentées pour tenter d'expliquer les comportements paysans, notamment au moment de la crise du milieu du siècle[60], le recours au crédit étant le plus souvent soupçonné de provoquer ou d'accentuer la dépendance et la sujétion du débiteur vis-à-vis de son créancier. Ainsi induite, l'étude de l'endettement a toutefois permis une première approche des circuits du crédit. Appréhendé par le biais des saisies immobilières, l'endettement dans le département du Doubs au milieu du XIXe siècle[61] montre la diversité des voies d'accès au crédit. Avéré, le recours aux usuriers paraît toutefois nettement moins fréquent qu'ailleurs, en Alsace notamment[62]. Si nombre d'arrangements financiers ne laissent pas de trace[63], le crédit enregistré devant notaire[64] et les créances révélées par les saisies immobilières permettent une approche suggestive du monde des prêteurs et de celui des emprunteurs. Entre 1850 et 1860, les débiteurs saisis sont des petits : 66 % le sont sur moins de trois hectares, 24 % sur trois à dix hectares et 10 % sur plus de dix hectares. Les notaires, eux-mêmes prêteurs dans 7 % des cas, servent le plus souvent d'intermédiaires : la rareté de l'appel aux banquiers – 2 % des cas – témoigne du faible développement de la banque en Franche-Comté au milieu du siècle[65], si bien que se déploie le « crédit informel »[66]. « Crédit informel » que financent pour l'essentiel – 44 % – des « propriétaires » et des rentiers avançant de l'argent à leurs fermiers ou à leurs voisins tandis que les commerçants, les négociants, les artisans et les industriels constituent un autre groupe, non négligeable – 27 % – faisant crédit au petit commerce et, éventuellement, à sa clientèle[67].

La répartition géographique des créanciers engageant des saisies judiciaires est également significative. Certes, les saisies ne livrent que les cas d'échec de l'endettement sanctionnés par la justice : elles se révèlent toutefois plus riches que les inscriptions et transcriptions hypothécaires qui ne concernent que le crédit « officiel » et ne doivent pas être confondues avec les ventes volontaires aux enchères qu'étudie Jacques Rémy[68]. La localisation urbaine de 43 % des prêteurs engageant des poursuites atteste, comme ailleurs, une forme de dépendance des campagnes par rapport aux villes[69]. Surtout, si 64 % des fournisseurs de crédit appartiennent au même arrondissement que celui de leur clientèle, le nombre important des autres prêteurs prouve l'existence d'un réseau relativement large de crédit et donc d'une ouverture certaine des petits exploitants à un marché lointain de l'argent : 13 % des créanciers sont domiciliés dans le même département mais dans un arrondissement différent de celui de leur emprunteur, 6 % vivent dans des départements limitrophes, 8 % ailleurs en France et 9 % à l'étranger[70]. L'étude des opérations de crédit à travers les archives notariées est tout aussi révélatrice : le prêt helvétique s'élève en 1847 à 54,76 % du crédit notarié de Morteau et à 56,86 % de celui de Pontarlier[71]. En 1849, le procureur général de Besançon signale d'ailleurs qu'un

 « *grand nombre de notaires chargés de faire des placements en France pour les capitalistes de Berne et de*

Neufchâtel favorisent outre mesure le penchant des cultivateurs pour la propriété immobilière »[72].

Le crédit suisse est également un atout pour les fermes-ateliers. C'est le prêt de 1 200 francs d'un créancier de Lausanne, la dot de 1 100 francs de sa femme et deux très petits héritages qui permettent à Aimé Lamy, fils d'un paysan-cloutier du hameau des Arcets (commune de Prémanon, canton de Morez, Jura), de créer sa première société et de se poser parmi les fondateurs de la lunetterie de Morez[73]. Le développement de la ferme-atelier de La Combe passe de même par le crédit suisse : deux obligations en 1840 – 9 620 francs au total – auprès d'un particulier de La Chaux-de-Fonds et de la Chambre économique des biens d'Église de Neuchâtel, puis, de 1842 à 1847, 9 000 francs auprès d'un notaire de Neuchâtel, 1 500 francs à Maîche et 1 800 francs auprès d'un propriétaire de Berne – soit 12 300 francs remboursés à la faveur d'un nouvelle dette contractée à Neuchâtel – enfin, en 1854, 1 500 francs empruntés sur la même place. Au total, le financement est modeste – 13 800 francs – mais efficace : la ferme-atelier, exploitée par les Bourgeois, un lignage de paysans-horlogers, place ceux-ci en position de conquérir le marché de la boîte de montres tout en demeurant durablement acteurs de la spécialisation pastorale dans les Franches-Montagnes[74].

L'ouverture de l'exploitation rurale est donc facilitée par l'existence de ces réseaux du crédit informel[75]. L'écart constaté entre la forte présence du crédit suisse placé par les notaires du haut Doubs et la relative discrétion de ces même créanciers lors des procédures de saisie immobilière atteste sans doute la prudence de leurs placements. Il peut également suggérer le dynamisme de l'exploitation rurale des montagnes jurassiennes : endettées, elles parviennent à faire face aux contraintes financières de la même façon qu'elles surmontent les obstacles à leur pérennité et à leur extension.

CHAPITRE 3

Dynamisme et adaptations de l'exploitation rurale

Multiforme, la petite exploitation rurale est caractérisée par une grande souplesse qui lui permet, non seulement de résister à un déclin sans cesse annoncé, mais aussi de connaître un authentique développement. Elle assure sa reproduction en s'adaptant aux exigences juridiques de la société englobante. Enfin, dans un contexte de déstabilisation marqué par une croissance de l'urbanisation opposée à la vigueur d'un exode rural quasi général, la petite exploitation fait l'objet de la sollicitude de l'État qui engage une politique cohérente pour sa défense.

Maintien et aptitudes à la reconversion

Le premier signe du dynamisme de la petite exploitation paysanne est d'abord son maintien, qui témoigne de vives capacités de résistance. Certes, à partir du moment où elle est capable de nourrir la famille qui la travaille, l'exploitation vivrière peut en théorie échapper aux contraintes du marché par un fonctionnement en autarcie : se poserait toutefois le problème de sa reproduction dès lors que plusieurs héritiers prétendraient vivre de ses morceaux. Envisagé par le plus pauvre désireux de s'élever[1], le recours à la pluriactivité apparaît également une voie possible, sinon nécessaire, au maintien et à l'amélioration de la petite exploitation paysanne[2]. Semblable solution peut prendre des chemins longs et détournés qui éloignent durablement de la terre tel ou tel élément du groupe familial : ainsi l'« exil » en Espagne des Cantaliens qui, durant vingt années, ont laissé la gestion de l'exploitation à leur épouse[3]. Toutefois, les maçons du Limousin et les colporteurs de l'Oisans, les migrants du Queyras et les vignerons employés de l'Arsenal de Toulon ou des Chantiers de La Seyne[4] n'ont que rarement l'intention de voyager indéfiniment : migrant pour « améliorer [leur] capital »[5], ils espèrent rejoindre les rangs de ceux qui,

> *« partis en débutant avec un faible avoir – quelques francs – se sont créé une certaine aisance qui leur a permis de se retirer encore jeunes et de vivre tranquilles sans souci du lendemain »*[6].

Possible parce que, en l'absence du chef de famille, femme et enfants assurent le fonctionnement de l'exploitation, le cycle pluriactif s'achève par un retour à l'agriculture sur une tenure améliorée ou seulement maintenue[7], jusqu'à ce que les enfants usent de semblables « filières, voire de cursus de pluriactivité »[8]. Pour d'autres, la polyvalence professionnelle demeure, autant pour développer toujours l'exploitation que parce qu'elle est devenue « style de vie »[9].

Pluriactive, l'exploitation rurale est confrontée aux aléas du marché dans lequel elle est insérée. Plus exposée que la tenure vivrière, elle est cependant mieux armée pour affronter l'économie englobante. Elle puise sa force dans une grande souplesse et dans de fortes capacités de reconversion : en fonction des possibilités du marché, le « travail en plus »[10] peut momentanément devenir activité principale ou disparaître dans l'attente de temps meilleurs. La comparaison est ainsi suggestive entre les listes nominatives de recensement des communes du canton de Morteau de 1841-1846 et celles de 1851-1856[11] : la plupart des professions horlogères déclarées avant la crise du milieu du siècle ont disparu en 1851, attestant un repli des pluriactifs sur le versant agricole de leur exploitation, repli temporaire qui est adaptation à la raréfaction des commandes des établisseurs suisses[12] alors que les produits de l'élevage jurassien sont relativement épargnés par la crise[13]. Soulignés à propos des mineurs de Carmaux et des pluriactifs du Roannais[14], de semblables transferts sont observables chez les paysans-tisserands des environs d'Héricourt (Haute-Saône), irrégulièrement sollicités par la maison Méquillet-Noblot en fonction des ajustements entre production mécanisée des filés et tissage domestique[15]. Une même souplesse explique encore l'apparente instabilité des paysans-papetiers de Geneuille (canton de Marchaux, Doubs) qui jonglent en permanence entre le travail sur leurs terres, la préparation des chiffons et l'emploi sur les machines installées dans d'anciens moulins[16].

Ces aptitudes à la reconversion caractérisent également les fermes-ateliers. À Nans-sous-Sainte-Anne (département du Doubs), comme dans le Vimeu[17], les périodes de fériation forcée sont rentabilisées : la sécheresse estivale qui immobilise les roues hydrauliques permet fenaisons et récoltes sur les parcelles agricoles de la maisonnée, tandis que les employés sont libérés pour s'occuper de leurs propres tenures[18]. L'alternance entre les secteurs de production n'est pas seulement commandée par le cycle des saisons et les conditions météorologiques. Elle est aussi retournée en véritable atout pour le développement : assurant l'initiation de nombreux employés aux savoir-faire, elle permet une gestion en souplesse des besoins en main-d'œuvre par des transferts de l'un à l'autre des domaines de la ferme-atelier. Même souplesse au sein du groupe familial : la formation des enfants est orientée en fonction des besoins présents et futurs de l'exploitation. La famille Bondivenne qui exploite le moulin de la Meuge (vallée de la Valouse, Jura) et ses sept hectares répartit les tâches en préparant ses développements ultérieurs : pendant les années 1820, tandis que le fils aîné est formé sur place à la meunerie, deux cadets sont initiés à la teinturerie et épouseront les deux filles du maître-teinturier chez lequel le plus âgé avait été placé en apprentissage[19]. Au milieu du siècle, à Damprichard (département du Doubs), Jacques-François Bourgeois, qui est à la tête d'une ferme-atelier comportant une étable de douze bovins, règle sa succession : il demande à ses cinq enfants de laisser l'ensemble des propriétés en indivision, il cède à l'aîné le train de culture et envoie deux des cadets se former au travail horloger. À la génération suivante, Marcel-Séverin Bourgeois, spécialisé dans la fabrication d'assortiments cylindres, entreprend de reconstituer une exploitation agricole complémentaire de l'atelier qu'il fait fonctionner, en indemnisant ses autres frères et en achetant à ses cousins, dix ans plus tard, une partie des terres qu'ils avaient recueillies de leur père. Ici encore, les souplesses de la pluriactivité sont autant d'atouts pour le maintien et le développement de l'exploitation[20]. Elles sont conjuguées avec les moyens mis en œuvre pour affronter le morcellement successoral.

Reproduction et stratégies successorales

En Franche-Comté comme ailleurs se pose le problème de la reproduction de l'exploitation paysanne. Dans un espace agricole bientôt sans possibilité d'agrandissement après d'ultimes conquêtes sur les forêts, les landes et les terres humides[21], la croissance démographique ne peut se traduire par une multiplication sans limite des tenures. Ici pourtant, à la différence d'autres régions françaises, l'exode rural apparaît tardif : les maxima de population rurale sont le plus souvent constatés lors des recensements de 1886, 1891 ou même 1896[22]. La rareté des études démographiques[23] ne permet d'avancer qu'avec prudence : il apparaît toutefois que dans la montagne jurassienne, la natalité demeure longtemps forte et que les enfants survivants sont de plus en plus nombreux durant la totalité du XIXe siècle. Ce sont généralement des familles nombreuses qui vivent de la petite exploitation et de la ferme-atelier. Imposée par le Code civil, une stricte application du partage successoral égalitaire peut donc mettre en cause les équilibres acquis : si tous les enfants prétendent à la succession, la satisfaction de tous met en péril l'exploitation, qui ne peut être hachée à l'infini.

Le recours à la pluriactivité et la démultiplication des productions de la ferme-atelier sont autant de moyens pour tenter soit un maintien soit une reconstitution des exploitations. Ils peuvent être complétés par le renoncement de quelques héritiers – et pas seulement les cadets – qui choisissent l'exil[24]. Ce « pari des exclus »[25] peut entraîner des ménages entiers : en 1833 et 1834, parmi les 91 personnes qui quittent le village de Champlitte (Haute-Saône) pour le Mexique, seuls trois célibataires accompagnent cinq couples sans enfant et seize couples qui comptent un à neuf enfants[26]. De tels départs atténuent la pression sur la terre en libérant des exploitations et en réduisant le nombre des prétendants aux exploitations existantes. Ils sont pourtant loin d'être systématiques : l'exode rural massif est tardif dans les montagnes jurassiennes qui se révèlent capables de retenir durablement une population nombreuse. En revanche, comme dans le Gévaudan[27], la pression sur les exploitations est atténuée par l'orientation d'un fort contingent de fils et de filles vers le sacerdoce. Bornée à l'est par les protestants suisses et au nord par les luthériens du Pays de Montbéliard, la Franche-Comté – et particulièrement les plateaux du Doubs – est terre de Contre-Réforme virulente[28], réactivée au milieu du XIXe siècle par une identification progressive à l'image d'un « Tyrol de la France » que façonnent Charles de Montalembert et un solide réseau clérical[29]. Entre 1831 et 1875, la plupart des cantons du haut Doubs ont fourni un prêtre pour environ trois cents habitants, soit six fois plus que dans le bas pays[30]. Se distinguant par une forte pratique religieuse, les populations du Doubs demeurent fécondes[31] : elles ne semblent pas limiter volontairement les naissances, même si elles usent de la solution du retard de l'âge au mariage[32]. Reste qu'à l'éventail des solutions partielles s'ajoutent les arrangements internes aux groupes familiaux[33] pour contourner l'obligation juridique du partage successoral égalitaire.

Les travaux d'Alexandre de Brandt, conduits à partir des résultats de l'enquête agricole de 1866[34] et des réponses données par les notaires montrent qu'à la fin du XIXe siècle encore[35], le Code civil n'est pas uniformément appliqué. En effet apparaissent une France où prévaut *le partage en nature entre tous les enfants* et une autre France, dans laquelle est privilégiée la *transmission intégrale à un seul enfant*. Rudimentaire, cette géographie se révèle plus complexe et ne recouvre pas exactement la division entre pays de droit écrit et pays de droit coutumier : le cadre départemental, trop large, ne rend pas compte des variations locales[36] qui associent à des degrés divers les types fondamentaux[37]. Les modes de dévolution successorale se combinent de même aux types familiaux. C'est ainsi que les travaux récents des ethnologues, des anthropologues, des démographes et des historiens – particulièrement ceux rassemblés à l'École des hautes études en sciences sociales par Joseph Goy[38] – relativisent fortement la généralisation de la « nucléarisation des familles rurales françaises au XIXe siècle »[39]. Dans le Pays de Sault, dans les Baronnies pyrénéennes, en Corse ou en Béarn, dans le Limousin, à Ribennes en Gévaudan ou en Haute-Provence[40], les ménages complexes et les familles-souches pullulent encore jusqu'à une date avancée du siècle dernier. Certes, les exemples développés révèlent des modèles isolés, fermés, véritables citadelles de coutumes anciennes, mais l'étude d'isolats peut-elle révéler autre chose que des isolés ?[41] Pourtant, la transmission intégrale des patrimoines ou la réintégration des biens par rachat et mariage consanguin apparaissent également en pays ouvert : le Val de Saône[42] se distingue ainsi comme, dans une moindre mesure, les plateaux jurassiens.

En Franche-Comté, deux terrains ont été retenus pour une étude des régimes matrimoniaux et des organisations familiales qui accompagnent les pratiques successorales. Le premier, la commune de Cuvier (canton de Nozeroy, Jura) permet une approche plurielle qui tente d'embrasser à la fois développement agricole et pratiques sociales pour expliquer le phénomène de « survivance », défini par décalque du « privilège accordé par le roi de succéder à la charge de quelqu'un, après sa mort, du vivant du titulaire »[43]. Si, à Nussey (Cuvier) la famille conjugale est au XIXe siècle la structure familiale prédominante[44], il convient de noter « une forte parenté entre les noyaux familiaux ». Un ménage sur cinq est pourtant un ménage complexe, c'est-à-dire élargi aux ascendants ou aux collatéraux, voire regroupant plusieurs noyaux familiaux : ce type de ménages constitue une forte minorité qui double, de surcroît, au moment des crises de reconversion de l'économie villageoise[45]. La solution du repli sur la famille-souche[46], qui ne « constitue [qu'] une étape du cycle familial à Nussey » n'est pas exclusive de pratiques successorales dominées par la patrilinéarité limitées à un, voire deux héritiers mâles[47] avantagés par le bénéfice de la quotité disponible qu'autorise le Code civil. Les autres enfants sont dotés et ceux qui sont installés dans le village reçoivent parfois quelques parcelles marginales qu'ils exploitent en complément de leur emploi de journalier soit au service de leur frère, soit en ayant recours aux travaux de bûcheronnage et de débardage possibles dans les vastes massifs forestiers tout proches qui approvisionnent les établissements métallurgiques et salicoles de Champagnole et Salins.

Peu différent est le phénomène des *communions*, repéré dans le canton d'Orchamps-Vennes (Doubs), et présenté comme paraissant « valable pour l'ensemble des plateaux et de la montagne du Jura français »[48]. Il reflète un système de reproduction sociale qui, avant la Révolution, combinait un partage successoral inégalitaire entre filles dotées et garçons héritiers patrimoniaux, la cohabitation des *frères communiers* et «l'indivision des biens qui l'accompagne et [qui] ne cesse pas toujours à la mort des parents». Au XIXe siècle, les communions, de moins en moins nombreuses[49], ne permettent plus que de retarder « l'éclatement de la famille, du patrimoine et de l'exploitation» puisque, d'après la législation révolutionnaire acceptée «sans le même traumatisme qu'elle devait provoquer ailleurs»,

> *« les filles* [deviennent] *participantes au même niveau que leurs frères, ce qui* [a] *pour effet de doubler le nombre des ayants droit à un capital foncier qui* [est] *ici à la base même de l'exploitation paysanne »*[50].

La survie de l'exploitation passe alors par de nouveaux subterfuges auxquels se plient les notaires. Pour les femmes se mariant est généralisé le procédé de l'avance d'hoirie qui ne représente «qu'une petite portion de leurs droits à valoir sur la succession future» et peut comporter une ou deux parcelles de terre, mais qui est le plus souvent «composée du trousseau et d'une petite somme d'argent, à la manière de la dot d'autrefois». L'exploitation familiale est ainsi momentanément préservée jusqu'au moment du décès des parents. Elle n'est pas trop émiettée ensuite, lorsque chaque héritier, homme et femme, peut prétendre à une part du patrimoine, dans la mesure où les frères communiers récupèrent la partie de la terre emportée par leurs sœurs

> *« en la rachetant à leurs beaux-frères quelque temps plus tard, ou de toute façon à des hommes qui la tiennent eux-mêmes de leur épouse par héritage réalisé par celle-ci »*[51].

Semblables solutions sont mises en œuvre pour la pérennité des fermes-ateliers. Ce sont en effet de gros ménages qu'abritent les moulins de la vallée de la Valouse (département du Jura)[52]. Tout au long du siècle, ils comptent de nombreux enfants. Plus, ils sont élargis à la génération antérieure et accueillent des collatéraux de leurs parents, et les frérèches sont courantes. Le moulin de la Meuge, en 1813, rassemble trois couples et leur postérité : celui du meunier avec ses six enfants survivants – il en a eu douze de ses deux lits –, celui de son beau-frère Mouquin, riche d'un garçon et de trois filles, et celui de la belle-mère de Mouquin. À la même date, la frérèche du moulin Fuynel associe Jean-Jacques Fuynel, la veuve de son frère, et la sœur de cette dernière et son mari. Dans de telles maisonnées, le règlement des successions est délicat : au début du siècle, le maintien de l'indivision entre les enfants apparaît fréquent dans la vallée de la Valouse. L'indivision est également la solution retenue par les quatre frères Philibert qui, du Second Empire à la fin du siècle, développent ensemble la taillanderie de Nans-sous-Sainte-Anne (département du Doubs) : la communion comprend les deux aînés qui restent célibataires et deux cadets qui prennent femme, tandis que leurs deux sœurs quittent la ferme-atelier à l'occasion de leur mariage, imitées par leur autre frère qui s'installe chez son beau-père, martineur à Vatagna (canton de Conliège, Jura)[53].

Au total, l'éventail est large des solutions qui permettent la reproduction des exploitations rurales[54]. Sans recourir au système de l'ostal[55], producteur d'exil, les arrangements sont trouvés qui, de la frérèche à la communion, ménagent les transferts intrafamiliaux tout en préservant la viabilité de l'exploitation. De plus, son histoire n'apparaît pas linéairement orientée vers un déclin ou vers une progression. De la même façon qu'existent des cycles familiaux[56], sont perceptibles des cycles de l'exploitation. Intergénérationnelle, la petite exploitation familiale est changeante. Aux antipodes de la rigidité, elle connaît une succession de phases de contraction et d'expansion qui sont autant de réponses aux changements familiaux qu'à ceux de l'économie ou de la société englobantes. L'adaptation permanente et la souplesse dont elle fait preuve, y compris en situation de déclin ou de débâcle[57], sont incontestablement témoignages de son dynamisme.

Reconnaissance par l'État

L'acharnement à la survie de la petite exploitation paysanne devient plus féroce lorsque se précisent les difficultés liées à la crise du dernier tiers du siècle. Certes, ses capacités de résistance sont plus fortes que celles de la grande exploitation frappée par la mévente : souple, elle peut se reconvertir plus aisément, se replier momentanément sur ses revenus non agricoles et survivre en autarcie vivrière dans l'attente de jours meilleurs. Certes, l'exode rural est réel qui, par glissements successifs[58], a conduit de nombreux ruraux de leur village à la ville. Atténuant la pression sur la terre, déjà entamée par le démembrement de grandes propriétés et par la reconversion des grandes fortunes vers d'autres sources de profit[59], il offre un répit aux exploitants restants. Pourtant, particulièrement dramatisé[60], l'exode est au nombre des raisons qui incitent l'État à mettre en œuvre une politique de défense du monde rural. Celle-ci, multiforme, est d'abord économique, et passe par une politique douanière protectionniste.

La lecture des mesures auxquelles Jules Méline a attaché son nom a été changeante. Ces mesures sont d'abord présentées comme une panacée : protégée par ses barrières tarifaires, l'agriculture française doit engager une modernisation apte à la placer à un niveau de concurrence internationale[61]. Les critiques sont tardives qui, imprégnées d'idéologie productiviste, dressent le constat des résistances de structures agraires jugées archaïques – la survie de l'exploitation familiale – et celui de la persistance d'une médiocre compétitivité. Posant qu'il « fau[t] réviser la légende de Jules Méline », il est reproché au ministre de l'Agriculture d'avoir été l'homme lige de l'industriel cotonnier et sénateur Auguste Pouyer-Quertier, d'avoir finalement « subordonné les intérêts de l'agriculture à ceux de l'industrie »[62]. Bref, le mélinisme aurait été conservatisme[63] et aberration économique pour l'agriculture. Toute l'œuvre agricole du gouvernement républicain est ainsi rejetée en bloc avec la politique douanière. La République est dénoncée car durant ces années

> « *on apporte des réponses ponctuelles, des mesures de circonstance, dictées par les fluctuations ou par les pressions du moment ; on pare au plus pressé, on soigne au moindre frais et surtout on rassure à bon compte.* [Bref, on abreuve] *l'agriculture de discours, de décorations, de subventions et d'exonérations* »[64].

Pourtant, de même qu'est réévaluée la profondeur de la crise agricole[65] et que sont réexaminées les conditions d'un glissement vers le protectionnisme douanier, qui apparaît nettement plus verbal que réel[66], l'action de l'État républicain en faveur de l'agriculture et des agriculteurs suscite un regard plus attentif[67]. Le mélinisme se révèle ainsi moins univoque, plus complexe et surtout plus préoccupé du monde rural. Partiale est la charge menée contre les tarifs accusés d'avoir accentué, dans le domaine agricole, le supposé « retard français ». D'autres logiques sont à l'œuvre[68] : celle du maintien et du développement de la petite exploitation paysanne, par exemple. Celle-ci n'est d'ailleurs pas perçue seulement comme petite propriété autosubsistante de peuplement : elle est surtout incitée à se transformer en exploitation familiale performante, et à devenir ainsi un maillon de la spécialisation agricole régionale[69]. De même, le protectionnisme industriel a pour effet secondaire de freiner la désindustrialisation rurale et donc de maintenir les ateliers ruraux, de perpétuer la pluri-activité et la ferme-atelier.

Réalité incontournable, la petite exploitation rurale est ainsi reconnue. Sa défense par l'État n'est pas limitée aux seuls aspects douaniers[70] : un ensemble de mesures – qui sont évoquées *infra* – atteste tout autant les préoccupations politiques du ralliement des paysanneries à la République et le souci de les émanciper des tutelles traditionnelles que le volontarisme de rendre viables, voire performantes, les petites tenures insérées dans l'économie de marché. Cette politique agrarienne[71], qui est aussi politique de paix sociale, témoigne également d'un mouvement de plus grande ampleur qui conduit à l'intégration de la petite exploitation au champ social et politique.

CHAPITRE 4

L'intégration à l'espace national

Des grandes peurs du siècle dernier, celle qu'inspire Jacques Bonhomme s'atténue pendant les décennies qui suivent la Révolution[1], laissant la place à la question sociale, découverte en milieu urbain[2]. Les flambées de 1846-1848 et celles – bien moins nombreuses – de décembre 1851, ne réactivent pas les terreurs de jadis[3]. Au contraire, la « paix des champs » est opposée à la ville populeuse, miséreuse, dangereuse et révolutionnaire. La question sociale n'est pas rurale. Et si la misère paysanne est parfois perçue comme facteur de trouble social potentiel[4], le discours dominant en attribue le plus souvent la cause à la paresse, à la dissipation et à l'intempérance : le combat pour son éradication passe donc par le travail et, pour les cas extrêmes, par la bienfaisance exercée en direction des pauvres méritants. Dès lors, la petite exploitation se trouve placée au centre d'une dynamique qui conduit à transformer le pauvre en *petit* qu'il devient possible d'éduquer : ainsi éclairé et acharné à la tâche, il se métamorphose en citoyen acteur de son destin.

Moralisation du pauvre

Si la pauvreté n'est pas exceptionnelle dans les campagnes françaises du XIXe siècle, la misère apparaît surtout lorsque sont rompus accidentellement les équilibres précaires qui caractérisent la situation de nombre de ruraux[5]. Le désir de préserver une tutelle multiforme, la certitude d'agir en conformité avec une éthique sociale et religieuse, la volonté de retenir les bras à la terre ou simplement le souci du développement économique sont autant de motifs qui poussent les élites, nouvelles ou traditionnelles, à se préoccuper des plus défavorisés du monde rural.

Aux pauvres est désignée la voie du salut: elle passe par l'épargne qui permet l'accès à la location ou à la propriété. Pour les membres de la Société d'agriculture d'Autun, l'ouvrier agricole économe qui ne fréquente ni la ville ni le cabaret «peut devenir métayer en achetant un petit matériel d'exploitation»; «bien fâmé dans le pays», «il se donne facilement une compagne, dont la dot est un mobilier et une petite somme d'argent», et au terme du bail «son croît de bestiaux est assez grand pour qu'il devienne fermier»[6]. Interrogé pour l'enquête de 1866, le baron de Veaucé annonce que dans le département de l'Allier:

> *« les bras manquent à la grande culture parce qu'ils appartiennent désormais à la petite propriété morcelée. [Sur son propre lopin,] le petit propriétaire travaille avec le plus grand courage, il augmente sa production, il vit dans une sorte d'aisance comparative, il se sent libre et il est heureux »*[7].

Les républicains ne sont pas en reste pour prôner l'accès à la propriété comme voie d'émancipation:

> *« c'est là une force immense et sur laquelle repose la sécurité de* [la] *société que cette population de petits*

L'INTÉGRATION À L'ESPACE NATIONAL

propriétaires, si nombreux qu'ils constituent à eux seuls la majorité du nombre dans la nation »[8].

En 1908, le ministre de l'Agriculture Joseph Ruau plaide pour que le législateur reconnaisse le bien de famille :

> *« Avec lui, ce serait le paysan définitivement rattaché à la terre, ce serait le nid de la jeune famille et la protection des berceaux futurs. Ce serait la diffusion de la petite propriété entre les mains des salariés agricoles privés encore d'une chaumière et d'un lopin de terre, ce serait la petite épargne française dirigée vers l'agriculture [...] »*[9]

La moralisation du pauvre par la propriété et par l'épargne n'est pas seulement affaire de discours. L'œuvre des gouvernements républicains est bien connue[10]. De même, certains notables ne se contentent pas de paroles. En Franche-Comté, les propriétaires du domaine du Deschaux amodient leurs terres en petites tenures pour en faire bénéficier « la quasi-totalité des ménages agricoles du village ». Plus, ils laissent leurs locataires ne « solder [leur] arriéré qu'en fin de bail » et vont même jusqu'à accepter « qu'un contrat soit renouvelé en faveur d'un paysan momentanément insolvable ». L'endettement du fermier peut ainsi être permanent ;

> *« il n'en est pas moins bien toléré par le propriétaire : nulle plainte, une seule action en justice* [en un siècle], *tout au plus quelques prises d'hypothèques ou d'obligations, lorsque la dette excède cinq cents francs... ».*

Claude-Isabelle Brelot conclut que « tout se passe comme si ce grand propriétaire consentait, un siècle durant, au rôle permanent d'institution de crédit gratuit »[11]. Ce sont d'ailleurs ces même notables qui siègent autour d'Alfred Bouvet, de Louis Milcent et du prince Auguste d'Arenberg parmi les fondateurs du Crédit mutuel agricole de Poligny en 1884[12] : à leurs yeux, le crédit doit prolonger l'épargne et ouvrir l'accès à la propriété et à l'amélioration des petites tenures paysannes.

Certes, les discours et l'action des élites ne peuvent être admis sans examen : Pierre Barral a montré les multiples facettes d'un agrarisme[13] qui oblitère sans doute des réalités plus tendues et fortes de conflits[14], voire de « lutte des classes dans les campagnes »[15]. Reste qu'à la différence de l'Italie ou de l'Espagne, la « question agraire » ne semble guère se poser dans la France de la fin du XIXe siècle[16]. Région de petits aux limites de l'aisance, telle apparaît la Franche-Comté. Les paysans du Doubs ne sont pas davantage perçus comme des miséreux par Louis Pergaud ou par Gustave Courbet. L'auteur de *La guerre des boutons* ne décrit aucune misère sociale et valorise la démocratie égalitaire des petits des plateaux jurassiens soudée par la force des usages communautaires et celle de la spécialisation pastorale et fromagère collective. Les petits sont incarnés par des enfants qui ont la liberté des gardiens de vaches et qui guerroient sur un communal contre les enfants d'un autre village[17]. À l'exception des *Casseurs de pierres* (1849) et de l'*Aumône d'un mendiant à Ornans* (1868), la représentation de la ruralité par le maître d'Ornans est toute entière marquée par des images d'aisance sinon de richesse[18] : *Les paysans de Flagey revenant de la foire* (1850), *Les cribleuses de blé* (1855) ou *La sieste pendant la saison des foins* (1867) suggèrent le bien-être et l'abondance. *Les Demoiselles de village faisant l'aumône à une gardeuse de vaches dans un vallon d'Ornans* (1851) témoignent surtout de la position sociale de la famille du peintre puisque ce sont ses sœurs que Courbet met en scène[19]. Quant à *La pauvresse de village* (1867), sa misère est celle de l'âge : cette vieille femme est représentée revenant du communal où elle a fait quelques fagots et où sa chèvre s'est nourrie. Le peintre, tout en se proclamant réaliste et tout en annonçant un art nouveau fait pour le peuple, n'a pas peint la misère. Sans doute ne l'avait-il pas rencontrée dans les campagnes comtoises. En revanche, la variété des activités rurales est représentée, des rémouleurs aux scieurs de long, et de l'élevage aux multiples ateliers proto-industriels[20]. Courbet et Pergaud offrent plus à voir des petits que des pauvres. Peuvent-ils être suspectés de transmettre les clichés partagés par les élites locales auxquelles ils appartiennent tous deux ? Leurs diverses professions de foi attestent toutefois leur indépendance : ne sont-ils pas simplement les traducteurs de la réalité comtoise ?[21] Réalité sans doute différente de celle des départements bretons[22] marqués par leurs cortèges de mendiants, mais réalité vraisemblablement non exceptionnelle dans la France rurale du XIXe siècle.

Alain Corbin ne tombe-t-il pas dans le dolorisme qu'il réprouve lorsqu'il fait du sabotier Louis-François Pinagot[23] un « indigent », suivant en cela la classification de la population de la commune d'Origny-le-Butin (département de l'Orne) effectuée par le curé de la paroisse ? Ce pauvre sabotier possède pourtant une vache. Surtout, au moment où il est déclaré « indigent », il se porte acquéreur d'une maison d'une valeur de 500 francs, ainsi que le révèle Jacques Rémy après de fructueuses recherches dans des archives notariées négligées[24]. Au total, le « cas Pinagot » n'illustre-t-il pas une lente intégration à la communauté villageoise d'un homme – et d'une famille – récemment installé sur les marges du finage, ne se faisant remarquer par aucun comportement délictueux, épousant une fille d'agriculteurs et pratiquant, individuellement et familialement, diverses formes de pluriactivité ? L'acquisition de sa maison n'est-elle pas une étape vers une fusion dans un monde villageois – fusion dont les autorités municipales reconnaissent la réalité par une exonération temporaire d'imposition –, parachevée à la génération suivante lorsqu'un fils de Louis-François Pinagot est élu conseiller municipal ?

Éducation du petit

Métamorphosé en petit exploitant, éventuellement propriétaire, assurément riche de l'indépendance procurée par son acharnement au travail, Jacques Bonhomme n'est pourtant pas livré à lui-même : maître chez lui, il doit encore être éduqué. Il lui faut améliorer ses méthodes de production et dépasser l'autosuffisance familiale pour contribuer à l'approvisionnement du marché et participer au développement économique général. Le rôle des élites rurales et celui de l'État apparaissent ici encore prépondérants pour la mise en place des structures de formation et d'encadrement.

Le tableau des paysanneries dressé par Eugen Weber a été critiqué[25] : la présentation qu'il suggère de *peasants* incultes et parfois proches de la barbarie ne peut être généralisée et ne concerne sans doute que quelques isolats, cas exceptionnels repérés dans un *corpus* d'archives biaisé. Dans le mouvement qui les transforme en *Frenchmen*, le *trio* « la route, la caserne, l'école », considéré comme moteur, évoque « bien une entreprise délibérée d'éducation et d'intégration nationale »[26]. Le rôle de l'école est fondamental. Les recherches conduites sur la scolarisation dans la France du XIXe siècle montrent la persistance d'inégalités géographiques, mais attestent également que, dans l'œuvre qu'il conduit dès le début des années 1880, « le législateur républicain hérite en réalité de l'effort de tout un siècle ». Suggestives sont les courbes qui représentent le nombre des écoles, celui des élèves ou celui des instituteurs : la croissance de l'enseignement primaire est un vaste mouvement qui couvre presque la France entière et ne date ni des lois Guizot ni des lois Ferry, qui n'ont fait que « reconnaître, encourager et organiser une croissance que portait la volonté – et l'espoir – de tout un peuple »[27].

La Franche-Comté, qui appartient à la France plus instruite située au nord d'une ligne Saint-Malo/Genève[28], connaît de forts taux d'alphabétisation. L'effort pour l'enseignement y est constant tout au long du siècle[29] ; il passe par la multiplication des écoles mais également par la précoce création de structures d'éducation culturelle. C'est ainsi que, dès les débuts de la monarchie de Juillet, le conseil général du Doubs, comme ceux du Rhône ou de l'Ain[30], finance une chaire d'agriculture. En multipliant conseils et conférences dans chaque village du département, le docteur Alexandre Bonnet[31] participe de cette pédagogie de l'exemple développée par quelques notables férus d'agronomie et membres des sociétés d'agriculture. Les comptes rendus périodiques indiquent de très fortes participations, comme en témoigne la présence de 300 cultivateurs dans le canton de Vercel le 29 mars 1840[32]. Surtout, Michel Vernus insiste sur l'importance des feuilles et des recueils agronomiques dont les éditions sont en constante multiplication : le docteur Bonnet annonce ainsi, en 1842, qu'il fera « imprim[er] à l'avance les sujets de leçons afin d'en remettre un exemplaire après la séance [de conférence] à chaque cultivateur présent »[33]. Sur son domaine de Chauvirey-le-Châtel (Haute-Saône), Alphonse Faivre du Bouvot[34] lance des expérimentations culturales qu'il tente ensuite de vulgariser auprès des petits exploitants voisins. Son souci pédagogique est avéré : il concilie innovations agronomiques et pratiques empiriques de la paysannerie locale, sûr que « des modifications lentes et successives [...] s'adapteront peu à peu aux nécessités de la petite culture » et les mettront à portée de sa bourse. Attentif à mêler savoir agronomique qu'il détient et savoir paysan qu'il comprend[35], il use de patience, affirmant par exemple qu'en matière d'assolement l'innovation n'a d'intérêt que si elle est le fait d'une « commune toute entière, ou au moins d'une fraction importante » de celle-ci. Il fait le pari que « quand les petits propriétaires seront convaincus [de ses] avantages, ils y viendront d'eux-mêmes »[36].

En Franche-Comté comme ailleurs, les quelques fermes-modèles où est expérimentée l'utopie agronomique sont montrées en exemple ; leurs réussites font l'objet d'articles dans la presse locale et dans les publications des diverses sociétés savantes. Soucieux de convaincre plus que d'imposer les pratiques nouvelles en les faisant inscrire dans les baux, les notables sont à la recherche de relais. Les instituteurs ruraux sont sollicités, abonnés à la presse spécialisée et invités à donner à leurs élèves «les premières notions du sol et du sous-sol»:

> *« lorsque le jeune enfant connaîtra le sol qu'il est appelé à cultiver, lorsqu'il saura les engrais les plus productifs, leur composition et leur emploi, il comprendra son travail, il s'attachera à la terre »*[37].

Particulièrement précoce, le département du Doubs ouvre une ferme-école – celle des frères Vertel, à La Roche (canton de Marchaux) – avant que leur création ne soit étendue à chaque département par les législateurs de 1848[38]. Certes, l'établissement de La Roche n'a pas la renommée de Roville, Grignon ou Grand-Jouan[39] et les frères Vertel, rapidement ruinés, n'accèdent pas à la notoriété des Mathieu de Dombasle, Auguste Bella et Jules Rieffel. Mais en Franche-Comté, l'essentiel des initiatives en matière de formation culturale est orienté vers le secteur pastoral et fromager, comme en témoigne, plus tardivement il est vrai, la création de l'École nationale de laiterie de Mamirolle (Doubs), rivale de celle de Poligny (Jura)[40].

L'éducation des exploitants passe également par les luttes pacifiques que sont les concours agricoles. Les comices[41] et les concours départementaux et régionaux sont autant d'occasions d'exercer une pédagogie de l'exemple en direction des spectateurs, nombreux à observer les diverses épreuves. Organisés par les élites locales, ils ne concernent à l'origine que quelques notables agromanes qui se partagent primes et médailles et sont persuadés de la réussite d'une mission initiatique que résume, en 1864, le rédacteur des *Annales de la Société d'agriculture d'Indre-et-Loire* :

> *« dans ce seul spectacle* [des comices], *il y a un enseignement qui portera ses fruits, une excitation qui*

animera les arriérés, une émulation qui poussera en avant les chefs de notre armée agricole, et entraînera sur leurs pas, de bon gré ou de force, la foule de nos cultivateurs »[42].

L'ouverture est en effet fréquemment tentée en direction des petits exploitants, avec la création des épreuves de maniement de charrue à la faveur desquelles les savoir-faire des plus pauvres peuvent s'exprimer. Le souci de démocratisation des concours est réel ; dans le Pas-de-Calais, les petits tenanciers sont invités à concourir :

« il y a place pour tous, depuis l'agriculteur distingué [...] jusqu'au plus modeste cultivateur qui vient nous montrer comment il a su mettre à profit les conseils que la société répand si libéralement autour d'elle ».

D'ailleurs, personne ne doit hésiter à participer à ces épreuves où

« il y a certainement des vainqueurs, mais où il ne saurait y avoir des vaincus : car le triomphe des uns, en devenant la leçon des autres, profite à tout le monde »[43].

Dès la monarchie de Juillet, le conseil général de Loire-Inférieure peut être satisfait de la création dans chaque canton des *jurys cantonaux d'agriculture* : dans de multiples communes, se forment « des noyaux d'agriculteurs qui s'engagent dans le progrès technique et rivalisent de soins et d'imagination » pour avoir « la ferme la mieux tenue » ou « le plus beau taureau du canton »[44].

L'histoire du concours général agricole reflète de semblables préoccupations[45]. Institué en 1843 par le ministère du Commerce, de l'Industrie et de l'Agriculture, il répondait au vœu de quelques aristocrates anglophiles désireux de développer en France les races bovines, ovines et porcines mises au point outre Manche. Chaque année, sur le marché aux bestiaux de Poissy, destiné à approvisionner

Paris, sont dorénavant confrontés les animaux les plus gros et les plus aptes à engraisser rapidement. L'examen de la liste des lauréats montre que les organisateurs du concours sont parvenus à leurs fins : pour le bœuf gras, les croisements durham-charolais ou durham-manceau laissent bientôt la place au pur durham ; dans l'épreuve du mouton gras, la race southdown succède au croisement dishley-mérinos. Incontestablement, le bœuf gras séduit les élites traditionnelles, de plus en plus nombreuses à concourir : parmi les vainqueurs se repèrent fréquemment le marquis de Torcy, les comtes de Falloux et de Bouillé, les familles de Béhague, Tiersonnier ou Boutton-Lévêque. Ces étables de concours se veulent exemplaires : il s'agit d'être imité par tous les paysans de France qui, en adoptant les races anglaises, participeront à l'approvisionnement du marché urbain et parviendront à l'aisance. Mais le bovin gras suscite aussi réticences et critiques. « Aristocrate », l'animal est bientôt chargé des pires tares, accusé par les commentateurs et les journalistes de n'être qu'une « monstrueuse boule de suif difforme », « boule de graisse fabriquée à grands frais pour n'avoir d'autre utilité ni d'autre destinée qu'une terminaison prochaine à l'abattoir »[46]. Lui est opposé l'animal reproducteur, le bovin issu des races locales, adapté au terroir et répondant aux besoins des petits paysans : le plus souvent, les structures agraires exigent un animal polyvalent, capable de fournir du travail, du lait et, seulement lorsqu'il est à la réforme, de la viande. Les républicains qui ont saisi les enjeux de la rivalité prennent parti : dès 1883, ils instaurent des épreuves de reproducteurs pour les concours régionaux et le concours général agricole. Condamnant le bœuf gras des aristocrates, ils exaltent le bétail indigène – le « bœuf républicain » – dont l'amélioration devient possible grâce aux progrès de la sélection et aux timides avancées de la génétique[47].

Les changements sont radicaux et étendus à tous les niveaux. Dans le Rhône, comme dans l'Ain, l'Isère ou la Savoie[48], Gilbert Garrier note qu'après 1877 les « comices

L'INTÉGRATION À L'ESPACE NATIONAL

[sont] surveillés par l'autorité républicaine »[49]. À Paris, les épreuves concernant les reproducteurs et les vaches laitières constituent le cœur du Concours général agricole. Leur organisation est revue pour garantir plus de justice : une véritable hiérarchisation est instaurée entre les concours locaux, les concours régionaux et le concours général. Ils se font plus démocratiques puisque le règlement limite la participation des étables professionnelles et que sont ouvertes de multiples épreuves pour la quasi-totalité des productions agricoles, des vins au miel, des fromages aux œufs, des volailles aux chiens de berger. Les palmarès s'ouvrent alors à de nouvelles élites, roturières et représentatives de la grande variété de l'agriculture nationale. Chaque année, ce sont plusieurs centaines de médailles qui sont distribuées, valorisant plusieurs centaines d'agriculteurs performants ainsi montrés en exemple.

Certes, la République n'invente pas de nouvelles structures pour l'encadrement des petits exploitants : afin d'organiser des réseaux d'excellence, les pratiques antérieures sont seulement démocratisées et systématisées. En 1858, Alphonse Faivre du Bouvot, pourtant anglophile convaincu pour la sélection des porcins, reconnaissait des mérites aux races indigènes bovines et chevalines et en devenait le défenseur au sein de la Société d'agriculture de Haute-Saône. En Franche-Comté, il apparaît toutefois comme un pionnier, capable d'indépendance face au groupe de pression des châtelains anglophiles et soucieux d'adaptation aux réalités de la France provinciale[50]. De même, les oppositions à la « durhamisation » avaient été fortes. Rendant compte du concours régional de Grenoble de 1855, Auguste de Gasparin plaidait pour la « race indigène perfectionnée par de bons traitements et créée par les nécessités locales », et signalait qu'« ici l'introduction des races étrangères sera difficile et souvent dangereuse »[51]. La Société d'émulation de l'Ain organisait ses propres concours et, dès 1857, valorisa la race bressane[52] ; en 1864, le rédacteur du *Courrier de l'Ain* affirmait que « chaque concours démontre de plus en plus que [la race durham] ne convient guère à la France »⁵³; à Lyon, le concours de boucherie de Vaise voyait en 1864 le triomphe de «notre belle race charolaise» qui «ne se déforme pas dans son engraissement au point de devenir hideuse comme la durham», car «elle supporte son embonpoint sans se couvrir de gibbosités de graisse, et sa chair tendre, délicate, savoureuse reste entrelardée». En 1867 encore, le concours de Lyon permettait à quelques durhams métis de se faire «remarquer, comme d'habitude, par leur monstrueuse obésité, mais leur cause est jugée et à peu près perdue dans notre région»⁵⁴. Ce sont ces réalités que savent saisir les nouvelles élites qui entreprennent la généralisation de l'éducation culturale des petits paysans, espérant les transformer, à la fin du siècle, en producteurs éclairés, économiquement, socialement et politiquement intégrés à l'espace national.

Préservation de l'exploitation et mobilité sociale

Le maintien de la petite exploitation semble procéder moins d'une logique de repli frileux que d'une acculturation à la société englobante, si bien qu'elle se trouve progressivement érigée en modèle normatif et fondateur d'une voie française d'évolution paysanne. Certes, les normes ont sensiblement évolué au cours du siècle, au point que le petit exploitant en faire-valoir direct de ses trois hectares, alphabétisé et élevé à la dignité de citoyen actif, semble moins éloigné de l'utopie agrarienne des hommes de 1793, aussi ne connaît-il plus la précarité dans laquelle basculaient les petits fermiers en 1817. S'impose donc l'hypothèse de travail qui souligne que la petite exploitation paysanne, en dépit de sa modestie, n'est pas une donnée stable. Progressivement reconnue et apprivoisée par la société englobante qui favorise sa pérennité, elle est de plus en plus fortement travaillée par l'affrontement de l'individualisme entrepreneurial et du conservatisme familial.

Affrontement dont les données sont loin d'être maîtrisées, voire connues: l'activité du marché foncier et la circulation des parcelles pèsent autant, vraisemblablement, que l'exode rural. C'est dans cette conjoncture aléatoire que doit s'inscrire le projet d'une démographie des exploitations rurales de la même façon qu'a été tentée une démographie des entreprises[55].

La conjoncture de la démographie des exploitations révèle, certes, une mobilité. Encore conviendrait-il d'évaluer l'ampleur du mouvement global pour distinguer rythmes et cas particuliers, comme il importerait de mesurer la part de la mobilité individuelle et celle de la mobilité familiale[56]. Les recherches en démographie historique ont montré une extraordinaire mobilité individuelle dans la France du XIXe siècle. Les glissements successifs des exilés du rural qui poursuivent leur itinéraire jusqu'à la ville sont toutefois mesurés à partir d'individus comptés isolément, même si peuvent être distinguées *mobilité familiale* et *mobilité d'émancipation*[57]. Une démographie des exploitations devrait mêler à la fois les dynamiques individuelles et celles des familles. L'«exode rural» détruit-il l'exploitation par dispersion totale d'une famille ou conjugue-t-il mobilité géographique et professionnelle individuelle des cadets et affirmation d'une volonté familiale de pérenniser l'exploitation dans sa viabilité et sa rentabilité, voire dans son expansion? Autant de questions qui légitiment l'ouverture d'un nouveau chantier combinant approches globales et études de cas[58].

C'est ainsi qu'à elle seule l'analyse des effectifs des salariés agricoles souligne la diversité des processus de mobilité[59]. Le groupe des journaliers agricoles qui compte plus de deux millions d'individus en 1862 a perdu 800 000 membres en 1892; le déclin est encore plus net pour la catégorie des journaliers-propriétaires – 57 % des journaliers – puisqu'ils sont 550 000 à disparaître durant la même période. Étudié isolément, le phénomène peut s'expliquer par le glissement des propriétaires-journaliers vers le seul salariat agricole tandis que parallèlement les simples journaliers quittent le travail des champs, transfert qui suggère alors une lente paupérisation en situation de crise. Une analyse plus fine, conduite à l'échelle départementale et qui tient compte de la progression spectaculaire du nombre des petits propriétaires dispensés du travail agricole chez autrui – près de 400 000 – révèle une autre mobilité qui est « sortie par le haut » de la plupart des salariés agricoles partiellement propriétaires[60]. Dans leur cas, l'abandon de la terre n'est que provisoire. Il relève d'un calcul et d'une stratégie : le journalier-propriétaire qui ne trouve plus à se placer sur un marché du travail en net repli, choisit le départ vers la ville proche ou lointaine, mais garde, avec sa terre, l'espoir de revenir au village dans une conjoncture plus favorable. Ainsi les Morvandiaux émigrés à Paris conservent durablement leurs tenures et sont imités par les Lyonnais de fraîche date, anciens cultivateurs du haut Beaujolais, comme par les petits vignerons du Var embauchés dans les chantiers navals[61]. Les études les plus récentes montrent que si l'exode rural est bien réel, les mouvements en sens contraire, de la ville vers les campagnes, peuvent être importants : à la fin du siècle, ils révèlent une « mobilité de la deuxième phase du cycle de vie, probablement une mobilité de retour »[62]. Attestées par les multiples témoignages recueillis lors des enquêtes agricoles, ces mobilités apparaissent organisées autour de l'exploitation.

Au total, départ sans retour et déclassement ne sont pas les seules perspectives offertes aux petits ou aux cadets[63]. Au contraire, mais les études doivent être entreprises, le mouvement général semble bien être celui d'une aspiration vers le haut de la petite tenure, aspiration d'ailleurs favorisée par la conjoncture économique et par les souplesses de l'exploitation familiale. Le « pari des exclus »[64] passe par la mobilité qui, mélange de va-et-vient migratoires et de conversions professionnelles réversibles, contribue d'autant plus à l'acculturation de la petite exploitation à la société englobante.

L'INTÉGRATION À L'ESPACE NATIONAL

Adhésion au politique

Le petit exploitant, moralisé, éduqué et acteur de son destin est devenu citoyen. Certes, le rythme et les modalités de l'agrégation des paysanneries à l'espace politique national sont toujours l'objet de débats. Les débuts du processus de « descente de la politique vers les masses »[65] se trouvent ainsi progressivement repoussés vers l'amont, de 1848 à 1830[66], voire à la Révolution[67]. Mais les plus pessimistes des historiens estiment qu'à la fin du siècle,

> « *même dans les coins les plus reculés, la politique moderne et compétitive remplace les tensions et les accords du monde traditionnel* »[68].

Tout autant que l'amélioration générale des conditions d'existence, l'adhésion au politique explique l'abandon des formes d'expression « traditionnelles » des ruraux. La pratique électorale se substitue aux émotions et aux peurs collectives, aux troubles forestiers et aux mouvements de défense des droits et usages collectifs, aux émeutes de la faim et aux attaques des châteaux et des presbytères[69]. Les « dissidences »[70] elles-mêmes se font plus feutrées et versent dans un régionalisme parfois vivace, souvent culturel et nostalgique. Si la violence ne disparaît pas du monde rural, au moins peut-on parler de son « dépérissement » et de son « affaissement [...] à partir des années 1860 »[71]. Par l'assassinat du jeune Alain de Monéys à Hautefaye, en 1870, s'exprime sans doute une violence paysanne qui se déchaîne contre un bouc émissaire sur lequel « par l'échange des rumeurs, s'opère [...] l'unification symbolique des menaces qui pèsent sur la communauté ou le rassemblement »[72]. Mais en lynchant celui qu'ils disent être « un Prussien », les « cannibales » périgourdins, étudiés par Alain Corbin, ne proclament-ils pas leur patriotisme et ne révèlent-ils pas leur inscription dans l'espace politique national ? Exceptionnel et isolé, « déjà anachronique, signe d'un temps révolu et qui va bientôt paraître primitif »[73], le drame de Hautefaye ne peut occulter la considérable mutation des campagnes françaises, puisque la pratique électorale témoigne de l'acculturation à une société politique rationalisée et contractualisée par le suffrage «universel».

Sans nier une certaine autonomie du politique[74], est-ce être mécaniste que d'apprécier le ralliement quasi général des ruraux à la République à l'aune de la défense de la petite exploitation engagée par le nouveau pouvoir? Déjà, l'ambiguïté du bonapartisme[75] et la relative «déprolétarisation de la paysannerie»[76] pendant le régime impérial avaient assuré la pérennité du bonapartisme rural jusqu'à la défaite de Sedan[77]. Dans le département du Doubs, tandis que le bas-pays contestataire glisse vers le soutien impérial, les plateaux conservateurs constitués en «Tyrol de la France» tentent de concilier leur fidélité à Montalembert et leur attachement à l'ordre économique maintenu par le régime et propice au développement des fermes-ateliers[78]. Avec les premières années de la Troisième République, la républicanisation des ruraux du Doubs progresse rapidement, si bien que la Franche-Comté concilie durablement adhésion au régime et catholicisme[79]: cette position originale[80] trouve-t-elle une explication partielle dans les liens instaurés entre la petite exploitation et la République? Toujours est-il que le militantisme de proximité prôné par Léon Gambetta, la revendication d'une place pour les *couches nouvelles*, le souci insistant pour faire du régime une *République des paysans* et le soin de valoriser les acquis de la Révolution émancipatrice et fondatrice du droit de propriété, contribuent d'autant plus à assurer l'imprégnation de l'idée républicaine dans les campagnes[81] qu'est conduite une politique cohérente valorisant la petite exploitation rurale, et organisant son développement et son excellence.

*

* *

L'INTÉGRATION À L'ESPACE NATIONAL

Ainsi, les paysanneries du Doubs qui présentaient une voie d'évolution atypique fondée sur le dynamisme de la petite propriété n'apparaissent plus comme un exemple supplémentaire de l'infinie diversité de l'espace rural français du siècle dernier. D'autres études, explorant les tenures viticoles ou les terres betteravières, les étendues herbagères ou les parcelles maraîchères, ont découvert semblables dynamismes et permettent d'ouvrir la voie à la réhabilitation de la petite exploitation. La problématique évolue donc vers une approche nationale d'un type d'exploitation quasi universel et dont la résistance ne peut être interprétée comme une simple persistance révélatrice d'un quelconque « ordre éternel des champs ». Toujours présente, vivace et combative, la petite exploitation perdure au XIXe siècle parce qu'elle équilibre son budget en écoulant ses produits – et pas seulement ses surplus – sur le marché et en se faisant plus rurale qu'agricole. Constitutif de sa pérennité, son caractère pluriactif se double de son essence familiale : l'équilibre de la pluriactivité s'établit au sein de la famille, à la faveur d'une répartition des tâches entre les sexes mais aussi entre les générations. Réalité changeante, fluctuante, aux antipodes d'un développement linéaire, la petite exploitation est ainsi capable de dynamisme et d'excellence.

Reste que, reconnue par l'État, elle s'inscrit également dans le cadre de la communauté agraire. En effet, cette première approche ne suffit pas totalement à rendre compte de l'univers de la petite exploitation. Certes, elle en a souligné l'individualisme, que soutiennent l'esprit entrepreneurial du chef de ménage et les stratégies familiales de préservation et de reproduction. L'étude de ce phénomène d'acculturation met en lumière la communauté agraire qui échappe à la relation triangulaire entre le petit paysan, l'État et le marché. Or celle-ci, sous la tutelle de l'État, mais aussi de son propre mouvement, se réinvente au cours du siècle à travers la paroisse nouvellement créée et sa fabrique, le conseil municipal, comptable de la construction de la mairie, l'école communale, la *fruitière*, la mutuelle ou le syndicat agricole, enfin.

DEUXIÈME PARTIE

L'intégration de la petite exploitation : de la communauté agraire au système agro-industriel

La petite exploitation paysanne considérée comme cheville ouvrière du développement économique, social et politique des campagnes n'est pas une entité fermée qui vivrait isolée et repliée sur elle-même. Elle est insérée dans la communauté de village, laquelle n'est pas seulement l'espace social d'interconnaissance et de sociabilité[1] qu'ont découvert sociologues et ethnologues revenus de l'exotisme et qu'ont inventé quelques historiens de l'époque moderne et contemporaine[2]. La communauté de village est également communauté agraire, à la fois agent organisateur des travaux, organe régulateur des usages collectifs et instrument gestionnaire des biens communs. Instance de décision ouverte aux seuls chefs d'exploitation, elle n'est pas nécessairement consensuelle : lieu d'affrontement, elle organise la médiation entre les divers groupes d'intérêts. Au XIXe siècle encore, l'individualisme proclamé de la petite exploitation doit en passer par la communauté. Elle fournit à tous d'indispensables compléments à la viabilité économique et, revivifiée, apparaît capable d'accompagner, voire d'organiser les choix collectifs pour lesquels elle offre aide et financement. Elle médiatise de surcroît les relations qui s'établissent entre l'exploitation et l'économie de marché, dans un effort d'adaptation qui atteste un véritable dynamisme. Les choix collectifs ne s'exercent donc pas dans le seul domaine agricole, mais aussi dans l'activité industrielle. Ils génèrent un système agro-industriel dont le dualisme reflète celui de la petite exploitation rurale.

CHAPITRE 5

Une communauté d'exploitations agricoles

Héritage du passé et jugée survivance en déclin face à la montée en puissance de l'individualisme entrepreneurial, la communauté n'a pas fait l'objet, jusque récemment, d'une étude systématique par les historiens du monde rural du XIXe siècle. Certes, lorsqu'il s'agit de faire l'inventaire des archaïsmes, nombreux sont les travaux qui abordent la réalité des usages collectifs et celle des biens communaux villageois. Le fait que de tels inventaires sont généralement suivis de l'énumération des éléments de modernité qui lui sont opposés suffit à attester l'image négative donnée à la communauté agraire, perçue comme frein au développement économique et survivance limitée à quelques isolats[3]. Une lecture différente peut toutefois en être tentée, comme celle qui ferait le lien entre les formes passées de solidarité économique et sociale et les entreprises volontaristes du « solidarisme » et du mouvement coopératif fondateur d'une « économie sociale »[4]. Surtout, la communauté contribue à rendre viable la petite exploitation : ces deux réalités apparaissent durablement complémentaires et parviennent à s'adapter conjointement aux contraintes de l'économie de marché. L'exemple comtois permet de rendre compte de ce type de dynamique.

L'exploitation communautaire du terroir, frein au développement ?

Les pratiques collectives attachées au paysage d'*open field* sont bien connues[5]. Souvent assimilées à la routine et accusées d'être un frein à la modernisation que quelques audacieux peinent à entreprendre, elles sont au mieux perçues comme un «mal nécessaire»[6]. Ainsi, dans la France de l'est et du nord-est, où sont étroitement associées petite propriété et puissance de la communauté, les usages collectifs expriment la force des traditions transmises par la coutume. Toutefois, l'*Enquête agricole* de 1866[7] révèle la généralisation de l'assolement triennal pour la moitié nord de la France. Dans le Doubs et le Jura, seules les régions montagneuses y échappent : la relative pauvreté des sols implique une rotation plus lâche qui laisse régulièrement de vastes étendues en herbe pour une régénération qui profite néanmoins à l'élevage bovin[8]. Partout ailleurs, les trois soles sont respectivement consacrées au blé, puis au seigle, méteil ou avoine et trèfle pour un cinquième, puis à la jachère morte parfois remplacée par les cultures dérobées ou sarclées. La jachère morte tend à disparaître au profit des cultures fourragères et des plantes à racine : dès 1852, elle ne représente plus que 8 % des surfaces labourables du Doubs. Mais ce dynamisme qui permet de rompre avec la « vicieuse rotation » incluant les « sommards »[9] n'est pas le fait de quelques exploitations closes : les réponses à l'enquête de 1858 attestent que la rotation des cultures demeure collective. En témoigne également la persistance des bans décrétés pour la défense des récoltes : les vignes sont fermées jusqu'au moment des vendanges dont la date est fixée collectivement ; de telles pratiques subsistent encore au milieu du siècle pour les fenaisons et les regains[10]. Complémentaires des œuvres de bienfaisance[11], les usages collectifs offrent ainsi quelques secours aux plus démunis : le grappillage est autorisé après les vendanges dans le vignoble des cantons de Quingey et de Baume-les-Dames tandis que le glanage est toléré dans la totalité du département. En 1898, la loi de police rurale restreint cet usage puisqu'il ne peut concerner « les champs clos » et doit « se pratiquer avant le coucher du soleil, sans l'aide d'aucun crochet ni d'outil quelconque »[12]. Maintenus, ces droits collectifs qui procèdent d'un souci social attestent une faible revendication de l'individualisme, qui s'exprime pourtant à travers la contestation de la vaine pâture.

Autre droit d'usage qui s'exerce sur les jachères et sur les autres soles après les récoltes, et qui est parfois réservé aux seuls exploitants de la commune, la vaine pâture disparaît juridiquement en 1791 puisque tout propriétaire peut désormais s'en dégager en clôturant ses terrains ou en les transformant en prairies artificielles[13]. Les résistances des communautés sont vives et la loi peu appliquée : en 1835, une circulaire du ministère du Commerce adressée aux conseils généraux leur fait obligation de débattre d'un projet de Code rural incluant la suppression de la vaine pâture ; en 1836 et 1838 sont provoquées des enquêtes qui révèlent la persistance de cette pratique[14] ; enfin, la loi du 9 juillet 1889 abolit le droit de parcours et celui de vaine pâture, mais laisse la possibilité d'un recours

> « *du conseil municipal ou d'un ou plusieurs ayants droit* [auprès du] *conseil général dont la délibération sera définitive si elle est conforme à la délibération du conseil municipal* [et] *sera tranchée par le Conseil d'État [...] s'il y a divergence* »[15].

Perçue comme une atteinte au droit de propriété par ses opposants qui se rangent dans le camp de la modernité et proclament « que la richesse ne se trouve que dans les lieux cultivés », la vaine pâture cristallise les oppositions. Dans les Pyrénées, par exemple, les conflits sont nombreux qui mettent face à face ceux « pour qui ces droits [ne sont] que gêne » et ceux qui les considèrent « aussi sacrés et fondamentaux que le droit de propriété »[16].

Le débat instauré en Franche-Comté traduit cependant d'autres enjeux que celui de l'affirmation du droit de propriété[17]. Le docteur François Prabernon qui dresse un virulent réquisitoire contre la vaine pâture appartient au monde des labours du département de la Haute-Saône qui résiste encore à la spécialisation pastorale[18]. Pour lui, toute amélioration culturale est inconcevable si les parcelles sont menacées d'être piétinées par un mauvais bétail gardé par le pâtre commun, «pauvre diable incapable de toute autre chose, [...] homme sans intelligence ou sans énergie [qui] ne conduit pas le troupeau [mais] le suit [...]»[19]. Dans le département du Doubs, les grands propriétaires, comme les agronomes expérimentateurs, hésitent à clôturer leurs parcelles ensemencées en prairie artificielle, car ils redoutent de voir leurs efforts compromis lorsque la rotation triennale convertira en jachère les fonds voisins et les ouvrira à la vaine pâture. À l'individualisme agraire s'oppose la «réaction spontanée de la masse»[20] des paysans. L'avocat jurassien Jean-Baptiste Perrin se fait leur interprète lorsqu'il affirme que la suppression de la vaine pâture – qui fournit presque exclusivement deux mois de nourriture pour le bétail et un supplément d'herbe toute l'année – ferait disparaître une grande quantité de bétail entretenu par les journaliers et les très petits cultivateurs et se solderait par un recul considérable de l'agriculture[21]. L'argumentation n'est pas seulement sociale, c'est aussi un plaidoyer pour le développement économique collectif des petits tenanciers prenant appui, entre autres, sur la valeur culturale d'appoint de la vaine pâture. Avancée tout au long du siècle, cette justification emporte l'adhésion générale: elle explique la relative faiblesse des oppositions au maintien de la vaine pâture dans les communes qui sont de plus en plus nombreuses à être gagnées par la spécialisation pastorale[22]. Ici, la résistance des usages anciens ne peut être jugée en terme d'archaïsme: le progrès agricole de la petite exploitation passe par le maintien de tous les appoints dont elle peut bénéficier.

Dans ce domaine encore, la République fait preuve de tolérance et de pragmatisme. Les leçons ont été tirées des maladresses des commissaires de la République du printemps 1848 qui, en bons « modernisateurs », avaient tenté, comme dans le Doubs, d'imposer la suppression de la vaine pâture et avaient dû reculer devant l'hostilité des communautés[23]. Les républicains des années 1880 se montrent plus attentifs et plus respectueux des équilibres instaurés en laissant, par la loi du 22 juin 1890, la possibilité du maintien de la vaine pâture si cet usage est « fondé sur une ancienne loi ou coutume, sur un usage immémorial ou sur un titre »[24]. Au total, sur 37 147 communes, 8 370, qui appartiennent à la France du nord et de l'est, ont demandé et obtenu la poursuite de la pratique de ce droit collectif[25]. La géographie des communautés récalcitrantes face à l'individualisme est loin de se calquer sur celle de l'archaïsme économique. Elle suggère plutôt une voie de développement différente et pour laquelle la collectivité n'est pas nécessairement frein à la modernité.

Les communaux, indispensables compléments à la petite exploitation

La réalité de la communauté n'est pas réductible aux seuls droits et usages collectifs. Elle demeure vivace parce qu'elle s'appuie sur de vastes propriétés qui permettent de fructueux appoints. Représentant près de cinq millions d'hectares au milieu du XIXe siècle (carte XIV, p. 134), ces biens immobiliers ne sont qu'une partie de ce que possédaient autrefois les communautés : les empiétements, nombreux sous l'Ancien Régime, ont précédé les partages autorisés par la législation révolutionnaire et les ventes permises pendant l'Empire[26]. De telles pressions exercées à leur encontre expliquent qu'ils ne sont plus que résiduels dans de nombreux départements[27]. Ayant presque disparu à l'ouest d'une ligne Bordeaux-Reims, ils apparaissent en revanche encore très vastes dans les Pyrénées, les Alpes, le Jura et les Vosges où ils représentent, en 1892, plus de 20 % de la superficie imposable (carte XV, p. 135). Également remarquable en Limousin et sur le pourtour méditerranéen[28], leur présence coïncide souvent avec les fortes densités de petits propriétaires. Si la réciproque n'est toutefois avérée, c'est qu'ailleurs la grande propriété prend la place des étendues collectives[29], suggérant les hiérarchies que définit Pierre Barral[30]. Le Doubs appartient ainsi aux fortes densités de biens communaux : ses 155 000 hectares représentent 31 % de la superficie totale du département. La géographie communale qui en a été réalisée montre toutefois de grandes disparités puisque dans quarante communes les biens collectifs n'atteignent pas 10 % du terroir alors qu'ils représentent 41 à 50 % du sol dans 101 cas, 51 à 60 % dans 35 autres cas et sont supérieurs à 61 % dans sept communes[31]. Les zones de faible densité correspondent soit aux rares communes où s'affirment quelques grands propriétaires soit à celles, peu nombreuses, où un tiers au moins des habitants avait demandé le partage à la suite du décret de la Convention du 10 juin 1793[32]. Reste que dans la plupart des communes du Doubs, ce sont les communautés, communautés de petits, qui sont les plus grands propriétaires.

La nature des biens collectifs, toutefois, est des plus importantes. Représentant souvent l'ancien ensemble *saltus/silva*, ils occupent ordinairement « des positions à la fois périphériques et relativement élevées »[33] et sont généralement constitués des terres de mauvaise qualité, abandonnées à la forêt, aux friches et aux landes (cartes XVI et XVII, p. 136 et 137). Reste que la dénomination de « terres vagues et vaines » appliquée aux étendues communales recouvre des réalités fort diverses : par exemple, les maigres pâtis rocheux des Hautes-Alpes sont incomparables avec les parcours recouverts d'herbe des montagnes jurassiennes[34]. De même, la qualité des espaces boisés est variable, fonction des essences tout autant que des sollicitations subies : la pression exercée par la sidérurgie pendant le dernier siècle de l'Ancien Régime[35] et les abus commis pendant la période révolutionnaire[36] ont plus ou moins érodé la richesse forestière et justifié une politique de régénération imposée par le Code forestier de 1827. Au total, une connaissance précise de la nature des étendues collectives est nécessaire pour appréhender leur rôle économique : les communaux sont loin d'être toujours improductifs et sans valeur.

En 1884, près de la moitié d'entre eux – 2,15 millions d'hectares – est constituée de bois et forêts (cartes XVIII et XIX, p. 138 et 139) : cette proportion est largement dépassée dans le quart nord-est de la France où elle frôle 80 %, comme dans la Meuse, la Haute-Marne, les Vosges, la Côte-d'Or, la Haute-Saône[37] ou même les départements alsaciens, alors sous domination allemande[38]. Dans le Doubs du milieu du siècle, 89 000 hectares de bois communaux représentent 58 % des surfaces collectives et 70 % de l'espace forestier du département. Là encore, une géographie s'impose qui distingue, parmi les 640 communes du département, celles du bas pays et des premiers plateaux pour leurs communaux essentiellement forestiers[39] : dans 135 cas, les bois sont totalement collectifs et dans 198 autres cas ils le sont au moins à 80 %. Ils permettent l'exercice de droits collectifs économiquement appréciables qui dispensent les petits exploitants de la possession de parcelles boisées.

Le plus important de ces droits est l'affouage. Bien connu[40], usuel dans chaque forêt communale, il permet à chaque foyer de prélever une certaine quantité de bois pour le chauffage, la culture – les échalas de vigne par exemple, dans le Jura – voire la construction et l'entretien des bâtiments. Dans le département du Doubs, sa répartition est toutefois opérée de façon particulière. En règle générale, la population, comme les autorités communales et forestières, prennent soin de distinguer taillis et futaies[41]. Les taillis, peuplés d'arbres de petite dimension, de buissons et de plantes sèches, sont partagés moitié par feu et moitié proportionnellement aux impôts versés par chaque habitant de la commune. Ce mode de calcul, original, avantage les plus gros contribuables puisqu'il se fait pour une moitié au prorata des impôts, les non-imposés ne pouvant recevoir qu'une portion de l'autre moitié de l'affouage. De plus, la distribution par feu, c'est-à-dire par «chef de famille ou de maison ayant un domicile réel et fixe dans la commune», ne tient pas compte du nombre de personnes que rassemble chaque feu et paraît défavoriser les familles les plus nombreuses. Mais, la distribution de l'affouage de bois de chauffe, en quelque sorte organisée selon le critère de l'exploitation, n'est pas réservée aux seuls propriétaires de la commune. De plus, l'abondance des taillis permet, au total, à chaque maison d'être alimentée en combustible – au moins partiellement – ce qui n'est pas sans conséquence dans un département où la saison froide dure plus de six mois[42].

L'existence d'un affouage des futaies témoigne de la richesse forestière de quelques communes. Partagé annuellement par toisé, d'après le métrage des maisons d'habitation et des bâtiments d'exploitation, ces bois sont destinés à l'entretien et à la réparation des bâtiments. Certes, le petit exploitant ne reçoit que quelques poutres alors que les habitants des grands corps de ferme, plus aisés, recueillent une part importante de la coupe annuelle des futaies. Mais la destination de cet affouage, l'entretien, implique une différence entre les besoins : rares sont les contestations. L'article 105 du Code forestier qui laisse une certaine liberté pour la répartition de l'affouage n'est guère appliqué : dans le Doubs, seules 72 communes, localisées dans le bas pays, procèdent à une répartition «par égale part aux ayants droit»[43]. Reste que l'affouage offre des compléments non négligeables et contribue à rendre viable la petite exploitation. L'inégalité de sa répartition contribue sans doute à l'éclatement de la communauté villageoise traditionnelle. Elle n'apparaît toutefois que lorsque les besoins de chacun ne peuvent être satisfaits.

Les droits liés à la fréquentation de la forêt commune ne sont pas négligeables non plus. Cueillettes et prélèvements divers accompagnent parfois le parcours du bétail. Mais au XIXᵉ siècle, la forêt apparaît de plus en plus fermée aux usagers. Les communautés contestent les empiétements des particuliers et se lancent dans de longs et multiples procès en cantonnement[44]. Surtout, la tutelle exercée par l'administration des Eaux et Forêts se fait sévère dès lors que les communes lui ont confié la gestion de leur bois ainsi que les y incitent les rédacteurs du Code forestier. Guidés par le souci de régénérer les maigres futaies et désireux d'étendre le domaine boisé, ingénieurs et gardes veillent à en limiter la fréquentation[45]. Dans ce contexte général de rivalité entre l'herbe et la forêt[46], les troupeaux ne sont plus tolérés dans les bois sous le prétexte qu'ils s'attaquent aux jeunes pousses et, dans le département du Doubs, une autorisation administrative est nécessaire pour qui, lors des mauvaises récoltes, veut ramasser les feuilles mortes afin de les utiliser comme litière pour son bétail. Partout, des Alpes à la Bourgogne et de la Franche-Comté aux Pyrénées[47], la logique des forestiers s'oppose à celle des communautés qui tentent de recouvrer le libre usage de leur bien. Les procès pour mettre fin à la gestion de l'administration n'aboutissent pas[48]. Les gardes deviennent alors parfois les victimes des villageois ameutés qui envahissent les bois défendus et marquent avec brutalité leur adhésion à la proclamation de la République de 1848[49].

Attaché à la propriété depuis la Révolution[50], le droit de chasse n'a pas grande signification pour les petits tenanciers. L'espace que représente leurs parcelles n'est pas vaste et le droit de poursuite du gibier sur autrui n'est pas établi[51]. De plus, les grands propriétaires, même lorsqu'ils divisent leur domaine en petites locations, se réservent le droit de chasse, conservant ainsi un privilège qu'ils protègent en ayant recours à des gardes particuliers chargés, avant tout, de défendre l'accès du territoire cynégétique à tout chasseur autre que celui qu'autorise le propriétaire[52]. Rejetés sur leurs tenures, les chasseurs peuvent théoriquement prétendre exercer leur droit sur les propriétés collectives, lorsque celles-ci existent. Revendiquée comme droit communautaire[53] au même titre que l'affouage ou les différents droits d'usage, la chasse en subit les mêmes limitations. L'abandon par les communes de la gestion directe de leurs espaces boisés, confiés à l'administration des Eaux et Forêts, contribue à réduire la fréquentation légale des communaux. Aux difficultés de pénétrer la forêt s'ajoutent les barrières d'une sévère législation sur la chasse. La réglementation sur le port d'arme instauré pendant l'Empire est complétée par la loi du 3 mai 1844 qui soumet la possession du permis de chasser au versement d'un droit de 25 francs et à l'inscription du chasseur au rôle d'imposition[54]. Le prix élevé pousse à l'élimination des plus pauvres et explique le faible nombre des chasseurs qui se soumettent à la loi: 10 0 00 environ en 1844 et 76 0 00 en 1854 pour l'ensemble de la France[55]. Les notables seuls peuvent afficher une passion cynégétique: c'est en toute légalité que Gustave Courbet sacrifie à son amour pour la chasse en se mettant lui-même en scène pour quelques toiles, mais il peint également *Les braconniers* (1867)[56]. Au total, et jusqu'aux années 1880[57], la chasse légale échappe au monde des petits qui, autant par nécessité que par passion, voire par provocation, versent dans le braconnage[58]. Tout autant que la délinquance forestière, cette forme de protestation individuelle ou collective[59], par son rythme et son ampleur, scande en les reflétant les vacances du pouvoir local ou national[60]. Elle atteste également l'importance des appoints que représentent les droits collectifs pour l'économie domestique.

Les moyens d'une spécialisation collective

Les forêts qui se ferment aux usagers progressent également en étendue et en qualité dès la seconde moitié du siècle. La politique forestière, conduite par l'État depuis la monarchie de Juillet et relayée ensuite par les conseils généraux[61], obtient de réels résultats dès lors que la pression sur la terre se fait moins forte du fait de «l'exode rural» et de l'abandon des terres marginales mises en culture pour répondre aux sollicitations démographiques. Là où ils subsistent, les communaux sont lentement rendus à la forêt: en 1884, les superficies en herbe, *prés naturels*, *herbages* et *vergers* ne représentent plus que 19% de la superficie totale des terres collectives. Certes, cette proportion atteint 45 % si sont incluses les landes[62] dont la qualité est toutefois très variable (cartes XVI-XVII, p. 136 et 137 et cartes XX-XXI, p. 140 et 141). En Franche-Comté, où les terres vaines servent de *pâtis*, le recul est moindre qui atteste une sévère résistance à l'amorce d'un cycle sylvicole nettement plus tardif puisqu'il n'est véritablement apparent qu'au XXe siècle[63]. Les 65 500 hectares de communaux non boisés du département du Doubs ne sont pas uniformément répartis: plutôt rares dans le bas pays, les pâtis se révèlent dominants sur les plateaux et dans les montagnes, atteignant ou dépassant souvent la proportion de 80% des biens collectifs. Surtout, ces taux élevés impliquent l'existence de vastes étendues puisque les communaux ont une superficie bien supérieure dans le haut Doubs: 49% aux Fins (canton de Morteau) représentent 331 hectares alors qu'à Corcelles-Mieslot (canton de Marchaux), dans le bas pays, ils correspondent à 33 hectares.

Ces communaux en herbe permettent l'exercice de droits collectifs spécifiques. Ils sont ouverts au bétail de tous puisqu'en raison du droit de parcours chacun peut y envoyer ses bêtes, rassemblées le plus souvent en troupeau communal. En Limousin comme dans le Var ou le Morvan, les droits de pâturage sont attestés tout au long du siècle. Dans la Franche-Comté pastorale, l'avantage du parcours collectif est évident. Les plus pauvres, qui possèdent néanmoins une ou deux têtes de bétail, peuvent les nourrir à moindre frais; ceux qui, plus riches, détiennent prairies, prés et pâtures peuvent les réserver à la fauchaison pour les provisions d'hiver et réussissent à rétablir, à l'échelon individuel, l'équilibre annuel fourrage/herbe fraîche en envoyant, gratuitement ou presque, leur bétail sur le communal pendant l'été. Les étendues herbagères collectives permettent donc la stabulation hivernale privée. Elles sont assez vastes pour entretenir la chèvre ou la vache du pauvre, et apporter un complément aux quelques têtes de bétail du petit. Lorsque leur étendue dépasse les besoins de la communauté, comme sur le versant est du val de Mouthe (département du Doubs), elles accueillent le temps de l'estive les vaches suisses qui sont nourries en échange de l'abandon de leur lait à la fromagerie[64].

Complémentaire à la petite exploitation, le parcours est toutefois réglementé. Il subit d'abord les offensives de l'administration des Eaux et Forêts qui tente de placer sous sa garde les prés-bois en les considérant comme boisés et prétend de ce fait en interdire l'accès aux troupeaux. Il est également mis à l'abri des abus possibles. Les propriétaires de bétail doivent une contribution pour le salaire du pâtre communal et quelquefois ils sont astreints à verser une taxe – modique il est vrai – à la caisse communale[65]. Surtout, la fréquentation des pâtis communaux est contingentée. À Septfontaines (canton de Levier, Doubs), la municipalité informe qu'en été le nombre de bêtes mises au parcours ne peut être supérieur à celui « que la récolte peut nourrir pendant l'hiver » et décide, en conséquence, de le limiter, par propriétaire « à proportion [...] des contributions foncières que paie [le propriétaire], c'est-à-dire qu'autant que chaque franc de contribution ». Il autorise cependant une tête de bétail pour ceux qui n'acquittent pas d'impôts fonciers[66]. Semblable mesure, qui n'est pas contestée, atteste un souci collectif de préserver pour tous l'usage des herbes communes. Une même détermination s'exprime lorsque les communautés ne donnent pas suite aux recommandations des préfets de la monarchie de Juillet qui, là comme ailleurs[67], incitent à louer individuellement les « terrains communaux vagues et livrés au parcours » sous prétexte de leur mise en valeur. En Franche-Comté, ce refus de l'individualisme agraire n'est ni résistance à une quelconque modernité ni crispation sur la défense rétrograde d'un ordre social ancien ; il témoigne plutôt d'une volonté de préservation d'un mode de développement collectif[68].

C'est que, dans les montagnes jurassiennes, l'usage des communaux en herbe est indissociable du fonctionnement de la *fruitière* dont la tradition est très ancienne puisque son existence est attestée au XIIIe siècle[69]. Dans ces villages du haut Doubs et du haut Jura, mal désenclavés, coupés du monde durant les six mois de l'hiver, la production de fromage permettait d'utiliser le lait impossible à conserver alors que le « vachelin » puis le gruyère pouvaient se garder pendant de longs mois grâce au sel incorporé à la pâte, sel que les fabricants se procuraient facilement aux puits à sel de Salins (département du Jura)[70]. Cependant la fabrication de ces fromages à pâte cuite pressée nécessitait de grandes quantités de lait que les trop peu nombreuses vaches d'un seul propriétaire ne pouvaient fournir. Ce qui n'était pas possible seul le devenait en s'associant, ou plutôt en associant le lait des vaches de chacun[71]. La fabrication, d'abord effectuée à tour de rôle chez celui qui détient « le tour »[72] et chez lequel, ce jour-là, est livré le lait, se fixe dès le XVIIIe siècle dans un local spécifique, la *fromagerie*, mieux outillé et assez vaste pour permettre l'affinage des produits et pour héberger en permanence le fromager, dorénavant dispensé de courir de ferme en ferme avec son chaudron et ses outils.

La technique fromagère, par laquelle le caillage est provoqué artificiellement, est appliquée à du lait frais : elle implique la fabrication journalière et donc l'existence d'un troupeau capable de fournir globalement et quotidiennement une quantité de lait sensiblement constante. Rassembler une demi-tonne de lait pour la confection d'une meule de fromage façon gruyère – le comté – à partir d'animaux à faible rendement nécessite dès lors les apports de tous. La fruitière est donc ouverte à la petite exploitation qui peut apporter chaque jour le lait qui lui permet de recevoir un fromage de temps à autre. Un équilibre s'instaure ainsi entre les capacités d'absorption de la fromagerie, le nombre des producteurs, le niveau de production du troupeau communal et l'étendue des superficies en herbe nécessaire à sa nourriture. La vigilance exercée pour maintenir l'accès au parcours commun s'explique donc par la logique de la spécialisation fromagère collective.

Cette vigilance se fait combative lorsque se précisent les menaces contre l'indivision et l'utilisation collective. Certes, la question du partage des communaux n'est pas neuve. La loi du 10 juin 1793 avait déjà autorisé l'appropriation privée si un tiers au moins des membres de la communauté en faisaient la demande[73]. Pendant la première moitié du siècle, fréquentes dans le pays sont les recommandations des conseils généraux, des administrateurs et des sociétés d'agriculture pour que les communaux non boisés soient vendus, partagés ou loués[74]. Partout les débats sont vifs qui révèlent de profondes tensions au sein des communautés villageoises déclinantes devant la progression de l'individualisme. En Franche-Comté, à l'exception de rares communes qui pratiquent la location de quelques ares de terres, le *statu quo* est maintenu jusqu'au printemps 1848. Les commissaires de la République, pensant lutter contre les effets de la crise et attacher au nouveau régime les petits exploitants, décrètent que dans chaque commune le quart des communaux devra être amodié gratuitement au « quart des chefs de famille les plus pauvres ». Ces bonnes intentions heurtent les équilibres instaurés dans le haut Doubs : distraire 25 % des pâturages communs signifie une réduction équivalente de la production laitière et l'impossibilité de faire fonctionner la fromagerie. Les villages des plateaux et de la montagne, menacés dans leur spécialisation, refusent alors cette République des « partageux de communaux » et rejoignent dans la contre-révolution les communautés « vendéennes » qui s'étaient levées en septembre 1793 contre le partage des pâtis, dessinant ainsi une continuité historique que sauront utiliser conservateurs et cléricaux[75]. Sans réduire les comportements politiques à l'utilitarisme économique, il faut bien convenir que le refus des partageux s'inscrit dans une logique qui échappe à l'abstraction démocrate-socialiste. En avril 1848, les paysans du Doubs s'étaient déjà signalés par leur vote massif en faveur d'Auguste Demesmay, républicain du lendemain qui pouvait cependant se prévaloir de la lutte acharnée qu'il avait menée à la Chambre depuis 1846 pour l'abrogation de l'impôt sur le sel, entre autre nécessaire à l'affinage des fromages et à la conservation des fourrages. La réélection en 1848, 1849 et 1852 du «député du sel»[76] témoigne de la fidélité des petits exploitants au défenseur de la spécialisation pastorale et fromagère des montagnes jurassiennes. La «République du sel» protectrice des parcours est une république de petits, solidaires au sein d'une communauté agraire réactivée, point d'appui des spécialisations collectives.

Dossier cartographique 2

LA PETITE EXPLOITATION RURALE TRIOMPHANTE

Carte XIV : les biens communaux en 1846

% du terroir :

- < 1 %
- 1 - 4,99 %
- 5 - 14,99 %
- 15 - 30 %
- > 30 %

DOSSIER CARTOGRAPHIQUE 2

Carte XV : les biens communaux en 1892

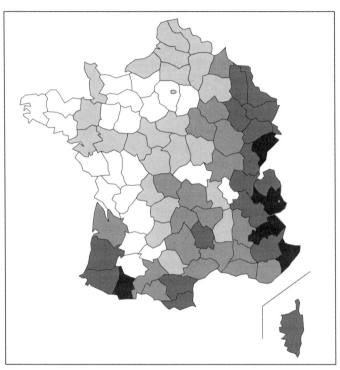

% du terroir :

Carte XVI : les terres incultes communales en 1892

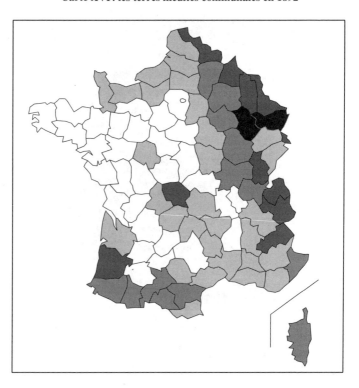

% du total des terres incultes :

- < 10 %
- 10 - 29,99 %
- 30 - 49,99 %
- 50 - 70 %
- > 70 %

DOSSIER CARTOGRAPHIQUE 2

Carte XVII : les terres incultes des communaux en 1892

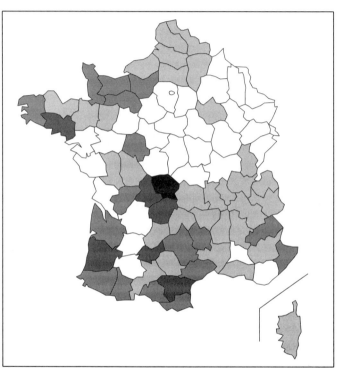

% du total des communaux :

LA PETITE EXPLOITATION RURALE TRIOMPHANTE

Carte XVIII : les bois communaux en 1892

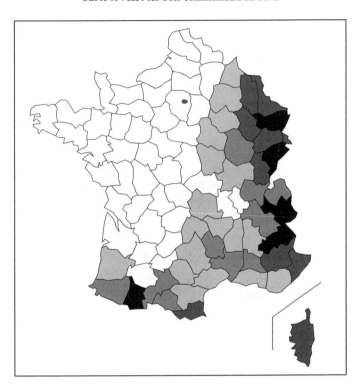

% du total des bois et forêts :

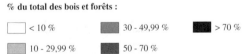

- < 10 %
- 10 - 29,99 %
- 30 - 49,99 %
- 50 - 70 %
- > 70 %

DOSSIER CARTOGRAPHIQUE 2

Carte XIX : les bois des communaux en 1892

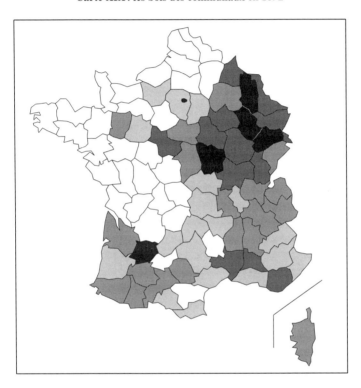

% du total des communaux :

☐ < 20 %   ▨ 40 - 59,99 %   ■ > 80 %
▨ 20 - 39,99 %   ▨ 60 - 80 %

Carte XX : les pâtures communales en 1892

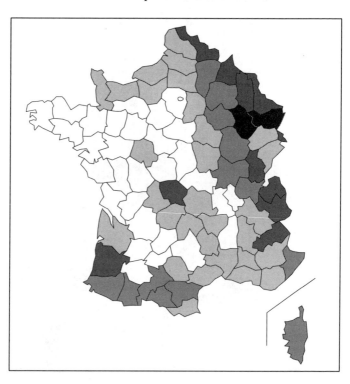

% du total des terres incultes :

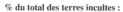

DOSSIER CARTOGRAPHIQUE 2

Carte XXI : les pâtures des communaux en 1892

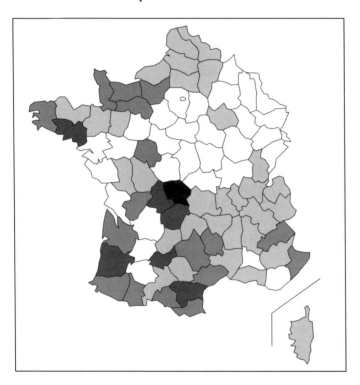

% du total des communaux :

CHAPITRE 6

Des choix agricoles collectifs

La communauté, institution héritée de l'Ancien Régime, n'est donc pas fatalement le poids mort archaïque et l'obstacle à la modernisation agricole qui a souvent été présenté. Son maintien au XIXe siècle n'est pas plus une forme de protection sociale pour les plus faibles, condamnés par l'individualisme. Dorénavant incarnée juridiquement par le conseil municipal, elle demeure une réalité économique et sociale qui ne sombre pas. Capable d'adaptation, elle trouve les moyens de conduire les mutations économiques et continue à apparaître comme l'indispensable complément de la petite exploitation paysanne.

Une gestion économique et financière au service des exploitations

Définies par l'Assemblée nationale constituante, les compétences du pouvoir municipal créé en décembre 1789 composent entre autres l'administration des biens communautaires. La nouvelle institution prend ainsi le relais de la communauté de village, même si les deux corps coexistent encore durant quelques décennies : en 1834, par exemple, à Remoray (canton de Mouthe, Doubs), la

« commune toute entière » est réunie avant le conseil municipal lorsqu'il s'agit d'entrer en procès contre le prince d'Arenberg pour défendre ses droits d'usage forestier[1] ; ailleurs, c'est le conseil augmenté des chefs d'exploitation qui fixe les différents bans des récoltes. Peu connus des historiens qui ne se sont que récemment intéressés à son aspect politique[2], l'institution municipale apparaît pourtant comme un rouage essentiel dans la vie économique des villages, même si son indépendance est limitée puisqu'une véritable tutelle est exercée par le préfet auquel toute délibération doit être soumise pour approbation. C'est ainsi que les budgets qu'elle doit gérer peuvent être considérables. Aux revenus que procurent les taxes sur l'affouage et les parcours s'ajoutent ceux qui proviennent de possibles amodiations de parcelles de communaux, du four, de la chasse ou encore des boues des fontaines[3]. L'ensemble de ces ressources permet une gestion au quotidien qui dispense souvent les plus pauvres d'une contribution financière, d'autant plus qu'afin de réduire les dépenses communales, ou si les recettes sont insuffisantes, les anciennes corvées sont rétablies pour l'entretien des chemins vicinaux ou celui des bâtiments publics. Parfois, l'évergétisme notabiliaire fait les communes destinataires de rentes ou de donations immobilières qui peuvent être louées[4]. La véritable richesse découle cependant des communaux boisés (cartes XVIII et XIX, p. 138 et 139). Lorsqu'il est abondant, une partie de l'affouage de chauffage est vendu. Parfois, c'est l'affouage de futaies qui est laissé au plus offrant. Surtout, toute dépense extraordinaire est généralement assurée par des coupes extraordinaires pratiquées dans le quart de réserve communal. Au total, en 1840, 150 000 stères de bois provenant des forêts collectives du département du Doubs rapportent 1,2 million de francs, payés par des maîtres de forges et des marchands de bois[5].

Ultime « rouage de l'État »[6], l'institution municipale est aussi la représentante des intérêts villageois qu'elle tente de sauvegarder et qu'elle doit parfois arbitrer en cas de conflit. Ainsi c'est le conseil municipal qui demande au préfet l'autorisation d'aller en justice pour se défendre des empiétements commis sur ses communaux. Lorsque la tension est trop vive avec l'administration des Eaux et Forêts, que toute conciliation échoue et qu'aucun recours n'aboutit, c'est parfois le « corps municipal qui se met à la tête de tous les habitants pour envahir les forêts de la commune », y combler les fossés d'exploitation creusés par les gardes, comme à Mésandans (canton de Rougemont, Doubs)[7] en 1832, ou pour y pratiquer des coupes sauvages de bois et y malmener le chef des gardes comme à Palantine, Rouhe et Courcelles (canton de Quingey, Doubs) en mars 1848[8]. Proche des intérêts de ses administrés, la municipalité l'est principalement par des choix budgétaires qui contribuent au développement économique collectif. Il en va ainsi, dans le Doubs, du financement de l'école : en retard sur la moyenne française en 1837, le département a rattrapé son handicap en 1850 et, à partir 1863, se trouve durablement parmi les premiers départements français pour une gratuité qui, en 1880, bénéficie à 78 % des élèves. Jacques Gavoille repère les plus forts taux ruraux dans les cantons du haut Doubs où « la liaison entre gratuité et ressources communales est évidente »[9]. L'accès des enfants des petits exploitants à l'éducation, antérieur aux lois de la République, est assuré parallèlement à l'aménagement des villages et des terroirs. Outre le développement des chemins vicinaux, pris en charge par les communes depuis le vote de la loi Thiers-Montalivet de 1836, nombre de villages connaissent de véritables frénésies de construction. Aux églises érigées pendant le long épiscopat de Mgr Mathieu[10] s'ajoutent un grand nombre de mairies[11] et un nombre encore plus grand d'écoles – parfois intégrées dans le même bâtiment[12] – puisque dès avant 1878, pour 640 communes, 873 écoles publiques sur 924 sont propriété de la commune[13].

Le volontarisme municipal se fait également l'interprète des besoins économiques des villages. La défense des communaux en herbe, indispensables à l'élevage, est complétée par de considérables travaux d'équipement hydraulique entrepris pendant la première moitié du siècle, en Franche-Comté comme ailleurs[14]. Tandis que dans le bas pays sont multipliées les fontaines qui répondent au désir «d'accéder à l'amélioration du cadre de vie des individus», le haut Doubs pastoral consacre ses revenus au développement des points d'eaux pour le breuvage du bétail: ici, «les revendications du confort individuel passent après la satisfaction des exigences de l'activité économique dominante»[15]. À Ouvans (canton de Pierrefontaine) comme à Déservillers (canton d'Amancey), par exemple, sont creusés de nouveaux captages et construits plusieurs abreuvoirs parce que les sources du village sont insuffisantes

> *« pour les besoins du bétail qui* [est] *la seule ressource de la localité,* [qui] *a pris depuis quelque temps plus d'extension et pour qui en temps de sécheresse le manque d'eau peut devenir des causes de mortalité ».*

À Flagey (canton d'Amancey), village où la famille paternelle de Gustave Courbet est solidement implantée, cinq campagnes de travaux échelonnées entre 1823 et 1844 sont nécessaires pour «l'aménagement de treize points d'eau dont dix sont spécifiquement destinés à abreuver le bétail». L'aide à la spécialisation pastorale se manifeste encore par les facilités accordées pour l'installation des fromageries. La fruitière obtient ainsi la disposition de locaux construits et aménagés pour ses besoins: à Flagey en 1824, la commune décide d'établir «un logement nécessaire à la fabrication des fromages qui est une des meilleures ressources des habitants»; en 1828,

> *« la commune de Comte, canton de Nozeroy, ayant réalisé des fonds par le moyen d'une vente extraordinaire de bois [...] se propose d'employer le produit de cette vente à la construction d'un chalet* [de fromagerie] *»*[16].

À Trepot (canton d'Ornans), la fromagerie est gratuitement installée au sous-sol de la mairie-école[17]. Plus, c'est la municipalité qui donne le mouvement lorsqu'elle prend l'initiative d'introduire la fabrication fromagère dans la commune : le 8 février 1848, le conseil municipal de Cademène (canton de Quingey) décide de financer le mobilier de la fromagerie dont l'installation est

> « *indispensable pour la prospérité de l'agriculture et des habitants dont plusieurs portent déjà le lait de leurs vaches à* [la commune voisine de] *Rurey* »[18].

En Franche-Comté du moins, la communauté, renforcée par l'adaptation et le renouvellement des anciennes institutions, demeure présente et se révèle apte à accompagner, voire à conduire le développement économique collectif.

Des communautés réactivées par le mouvement coopératif

La fruitière n'est pas uniquement une solution ancienne apportée à la conservation de la production laitière hivernale. Dès le XVIIIe siècle au moins, les produits fromagers des montagnes trouvent à se placer dans le bas pays et, au delà, sur un marché de plus en plus lointain que desservent des paysans-marchands. Les « rouliers du Grandvaux »[19] quittent chaque année le haut Jura à la fin des semailles d'automne et, par convois de quinze à vingt voitures, conduisent dans toute la France bois sciés et fromages. La production fromagère devient une activité à but commercial affirmé. Si, à l'origine de l'association tacite de la fruitière, chacun prête du lait aux autres et reçoit, quand son tour est venu, une quantité proportionnelle de fromage, la nécessaire adaptation au marché conduit à laisser la production entre les mains du fromager. Celui-ci s'occupe de l'affinage tandis qu'un nouvel organe de la fruitière, le conseil de gérance, se charge de négocier avec des marchands locaux ou des maisons de commerce de diverses régions françaises, qui eux-mêmes sous-traitent à de multiples revendeurs et détaillants. La recherche de débouchés passe également par la pression exercée sur les membres des conseils d'arrondissement et des conseils généraux qui, régulièrement, à partir du milieu du siècle, émettent le vœu de

> «*faire admettre les fromages du département du Doubs, dits de Gruyère, dans les approvisionnements de la Marine et de leur procurer un écoulement sur les marchés de l'Algérie*»[20].

La logique de la spécialisation est d'autant plus poussée que le désenclavement facilite les échanges. Le réseau routier considérablement amélioré, le canal du Rhône au Rhin enfin achevé en 1834 et le chemin de fer balbutiant jusqu'à la réalisation du transjurassien[21] offrent de nouvelles opportunités commerciales et rendent plus aisées les complémentarités entre bas pays d'une part, plateaux et montagne de l'autre. Les exploitants de la montagne jurassienne ont de moins en moins à réserver une partie de leurs terres aux céréales, au rendement trop aléatoire. Ils peuvent ainsi consacrer la quasi-totalité de leur tenure aux fourrages mais deviennent plus dépendants de la commercialisation de leurs produits. La progression des superficies en herbe[22] témoigne de la réussite de la spécialisation, de son enracinement et de son expansion géographique. Elle s'accompagne d'un égal accroissement de la production qui passe, pour les départements comtois, de près de 6 000 tonnes vers 1840 à environ 10 000 en 1850 et à plus de 18 000 à la veille de la Grande Guerre[23]. La croissance de la production et l'expansion de l'aire commerciale accompagnent une mutation de la fruitière.

C'est au nom de la recherche de la qualité et du profit que sont conduits les changements. La spécialisation et la commercialisation impliquent une production régulière et de qualité, des investissements en locaux et en matériel, une organisation plus structurée. Ils suggèrent une culture économique et une perception du monde autres qui gagnent jusqu'aux plus isolés des hameaux de la montagne. C'est ainsi que pour limiter les malfaçons, la fabrication est confiée à des fromagers de plus en plus compétents puisque c'est sur «leur art»[24] que repose la prospérité commune ; d'abord recrutés en Suisse[25], ils laissent progressivement la place aux plus brillants lauréats des écoles de fromagerie et de laiterie de Mamirolle et Poligny. La production se fait plus soignée : la propreté des chaudrons et des ustensiles est respectée autant qu'est imposée celle du lait. Les mélanges qui associaient lait de vache et lait de chèvre sont bientôt proscrits, au détriment des plus pauvres, éliminés de la fruitière. Les impératifs de la commercialisation, voire la concurrence entre les fromageries, sont autant d'aiguillons pour une amélioration de la gestion. L'association tacite devient plus rigide et des règlements sont édictés qui limitent l'intervention des producteurs de lait tandis que croissent les pouvoirs et les responsabilités des gérants[26]. C'est à ce prix qu'ici comme en Savoie[27] la fruitière s'adapte : elle demeure le moyen emprunté par la petite exploitation pour le triomphe de la spécialisation collective.

Cette ouverture de la petite exploitation à une qualité reconnue sur le marché, ouverture créée de son propre mouvement, correspond par ailleurs à la politique qu'engage l'État dans les années 1880 et à laquelle adhèrent les petits exploitants. Certes, c'est de façon fortuite que le sénateur du Doubs, Gustave Oudet[28], intervient au moment du débat sur les associations, mais grâce à sa fugitive interpellation, la loi Waldeck-Rousseau est ouverte au domaine agricole. Votée le 21 mars 1884, elle institue la liberté syndicale et permet la création des groupements professionnels qui avaient été interdits par la loi Le Chapelier ; sont dorénavant légaux les syndicats de défense des intérêts agricoles et les coopératives d'achat qui regroupent plusieurs membres associés pour l'obtention de tarifs préférentiels. Entrant dans le cadre fixé par la loi, les coopératives de production[29] peuvent désormais se développer et sont bientôt intégrées dans l'édifice mis en place pour la sauvegarde de la petite exploitation[30]. Celles qui existaient de fait, telles les fruitières, doivent cependant se mettre en conformité avec la loi ; la fruitière acquiert ainsi le statut d'association de personnes et achève sa mutation en devenant juridiquement coopérative de production[31].

La reconnaissance du droit d'association syndical autorise également la création de caisses de crédit pour le monde agricole. L'échec de la Société de crédit agricole créée en 1861 sur les recommandations de Napoléon III laisse la place aux initiatives privées : en 1885 et à l'instigation de Louis Milcent, une des premières associations françaises, le Crédit mutuel de l'arrondissement de Poligny, voit ainsi le jour dans le département du Jura[32]. Le modèle des caisses allemandes imaginées et développées par Raiffeisen trouve des défenseurs en France : mutualité et indépendance de l'État ont « séduit une partie de la droite catholique »[33]. Pour s'opposer aux notables traditionnels qui tenaient l'Union centrale des syndicats agricoles de France domiciliée rue d'Athènes à Paris, les amis de Léon Gambetta suscitent les syndicats qui se regroupent en 1910, boulevard Saint-Germain, dans la Fédération nationale de la mutualité et de la coopération agricole[34]. De la même façon, Jules Méline encourage le Crédit agricole, organisé « par en bas » selon un réseau serré de caisses locales que protège la loi du 6 novembre 1894 en leur accordant notamment d'importantes exemptions fiscales. En 1897, l'intervention de l'État se fait plus directe puisque la Banque de France est tenue au versement de redevances aux établissements du Crédit agricole organisés en caisses régionales par la loi de 1899. C'est une semblable logique qui oppose la Société des agriculteurs de France et la Société nationale d'encouragement à l'agriculture à propos des assurances agricoles. Après que la rue d'Athènes se soit engouffrée dans l'espace ouvert par la loi de 1884, les républicains réagissent en encourageant et en subventionnant la « mutualité-bétail » avant de s'occuper des « mutuelles incendie »[35]. Ces rivalités montrent l'importance de l'enjeu : il s'agit pour les républicains de favoriser l'émancipation des petits paysans. La mise en œuvre du principe de l'association doit également compenser la taille réduite des exploitations individuelles[36].

Il en va de même dans l'éducation et la formation technique et culturale. Les lois Ferry, qui rendent l'enseignement primaire laïque, gratuit et obligatoire, ne concernent pas les seuls enfants ruraux et n'apparaissent pas partout fondatrices tant elles ont été devancées[37]. En revanche, force est de constater qu'un effort important est mené en matière d'enseignement agricole[38]. La loi du 30 juillet 1875 systématise l'enseignement élémentaire agricole dans les fermes-écoles réorganisées et dans les nouvelles écoles pratiques d'agriculture ; celle du 9 août 1876 crée l'Institut national agronomique tandis que sont multipliées les écoles nationales d'agriculture ; celle du 16 juin 1879, enfin, étend à chaque département les chaires d'agriculture. Tous les niveaux d'enseignement sont ainsi développés et coordonnés, de l'élémentaire au supérieur : dès avant la fin du siècle, douze établissements supérieurs délivrent un diplôme d'ingénieur, 45 écoles pratiques et 87 chaires départementales accueillent de jeunes élèves, tandis que 119 chaires spéciales drainent des enfants de l'enseignement général mais aussi des cultivateurs adultes. Au total, la chronologie serrée des mesures prises en faveur du monde des agriculteurs atteste la détermination de l'État républicain à accompagner et à généraliser la métamorphose agricole, et à structurer en réseaux solidaires les petites exploitations compétitives.

Certes, les visées sont également politiques : il s'agit de chausser la République de sabots et de dégager le monde rural de l'emprise des notables traditionnels. Il n'empêche que le mouvement enclenché procède d'un authentique projet de réformation, qui est bien plus qu'un ensemble de réponses conjoncturelles, puisque les effets de la crise sont postérieurs à nombre des mesures prises[39]. Cette politique agricole, en dépit de ses faiblesses[40], trouve un écho parmi les petits exploitants. Le mouvement déjà cité de reconnaissance et d'amélioration des races locales est soutenu par l'État, qui facilite la création des organisations chargées des livres généalogiques, les *Herd-books*, et qui multiplie les financements d'épreuves spécifiques aux concours régionaux et au prestigieux Concours général agricole.

En Franche-Comté, l'affirmation de la spécialisation pastorale et fromagère requiert une modification du troupeau bovin. Jusqu'alors coexistaient les tauraches, laitières solides au travail dans les montagnes du Jura, et les fémelines ou «jaunottes», race à viande satisfaisante et assez bonne laitière[41]. Durant la première moitié du siècle, la forte demande en viande du marché lyonnais avait poussé à tenter la «durhamisation» de la fémeline qui «ne voulut pas se laisser angliciser et en mourut»[42]. Tandis que s'affirme la vocation charolaise pour l'embouche[43], les montagnes jurassiennes renforcent leur vocation laitière. La race montbéliarde connaît alors une forte expansion: vraisemblablement implantée par les anabaptistes venus du Pays de Berne au XVIe siècle, elle a été patiemment améliorée jusqu'à ce qu'elle présente les meilleures qualités laitières et offre de bonnes aptitudes au travail et à la viande. La présentation d'animaux performants lors des comices agricoles, la participation aux épreuves du concours général agricole sont autant d'étapes dans l'ascension de la race montbéliarde: l'association d'éleveurs dynamiques et du vétérinaire Boulland permet la création, le 2 décembre 1889, du *Herd-book* montbéliarde, reconnu par le ministère de l'Agriculture[44], qui ouvre bientôt une épreuve spécifique au Concours général agricole[45]. La rénovation du troupeau comtois est parallèlement entreprise: la loi sur les syndicats autorise également les petits éleveurs de Franche-Comté à constituer des syndicats communaux chargés d'acquérir pour la communauté le bon reproducteur de race montbéliarde qui permettra de régénérer progressivement un cheptel sur lequel veillent les vétérinaires[46], les membres de la Société d'agriculture, les professeurs d'agriculture et les gérants des fruitières.

Des spécialisations agricoles conquérantes

La structuration de réseaux de petites exploitations autour d'institutions coopératives permet reconversions et achèvement des spécialisations locales. Les études sont peu nombreuses pour la France, qui renseignent sur les modalités de ces mutations analysées à travers le prisme de cette organisation essentielle qui constitue une voie originale de maintien de la petite propriété familiale intégrée à l'économie de marché. Le mouvement peut n'être qu'achèvement, comme pour la Franche-Comté pastorale qui se distingue par une spécialisation précoce et collective, capable d'adaptation permanente et d'innovation. Le système qu'elle met au point devient modèle régional, ainsi qu'en témoigne la progression de la fruitière depuis son noyau originel, les actuels cantons de Levier dans le Doubs et celui de Nozeroy dans le Jura. La fruitière gagne d'abord les « montagnes » avant 1800, couvre l'ensemble des plateaux pendant la première moitié du XIXe siècle avant d'entamer la descente vers le bas pays[47] et le département de la Haute-Saône où les résistances sont peu nombreuses[48]. Conquérante, la spécialisation peut également être constatée dans la transformation des paysages agraires : avant la Grande Guerre, le paysage dominant des départements du Doubs et du Jura est devenu celui de l'herbe[49]; les labours, réduits, portent des fourrages artificiels semés dans le cadre de rotations complexes. Mais la totalité des terroirs n'est pas consacrée à la nourriture du bétail : la forêt a plutôt gagné en qualité et en superficie[50], avalant les terres médiocres ou difficiles d'accès, restant source de richesse commune et continuant à apporter les compléments nécessaires à la petite exploitation. La spécialisation pastorale n'a pas tout emporté et n'a donc pas véritablement détruit les équilibres anciens qui ont seulement été aménagés. L'augmentation de la production fromagère est tout autant due à l'amélioration des performances laitières du bétail qu'à l'augmentation de la taille

LA PETITE EXPLOITATION RURALE TRIOMPHANTE

du troupeau qui s'effectue surtout par le recrutement de nouvelles communes gagnées par la fruitière[51].

Conquérant, le système organisé autour de l'association fromagère est imité par d'autres secteurs de la production agricole. Le vignoble jurassien, partagé entre de très petits exploitants, atteint son amplitude maximale au milieu du siècle et entame sa décrue au moment où la concurrence des vins du Midi se fait plus vive du fait du désenclavement. Les vignes marginales de la vallée de la Loue et du canton de Rougemont[52], dans le département du Doubs, sont presque toutes abandonnées au profit d'une orientation plus pastorale qui se fait progressivement spécialisation. Restent les 19 000 hectares du vignoble de la côte jurassienne, bientôt anéantis par le puceron américain[53] : en 1885, Salins, Poligny et Arbois sont gravement touchés. La lente et difficile reconstitution ne permet pas de retrouver les superficies préphylloxériques puisqu'en 1900 les vignes frôlent les 8 000 hectares pour à peine dépasser 10 000 hectares en 1912[54]. «Bienfaisant»[55], le puceron l'est, comme en Beaujolais, dans la mesure où le vignoble reconstitué est de meilleure qualité[56] : planté en lignes régulières plutôt que disposé en « foule » comme autrefois, il ne compte plus qu'un nombre limité « de plants greffés à quelques cépages anciens éprouvés [et] adaptés au sol »[57]. Surtout, les petites exploitations viticoles, qui parviennent à se reconstituer à force de labeur acharné, sont confrontées aux coûteux progrès de la vinification et aux difficultés plus grandes de la commercialisation. Tandis qu'est menée la grève de l'impôt et qu'est réclamée « la liberté du vin et de l'alambic », elles adoptent le système de l'association. Des «fruitières vinicoles» sont ainsi fondées, en 1900 à Lavigny, «par quatorze participants, après un essai de caisse rurale», en 1905 à Arbois, 1909 à Pupillin et 1912 à Poligny et l'Étoile[58]. Exemplaire, le cas comtois, qui révèle le maintien de la petite tenure grâce à la fruitière, apparaît loin d'être unique.

Malmenées par le puceron, les petites exploitations du département du Var survivent grâce au surtravail et à la pluriactivité. Elles se renforcent collectivement, à l'extrême fin du XIXᵉ siècle, par le développement des associations qui forment « la triade protectrice : coopératives, crédit, assurances » et leur permettent de résister pour quelques décennies à l'offensive des « vignobles de masse, nationaux ou coloniaux »[59]. En revanche, le phylloxéra provoque le bouleversement de l'économie et de la société charentaises puisque dès 1875 l'ensemble du vignoble est atteint, à l'exception de celui de l'île de Ré, touché plus tardivement. Alors qu'il couvre plus de 280 0 00 hectares en 1877, il sombre à 40 0 00 hectares en 1893, « au plus profond de la crise », pour péniblement revenir à 74 0 00 hectares en 1914[60]. L'élevage bovin, orienté vers les bœufs de traction, est conduit à la fois par les fermiers de grands propriétaires citadins et par une foule de très petits qui nourrissent leur vache grâce à la vaine pâture et à de rares communaux. Le remplacement des bœufs par les chevaux, qui pousse à la reconversion du troupeau, et la crise phylloxérique, qui entraîne une vertigineuse chute du prix de la terre, font se désengager les propriétaires forains et laissent la voie libre à de petits exploitants qui se jettent dans l'épopée de la « révolution laitière » charentaise. C'est à Chaillé, près de Surgères, qu'est créée en 1888 la première laiterie coopérative capable de fabriquer un beurre de qualité et de le distribuer jusqu'à Paris. Certes, un tel projet ne voit le jour que parce que la révolution pasteurienne et des inventions comme celle de la centrifugeuse autorisent la « production en grande masse pour le transport lointain d'un beurre de qualité standard »[61]. Reste que les 90 éleveurs de Chaillé qui suivent Eugène Biraud sont bientôt imités par la quasi-totalité des exploitants de l'Aunis qui abandonnent la viticulture. En 1900, lorsque circulent les « wagons blancs » frigorifiques entre Surgères, Niort et Paris[62], 49 0 00 sociétaires livrent le lait dans 98 coopératives ; en 1913, ils sont 80 0 00 dispersés dans 130 sociétés[63]. Au total, la reconversion, réussie, permet à la masse des petits exploitants de s'inscrire dans l'économie de marché. La moyenne de 3,66 vaches par sociétaire en 1888 passe à 2,38 en 1900 et 2,67 en 1914, ce qui suffit à prouver que la spécialisation gagne la masse des petites et très petites exploitations. Elle marque ainsi à la fois leur résistance et leur pérennité triomphante.

La Franche-Comté et les Charentes ne sont pas seules à dessiner la France du lait[64]. Le mode coopératif, également utilisé dans le Cantal[65], n'est pas l'unique moyen pour la petite exploitation de participer à l'économie de marché. Les firmes parisiennes qui collectent les moindres productions laitières du département de l'Oise, comme les sociétés normandes[66] fondées par quelques notables, permettent à tous de quitter l'autosubsistance, même si la dépendance envers ces maisons de commerce croît avec leur position de plus en plus monopolistique. Le succès de l'initiative d'Eugène Biraud en Charente tient aussi au prix relativement élevé (seize centimes le litre de lait contre dix) que la coopérative pouvait servir à ses sociétaires, comparativement aux usines beurrières privées qui s'étaient installées quelques années auparavant[67]. La petite exploitation travaillant pour le marché au début du siècle résiste donc quand celui-ci se fait plus ample, même si elle ne parvient pas toujours, loin de là, à le maîtriser lorsqu'il est structuré par des intermédiaires de plus en plus puissants. Les succès de la petite exploitation ne sont pas seulement conjoncturels. La réussite du jardinage intensif alsacien et du maraîchage vauclusien[68] attestent qu'ils ne résident pas davantage dans le choix d'une «filière», l'élevage bovin, qui serait «la meilleure solution ou, plutôt, la moins mauvaise apportée à la crise que les cultivateurs subiss[ent]»[69]. Se dégage surtout une voie de développement originale, à défaut d'être générale, que sait impulser et que tente d'organiser un État qui suit une logique autant sociale qu'économique. L'intégration à l'économie nationale à la faveur d'une spécialisation ne saurait donc être considérée comme l'œuvre des seuls gros exploitants. C'est ainsi que le choix de l'élevage laitier résulte aussi des efforts communs des petits. Si le département du Doubs offre un exemple caractérisé de l'acculturation d'une démocratie rurale au marché, il n'est pas exception. Reste à souligner que la spécialisation jurassienne, sans doute parce qu'elle est plus précoce, n'est pas purement agricole. La distinction entre l'agriculture et les autres activités n'est ici que simple facilité de présentation.

CHAPITRE 7

Des stratégies pluriactives

La petite exploitation, qu'elle livre ses surplus au marché le plus proche ou qu'elle connaisse l'émulation vers le profit au sein de la ruche qu'est le village proto-industriel, connaît, d'une façon ou d'une autre, les équilibres tendus mais fragiles d'un budget alimenté par deux types de ressources. Équilibres précaires qui, pourtant, représentent pour elle un enjeu vital : accès à la moyenne propriété, gage de sécurité pour l'avenir et pour la vieillesse, ou déclassement, qui prive le paysan de sa dignité et le refoule dans les rangs des pauvres. Équilibres au demeurant difficiles à décrire (et rarement décrits en eux-mêmes), étudiés généralement plus à travers les indices démographiques qu'à travers les sources classiques de l'histoire sociale et économique. La rareté des sources est avérée : combien de livres d'exploitation ont-ils été tenus par de petits, ou même de moyens paysans[1] ? De la pluriactivité paysanne, le versant industriel a davantage retenu l'intérêt que le versant agricole, toujours plus ou moins analysé en termes d'autosubsistance jardinatoire et d'archaïsme vivrier. Or, ici, l'approche s'applique au versant agricole. Reste que la réflexion doit être organisée autour d'une typologie fondée sur le stade de développement industriel, puisqu'il s'agit d'étudier l'insertion de la petite exploitation rurale dans l'économie de marché. La pluriactivité, en effet, est omniprésente, qu'il s'agisse de l'ouvrier-paysan de l'usine ou de la mine, ou du paysan-tisserand travaillant dans la mouvance du négoce textile proto-industriel, ou encore du paysan-horloger de l'économie de montagne, si difficile à classer puisqu'il se différencie à la fois de l'un et de l'autre.

L'universalité de la pluriactivité

Omniprésente est la pluriactivité du paysan-ouvrier, devenu, au fil de l'évolution, ouvrier-paysan. Dans le sillage de Rolande Trempé, il convient de souligner le puissant attachement de l'ouvrier d'usine à la liberté du paysan, la difficile intériorisation de la discipline des horaires fixes, qui contrarient jardinage et bûcheronnage, et la pratique de l'absentéisme au profit des travaux des champs[2]. Les réussites industrielles les plus brillantes n'absorbent pas toute l'énergie de salariés qui retrouvent leurs pratiques campagnardes dans les jardins ouvriers. Les forges, dans les premières décennies de l'industrialisation, intègrent la pluriactivité et l'ambivalence de la main-d'œuvre. Ainsi, en Périgord[3] comme en Franche-Comté où, en 1848, le marquis de Grammont, contraint au chômage, emploie les ouvriers de la forge de Villersexel (département de Haute-Saône) à une vaste opération de drainage et d'irrigation dans la prairie du château, tandis qu'Alphonse Jobez, maître de forges à Syam (département du Jura)[4], répond à la crise par la création d'une lentillière qui, comme sa ferme-modèle, lui permet de maintenir le plein emploi d'un personnel reconnu comme doublement compétent et, donc, potentiellement double-actif. Plus généralement, la double activité bénéficie de l'accord tacite des entrepreneurs industriels, qui parfois la favorisent puisqu'elle fait jouer l'instinct terrien, seul susceptible de permettre l'intégration de l'ouvrier à l'ordre social[5]. Ainsi se forge l'identité d'une classe ouvrière qui, pour être authentiquement ouvrière, trouve cependant l'un de ses appuis dans l'exploitation double-active. Certes, la pluriactivité du forgeron-paysan travaillant en sabots au laminoir de la forge de Syam ne repose pas sur une véritable exploitation. Elle relève bien plus de la «pluriactivité intégrée»[6] qui prouve la prégnance campagnarde aussi bien «à la forge» qu'au village : le second salaire vient de la pêche, de la chasse ou de la forêt plus que de l'activité agricole, le forgeron se fait journalier à la ferme en fin de journée, coupe son affouage le dimanche et ses enfants sont nourris l'été chez des éleveurs qui les prennent pour bergers[7]. Cette logique, qui se fonde plus sur la pluriactivité intégrée que sur la double-activité de l'exploitation, matérialisée seulement par une portion du communal et par une carte de pêche, n'en est pas moins constitutive de l'identité sociale des ouvriers-paysans de « l'industrialisation en archipel »[8] du Pays de Montbéliard, qui évite la prolétarisation.

Quant à la pluriactivité que pratique l'ouvrier-paysan dans sa microexploitation, elle résulte du choix collectif d'une communauté agraire en voie d'insertion dans l'économie de marché. La double-activité du village de Montécheroux (département du Doubs) n'est pas autarcique : l'ouvrier-paysan qui possède un hectare et demi et qui bénéficie de l'amodiation d'une parcelle labourable du communal, d'un affouage et du droit de pâture pour sa vache laitière sur le parcours villageois, fait fruitière et, par là, sort de l'autosuffisance. Surtout, les ouvriers-paysans possèdent la moitié du terroir et les trois quarts du troupeau. La communauté agraire apparaît donc, en tant que telle, engagée dans un double choix délibéré : l'attachement à un finage dont la fruitière médiatise le rapport au marché, mais aussi la transmission d'un savoir-faire forgeron qui permet de tirer pleinement parti du monopole de la pince horlogère, conquis dans le cadre du système domestique, mais générateur d'une poussière de petites entreprises nées de l'atelier domestique et dont trois seulement se démarquent par une importance toute relative. Le conflit qui en 1863 puis en 1890 divise le village n'oppose pas pluriactifs et paysans, mais bien davantage petits et gros[9], tous désireux de tirer le meilleur parti des deux orientations qui désenclavent l'économie locale.

Une semblable logique explique, dans l'Europe du XIXe siècle, le caractère régional du développement proto-industriel, qui contribue largement à l'universalité de la pluriactivité. Ce dernier, il est vrai, n'est pas dû seulement à l'initiative de la communauté agraire, mais aussi à celle du négociant soucieux d'élargir l'aire de recrutement de sa main-d'œuvre pour satisfaire un marché en expansion. Reste que c'est par villages entiers que la campagne se fait proto-industrielle, dans les Flandres comme dans le Pays de Caux[10], par une contagion qu'explique le surplus démographique. Toutefois la proto-industrialisation n'est qu'une étape transitoire : elle conduit à l'industrialisation ou à la désindustrialisation[11]. S'il n'est pas question d'entrer ici dans le détail du débat[12] engagé par Franklin Mendels et par les travaux de l'école de Göttingen[13], encore faut-il souligner avec force que c'est la place de l'agriculture dans l'exploitation double-active et dans l'économie locale qui est en jeu. Lorsque la proto-industrialisation réussit en un mouvement linéaire son passage à l'industrie, son succès sonne le glas de l'agriculture locale. Au contraire son échec, générateur de désindustrialisation, est relayé par une agriculture parfois capable de conquêtes, et tel est le cas de l'exploitation pastorale du Perche, illustrée par la promotion de la race percheronne[14]. Les études récentes, toutefois, en affinant l'analyse de la voie proto-industrielle, ont mis à jour une grande diversité de variantes, telle celle d'une « proto-industrialisation résistante »[15]. Elles autorisent ainsi une relecture plurielle du « modèle » proto-industriel.

La proto-industrialisation jurassienne : « un équilibre dans la tension »[16]

En regard de ces régions, la pluriactivité campagnarde, en Franche-Comté, pose problème. D'une part, elle est loin de relever toute entière du système domestique de la proto-industrialisation. Plus, lorsqu'elle s'en rapproche, elle s'en démarque cependant : elle y perd son caractère transitoire, y adopte la longévité de la longue durée, l'industrie ne la relayant qu'au milieu du XXe siècle. Cette périodisation explique les hésitations de l'interprétation, d'autant plus délicate qu'elle est dans cette région consacrée à de tout autres productions que le travail textile – terrain de prédilection, jusqu'ici, de l'étude de la proto-industrialisation[17]. Les comparaisons possibles sont peu nombreuses, sinon avec les villages qui gravitent dans l'orbite de Saint-Étienne et qui font de la petite mécanique pour la Manufacture[18]. En quels termes convient-il d'analyser l'interaction entre activité agricole et salaire industriel au sein de l'exploitation rurale ? L'idée, qui avait été présentée en 1981[19], d'une proto-industrialisation comtoise, a suscité des réserves qui soulignent le caractère atypique de l'industrialisation de la montagne jurassienne en son versant français – Pays de Montbéliard excepté. La ferme-atelier associant en 1860 train de culture et production industrielle représente-t-elle un stade de développement antérieur ou postérieur à la proto-industrialisation ? Quand est-elle emportée dans la dynamique de l'économie de marché ? Comment interpréter la présence en ses murs d'une activité pastorale qui atteste le choix de la rentabilité et de la compétitivité tant sous l'angle agricole que sur le marché des produits façonnés ? Ce double choix de l'excellence ouvre-t-il la voie d'une évasion par le haut, par exemple par l'accès à la moyenne propriété ou au statut de rentier, ou signifie-t-il simplement persistance affirmée de la petite entreprise dans une économie « dualiste »[20] ? Quant aux fermes qui pratiquent le travail à domicile, les tâches agricoles y dégradent-elles l'habileté manuelle requise du tourneur ou de l'horloger, ainsi déqualifié ? Ce travail serait-il « l'opium du peuple » dont devraient se satisfaire les laissés pour compte de la spécialisation pastorale et les cadets des familles nombreuses ? Se réduirait-il à une stratégie dont le seul but serait de retarder l'exode rural, voire la prolétarisation ?

La pluriactivité des paysans comtois a donné lieu à deux interprétations divergentes : l'une souligne l'archaïsme relatif d'une persistance artisanale ; l'autre y voit l'amorce d'une voie régionale de développement qui ne serait ni pré-industrielle, ni proto-industrielle, ni industrielle. Bien avant l'élaboration de ces concepts, Lucien Febvre en avait senti l'originalité lorsqu'il s'était interrogé sur l'aisance des « agro-négociants » du Grandvaux et des « agro-mécaniciens » de Morez et qu'il avait forgé ces expressions pour désigner cette « race spéciale »[21]. Toute l'économie régionale, il est vrai, n'évolue pas au même rythme ; l'économie de montagne du « Tyrol de la France » ne conquiert que tardivement le bas pays, que n'atteint pas avant 1880 la « frontière » de l'herbe, du résineux et de la ferme-atelier[22]. C'est cependant l'expression de « système agro-industriel » qui est proposée ici comme la plus satisfaisante.

Font exception, et cela précocement, quelques « pays » dont le caractère proto-industriel est reconnu. Ainsi la filature cotonnière du Pays de Montbéliard est conforme à l'épure du modèle proto-industriel et textile. Claude Fohlen a lui-même identifié, au sein de l'entreprise Méquillet-Noblot[23], la durable coexistence du travail à domicile des tisserands et de la filature mécanisée. Ici, le travail textile à domicile est la matrice d'un développement industriel authentique[24]. Le schéma est tout aussi classique avec l'horlogerie du val de Morteau et de la région de Morez[25]. En des années où le négoce suisse noue des liens commerciaux dans le Jura, où il introduit, non sans succès, l'objet « *made in England* » jusque dans un modeste chef-lieu de bailliage[26], ce sont les stratégies d'embauche des négociants-fabricants suisses qui mordent, à partir des années 1770, sur le versant français de la montagne jurassienne et qui y répandent le travail à domicile de l'horlogerie. Dans la décennie 1780, les maîtres-horlogers de La Chaux-de-Fonds recrutent apprenti ou ouvrier qualifié dans les Franches-Montagnes et à Morez, si bien que la grosse horlogerie morézienne apparaît comme une filiale du savoir-faire chaudefonnier. L'apprentissage horloger, en Suisse, de Frédéric Japy n'est pas un cas isolé[27]. Le val de Morteau travaille alors à domicile et «en parties brisées» l'horlogerie[28], qui permet à ses paysans-horlogers de franchir «les limites de l'aisance». Les «fabriques» de Saint-Claude et de Morez[29], pour reprendre l'expression courante, apparaissent ainsi à peu près conformes à l'épure proto-industrielle en dépit de la nature de leur production, orientée respectivement, en 1820, vers la tournerie/tabletterie et l'horlogerie puis, en 1860, vers la pipe et la lunetterie[30]. Il en va de même du Besançon horloger du milieu du siècle[31]. Dans le département du Jura, la boissellerie, la tournerie de Moirans[32], le lapidaire de Septmoncel – où les femmes «raffolent de la toilette» et où «l'ouvrier habile gagne cinq, huit et même jusqu'à dix francs par jour»[33] – sont moins bien connus.

Ces nébuleuses industrielles jurassiennes qui se rapprochent du modèle proto-industriel classique s'en éloignent cependant par trois caractères. Le premier est la pérennité du système proto-industriel qui, au lieu d'être transitoire, apparaît comme un équilibre stable, celui du système agro-industriel ; le deuxième est la ruralisation de toutes les activités, y compris celles des négociants, bien souvent simples « Messieurs » d'un chef-lieu de canton campagnard; vient enfin la vitalité du versant agricole, l'exploitation agricole n'étant ni autarcique ni vivrière mais participant par l'élevage et la fruitière à la spécialisation pastorale de la montagne et à son insertion dans l'économie de marché.

Première originalité : l'exploitation agricole, entraînée par le choix pastoral de la communauté agraire, ne fait pas figure d'« opium du peuple », mais de cellule viable et active au sein de la fruitière. Elle apparaît particulièrement dégagée de l'autosubsistance, pour peu qu'une comparaison puisse être tentée – des équilibres pluriactifs, en effet, la face industrielle a davantage requis l'attention que la face agricole. Ainsi le train de culture, en dépit de sa petitesse, est l'élément stable qui rend possible et même favorise la flexibilité de l'atelier parce qu'elle en limite les risques. Surtout, la stabilité va de pair avec le dynamisme d'une agriculture spécialisée, capable des performances laitières de la vache montbéliarde. À La Combe-du-Lac (département du Jura), à la ferme du Boulu, au début du XXe siècle, l'équilibre agro-industriel perdure depuis 1777, soit depuis un siècle et demi : trois hectares autour de la maison, une chènevière, un champ et un bois (cinq hectares au total), trois ou quatre vaches soignées par la femme, la belle-mère puis les deux jeunes fils, le mari travaillant *au lapidaire*, l'argent frais provenant de la vente de trois ou quatre chevreaux par an sur le marché de Saint-Claude. Une seule modification, consécutive à l'extension du travail à domicile pour l'industrie lapidaire : l'ouverture de trois fenêtres – une pour chaque établi – dans la pièce à vivre, *le poêle,* agrandi quand tous les enfants se sont mis à « faire du lapidaire ». De même à Bois-d'Amont, à la même époque encore, la fabrication des boîtes en bois d'épicéa est le fait de petits éleveurs, propriétaires de deux, trois, voire quatre vaches pour les plus riches, qui se satisfont d'une toute petite parcelle de forêt dans laquelle sont coupés chaque hiver, pour être débités, un ou deux arbres[34]. La pluriactivité semble donc favoriser le maintien de la petite exploitation dans la stabilité, sans être « l'opium » ni des paysans sans terre, au demeurant fort peu nombreux, ni des laissés-pour-compte de la spécialisation pastorale.

Cette pérennité est assurée par une concertation familiale dont le premier objectif est de préserver l'intégrité de l'exploitation rurale. La division familiale des tâches, assurée bien plus par les tensions intergénérationnelles que par une répartition intragénérationnelle, évite la sclérose des équilibres acquis. Si le chef de famille de La Combe-du-Lac est d'abord seul à tailler les pierres, sa femme et sa belle-mère soignant les vaches, la contagion du travail à domicile s'opère par l'apprentissage, à douze ans, du fils aîné, que ses sœurs imitent bientôt. La diffusion de l'horlogerie, à Morez comme dans les Franches-Montagnes du Doubs, est également le fait des jeunes gens : horlogers avant leur mariage, ils reprennent ensuite un train de culture et meurent cultivateurs. Cette trajectoire reste identique pour deux générations successives de paysans des Rousses-d'Amont (département du Jura) : Pierre-Joseph Grandchavin, fils de cultivateur, cadet d'un aîné demeuré agriculteur, est à son mariage, en 1808, horloger comme son beau-frère ; à sa mort, il est revenu à la terre et a maintenu le patrimoine familial (deux hectares et demi), mais son fils, à son tour, a appris l'horlogerie ; comme son père cependant il reprend ensuite un train de culture[35]. L'orientation proto-industrielle est donc le fait des hommes jeunes tandis que l'élevage semble assimilé aux tâches domestiques des femmes et relever ainsi des rôles féminins.

Aussi le caractère entièrement rural d'une organisation qui se structure sans intervention de la ville et du négoce urbain[36] est très frappant. Seul, Besançon horloger fait véritablement exception – sans doute en raison de l'importance de la production et de la consommation – et, peut-être, Saint-Claude. Quant aux métropoles plus lointaines – Lyon ou Genève – elles ne jouent au XIXe siècle qu'un rôle minime dans la fabrique san-claudienne et dans la tournerie des plateaux[37]. L'industrialisation rurale, bien loin d'être le fait de négociants urbains, donne au contraire naissance à la petite ville. Morez et Moirans, dans le département du Jura, Morteau, dans celui du Doubs, lui doivent leur développement, rapide mais limité, et toutes les autres agglomérations ouvrières de la montagne demeurent de petites villes, dépourvues d'authentiques traditions urbaines[38] ; leurs négociants-fabricants sont seulement d'anciens paysans-ouvriers qui ont réussi. Ne sont pas citadins « les gros marchands lapidaires » de Septmoncel (département du Jura), bourgade rurale de quelque 1 900 habitants en 1887 :

> « *bien que peu instruits,* [ces] *gros bonnets se rengorgent comme des Messieurs ; ils ont leurs correspondants à Paris ; ils y vont eux-mêmes pour leurs affaires, se pervertissent, mettent leurs fils au collège [...]* ».

Leur simplisme est celui de paysans parvenus : « vous avez les femmes, nous avons les hommes... », disent-ils à leur curé, qui regrette qu'« ils exigent quelquefois qu'on leur porte [l'ouvrage de la semaine] [...] dans la matinée du dimanche »[39].

Que la petite exploitation paysanne soit l'assise stable qui dynamise le système agro-industriel éclaire la lenteur d'une évolution inscrite dans la longue durée, des années 1770 aux années 1920, ou même plus tard pour certaines productions. Plusieurs indices sont concordants. L'évolution démographique est orientée à la croissance jusqu'aux années 1880 dans le « modèle » du haut Doubs, et le développement de la double-activité se fait dans un monde qui n'est pas encore un monde plein. L'exode rural est pratiquement négligeable, et la mobilité se réduit à des « glissements »[40] doux qui conduisent du hameau à la bourgade la plus proche. Autre indice, la persistance du travail domestique : dans le canton de Morez, par exemple, trois ouvriers sur quatre vivent à la campagne vers 1860-1870 ; c'est également le cas pour les ouvriers qui travaillent dans le secteur de l'horlogerie des Franches-Montagnes et du val de Morteau. Surtout, la région connaît un retour au travail à domicile à deux reprises, d'abord dans les années 1770-1840 lorsque les ateliers hydrauliques s'établissent au fil de l'eau, puis à la faveur des débuts de l'électrification lorsqu'ils se dispersent à nouveau[41]. Quant aux actes de société, ils attestent le développement tardif du capitalisme industriel[42]. La prosopographie des patrons comtois, petits et grands, met bien souvent en scène trois, voire quatre générations de taillandiers, de lunetiers, de scieurs avant que n'apparaisse une véritable industrialisation[43]. La petite entreprise familiale est d'ailleurs la norme, qu'il s'agisse de la fabrication des boîtes de montres ou de la boissellerie – et Bois-d'Amont (département du Jura) qui, en 1920, ne compte pas moins de 25 entreprises travaillant dans la boîte de fromage en épicéa[44], est loin de faire exception !

DES STRATÉGIES PLURIACTIVES

Les caractères de l'industrialisation rurale jurassienne doivent-ils être expliqués uniquement par la puissance et l'universalité du versant rural de la pluriactivité ou par la nature des fabrications, toutes étrangères à l'activité textile, qui demeure la référence des études consacrées à la proto-industrialisation ? Si la première hypothèse est essentielle à ce propos, la seconde ne peut cependant être écartée. Va de soi l'élimination des fabrications domestiques (tissus de chanvre, de lin, seilles à lait et à eau, cuviers, fourches et râteaux de bois), toutes productions de l'économie fermée. Mais l'horlogerie, produit commercialisé par excellence, est soumise à des contraintes techniques qui imposent les rythmes lents de son évolution. Le surgissement des ateliers domestiques qui travaillent pour la Suisse à la fin du XVIIIe siècle est suivi d'un développement moins rapide. La pratique de l'établissage et du travail « en parties brisées », longuement maintenue, ou même érigée en méthode, pérennise le travail à domicile, d'abord monopole des paysans montagnards, acclimaté ensuite, de 1793 aux années 1860, par « la fabrique de Besançon ». Lorsqu'à partir des années 1860 cette ville s'impose enfin comme capitale de la montre « bon courant », les entreprises, qui parachèvent l'évolution conduisant de la « manufacture éclatée » à la concentration et à la mécanisation dans de véritables usines, ne parviennent pas à accomplir cette mutation avant l'extrême fin du XIXe siècle. C'est en 1898 qu'est créée l'audacieuse Manufacture française de spiraux pour montres et c'est dix ans plus tard que *La France horlogère* consacre toute une notice à l'usine Lip qui en est le fleuron[45]. Quant à celles qui poursuivent l'établissage, elles structurent leur arrière-pays : ateliers domestiques du haut Doubs et entreprises des Franches-Montagnes travaillant en réseaux complémentaires et mobilisant la double ressource de l'atelier à domicile et de la petite entreprise héritière de la réussite du paysan-horloger[46]. Ainsi, dans l'horlogerie comtoise du début du XXe siècle, les intermédiaires entre travail dispersé et marché sont les entreprises bisontines qui réalisent l'établissage, soumettent les chronomètres au contrôle de l'Observatoire de la ville et les commercialisent. Le dogme de l'établissage résiste au modèle montbéliardais d'une usine concentrée[47]. L'horlogerie de la montre « bon courant » – souvent considérée comme la mère de toutes les industries mécaniques[48] – impose une chaîne de fabrication parcellisée qui génère l'échelon intermédiaire de la petite entreprise familiale. Les contraintes techniques ne peuvent être sous-estimées[49], et leur incidence semble susceptible de diversifier la typologie des modèles de l'industrialisation, dans laquelle la nébuleuse horlogère bisontine apparaît comme une variante tardive et atypique[50].

Dynamique de l'émulation

La dynamique de l'évolution tient donc moins aux stratégies du négoce urbain qu'aux choix collectifs de la communauté agraire, du moins hors de l'aire d'influence des fabricants de la Suisse, capitale pour l'horlogerie et la lunetterie à la fin du XVIIIe siècle. Certes, les grossistes sont maîtres des prix, et la supériorité de la rémunération offerte aux pipiers explique la rapide reconversion des ateliers de Saint-Claude, qui passent en moins de dix ans de la tabletterie à la fabrication de la pipe[51]. Reste que la mémoire locale, dans ses déformations, garde davantage la trace de choix collectifs dont la geste héroïque est transmise par une mythologie imputant au hasard l'acte fondateur ou célébrant le génie inventif d'un fils du pays, figure emblématique de toute une communauté villageoise[52]. Les décisions de l'assemblée de village relatives à l'amodiation des communaux, au libre accès au parcours communal du bétail sont certainement déterminantes, quel que soit le statut de son propriétaire, cultivateur ou double-actif, ou encore au partage de l'affouage. Certaines communes subordonnent le parcours sur le communal au versement d'un droit, et l'un des grands débats du milieu du siècle est celui de la répartition de l'affouage, soit au profit des seuls propriétaires-cultivateurs, soit à celui de tous les habitants, les nouveaux venus étant parfois exceptés[53]. De même, le conseil de la fruitière tente par diverses mesures d'exclure la chèvre du pauvre pour parvenir à l'excellence de son produit.

Le rôle des réseaux de l'interconnaissance rurale est aussi essentiel. L'échange des informations les plus quotidiennes contribue à la formation d'une culture empirique locale : à Bois-d'Amont (département du Jura), la fabrication des boîtes de fromage en bois, qui prend le relais de celle des boîtes à pharmacie, mobilise toute la collectivité et, « [à] la grande époque, [...] on ne parlait que de boîtes de fromage, même à la messe du dimanche », entre hommes, au fond de l'église[54]. À Septmoncel, les paysans-lapidaires paraissent « sérieu[x], pacifique[s], tranquille[s] » au missionnaire de 1887 : « point de procès ni de rancœurs ; peu de médisances ; presque pas de disputes, de colères, d'imprécations »[55]. D'une manière générale, la transmission des tours de main, qui est souvent familiale, se fait aussi de parrain à filleul, de voisin à voisin. Cette culture technique, pour rudimentaire qu'elle soit, génère solidarité et compétition. Les tourneries de la vallée de la Valouse (département du Jura) rivalisent d'émulation dans le dépôt ou l'achat de brevets visant à mécaniser la fabrication traditionnelle des cuillères en bois[56]. La logique du profit suscite également « âpre[té] au gain, avid[ité] », surveillance mutuelle des voisins, espionnage et jalousie : le missionnaire de 1887 est rapidement informé d'une rumeur qui « cite [telle] famille [soupçonnée d'avoir fait] pour 300 francs de travail par semaine ; 14 000 à 15 000 francs par an ! »[57]. Mais c'est surtout l'émulation entrepreneuriale, essentielle au plan économique et culturel, qui retient l'attention ; elle demeure cependant difficile à repérer à travers les sources classiques de la démographie des entreprises. L'ambition générale, en effet, est la transformation de l'atelier domestique en petite entreprise familiale sur le modèle de la ferme-atelier. Ainsi les nébuleuses industrielles jurassiennes regroupent ateliers proto-indutriels et petites entreprises aussi indépendantes qu'informelles, qui travaillent non plus pour des négociants-fabricants mais pour une clientèle de grossistes.

La «fabrique jurassienne» est donc une ruche de villages pluriactifs dont chacun a sa spécialité et connaît la succession de cycles spéculatifs. Villages de fabricants d'outils d'horlogerie, avec Les Gras et Montécheroux (département du Doubs), village de lapidaires avec Septmoncel, villages de fabricants de boîtes à fromages en bois d'épicéa, avec Bois d'Amont, tous revendiquent la fierté d'être la «capitale» de leur produit. Reste que la rapidité des reconversions collectives est aussi vive que cette fierté; elle atteste l'intégration à un marché lorsqu'il s'agit de la taille des pierres, de la layeterie, de la bimbeloterie et du décor de la boîte de montre.

Ainsi, peut-on dire que la pluriactivité jurassienne, même lorsqu'elle est emportée par la dynamique proto-industrielle est atypique. Elle l'est d'autant plus qu'au milieu du XXe siècle, la proto-industrialisation est le terreau non d'une industrialisation concentrée, mais seulement d'un tissu industriel déconcentré de petites entreprises indépendantes ou, tout au plus, d'une nébuleuse structurée par des réseaux d'entreprises indépendantes mais complémentaires. Dès le XIXe siècle, la ferme-atelier prend le relais des ateliers domestiques pour certaines fabrications. Ancien atelier domestique parvenu à l'indépendance financière et commerciale, elle illustre le système agro-industriel qui caractérise, à partir des années 1880, toute la montagne jurassienne.

CHAPITRE 8

Un système agro-industriel

La ferme-atelier matérialise l'équilibre agro-industriel vers lequel tend au cours du siècle toute la montagne jurassienne. Tantôt elle naît du système proto-industriel, lorsque le paysan propriétaire d'une tenure et d'une maison transforme celle-ci en ferme-atelier et s'engage dans une double activité par la seule installation d'un établi et d'un tour dans *le poêle*, la pièce chauffée par un poêle ou une cheminée, où se tient la famille. Tantôt elle s'affirme hors du système domestique : elle est alors exploitation rurale double-active et indépendante, et c'est cette acception seule qui est dorénavant retenue. En effet le succès de la pluri-activité est tel que les fermes-ateliers se multiplient, soit que l'atelier domestique prenne son indépendance vis-à-vis du négociant ou du grossiste, soit que sa réussite artisanale la projette dans l'économie de marché, soit que sa production échappe aux circuits établis du système proto-industriel – et tel est le cas des taillandiers[1]. La ferme-atelier incarne donc le succès des communautés rurales qui mènent de front réussite agricole et réussite industrielle et qui sont les grandes bénéficiaires de cette double insertion dans l'économie de marché. Plus nombreuses, elles gagnent les plateaux jurassiens puis le bas pays : la descente des taillanderies de 1820 à l'entre-deux-guerres, n'est qu'un exemple parmi d'autres, et les secteurs du jouet et de la tournerie connaissent cette même expansion[2]. La similitude entre la généralisation de la fruitière et de la spécialisation pastorale est frappante.

Symbiose active entre agriculture et industrie

L'architecture traduit la symbiose active entre agriculture et industrie qui caractérise la ferme-atelier : un même toit abrite les deux fonctions. Dans le haut Doubs, à Grand-Combe-Chateleu, berceau de la taillanderie, la maison Bobillier, au Dessus-de-la-Fin, est l'un des fleurons de l'architecture paysanne locale, avec sa lambrechure ornée d'une «ouverture en ranpendu et [d'un] balcon en planches chantournées »[3]. Or ce bâtiment, complété à l'amont de son pignon arrière par une retenue d'eau et quatre roues à eau, paré sur sa corniche d'un saint Éloi, est à la fois habitation et forge ; en l'an VII, son reconstructeur, Étienne-François Bobillier, se veut à la fois taillandier et négociant puisque, sur le linteau de la porte d'entrée, il complète ses initiales par le chiffre des commerçants, «4 »[4]. Moins encombrants, les établis d'horlogerie trouvent facilement leur place dans les fermes du haut Doubs : la simple ouverture d'une « fenêtre horlogère » suffit, une double fenêtre, bien souvent, qui éclaire les tours installés dans le «poêle » ou dans l'atelier. Ainsi chacune des deux maisons de La Combe Bourgeois a le sien[5]. Les moulins/scieries eux-mêmes gardent parfois l'allure de grosses bâtisses compactes, telle la scierie Vermot-des-Roches, reconstruite en 1869 à Grand-Combe avec un large pignon rythmé par cinq fenêtres et un vaste toit à croupes[6]. Quant aux fermes des plateaux, quoique moins amples, elles sont elles aussi polyvalentes : chacune des travées du bâtiment – ou *rang* – correspond à une fonction différente. Ainsi les tourneries de la vallée de la Valouse (département du Jura) sont aménagées en trois rangs, celui de l'habitation, celui de la grange et celui de l'atelier hydraulique[7].

UN SYSTÈME AGRO-INDUSTRIEL

La modernisation du bâti ne détruit pas véritablement l'unité de la ferme-atelier, qui est celle d'un site. Tout au plus la maison de ferme – habitation, grange et étable – est-elle dissociée de l'atelier par souci de confort et à la suite d'une ascension sociale. Dès 1822 la fabrique de faux Bobillier, à Grand-Combe-Chateleu (département du Doubs), est ainsi organisée : sur le site hydraulique initial, la belle ferme montagnarde est réservée à l'habitation, agrémentée d'une terrasse et d'un jardin carré à quatre parterres qui lui confèrent un air cossu ; forge, scierie et moulin s'alignent immédiatement à l'aval au fil de la dérivation, en des annexes moins soignées mais plus fonctionnelles. Même disposition à la taillanderie Nicod, au Dessus-de-la-Fin des Gras, dont l'habitation comporte le traditionnel *tué*[8]. La taillanderie de Nans-sous-Sainte-Anne, au milieu du siècle, reproduit ce modèle : tandis que la forge dessine un « U » autour de la retenue, la ferme, son jardin et son verger sont légèrement à l'écart[9]. La fréquence des incendies contribue à l'évolution vers la spécialisation des bâtiments : ainsi, à Derrière-le-Mont la forge Rognon est dissociée de la maison à la suite d'un incendie survenu en 1857[10]. Le désir d'affirmer la réussite sociale du double-actif inspire aussi à Constant Nicod, en 1855, la construction, dans une île du Doubs, d'une maison de maître qui fait face à la forge de Loie-Longe (commune de Maisons-du-Bois, Doubs)[11].

D'autres modalités d'équilibre entre agriculture et industrie sont plus précaires. Le berceau de la lunetterie, dans le haut Jura, naît d'un voisinage et d'une association entre une petite propriété paysanne, celle de Jean-Baptiste Lamy, chargé d'enfants, et un martinet installé sur le bief des Arcets par un cloutier, Pierre-Hyacinthe Cazeaux. Ce dernier façonne des montures de lunettes pour un fabricant suisse et forme l'un des fils Lamy, son filleul. Quelques années plus tard, l'achat de l'atelier par Lamy père génère par concentration une ferme-atelier, la première en date des lunetteries qui feront, quelques décennies plus tard, la fortune de Morez[12].

La ferme-atelier où se pratique l'*industrie en sabots* est donc réalité matérielle avant d'être concept[13]. Train de culture et activité artisanale reposent sur la famille. Toute la maisonnée – deux ou trois générations autour d'une frérèche – participe à sa bonne marche. Les pratiques successorales qui lui sont appliquées sont celles des petits exploitants, tout simplement parce qu'elle est petite exploitation. L'objectif vital est sa préservation et son maintien dans son entier, terres et usine. C'est dans l'indivision que les fils communiers la reprennent, bien souvent sous le contrôle d'un oncle ou d'un membre de la génération précédente : tels sont les arrangements des paysans-taillandiers, qu'il s'agisse des Bobillier de Grand-Combe ou de ceux des Gras, dans les années 1810 comme dans les années 1860, des Nicod, également vers 1860, ou des Philibert, à la fin du siècle[14].

Pérennité de l'exploitation agricole

L'agriculture n'est pas sacrifiée ; au contraire, la ferme-atelier participe à l'excellence de la spécialisation laitière. Faisant bloc avec plusieurs parcelles de terre, de pré et de bois, elle mène de front train de culture et « campagnes » de production. Sa réserve foncière n'est pas simple nécessité imposée par l'approvisionnement de l'atelier – en bois, par exemple – ou par l'élevage des animaux de trait indispensables aux charrois qu'implique son activité et ses ventes ; elle n'est pas plus conservée comme garantie disponible pour d'éventuels emprunts financiers au moment où les structures du crédit bancaire ne sont pas encore développées[15]. Elle est une authentique exploitation agricole, plus souvent petite que moyenne. Comme la ferme horlogère de La Combe Bourgeois, telle taillanderie comporte au début du XIXe siècle cinq hectares de terre – dont deux ou trois de labours attenants – et sa double activité est fortement intégrée dans l'économie pastorale, avec non seulement deux

UN SYSTÈME AGRO-INDUSTRIEL

juments, mais aussi cinq vaches, une chèvre, deux cochons, sept poules et un coq. L'existence d'un train de culture est donc avérée qui, par-delà les contraintes de l'autarcie montagnarde, fait vraisemblablement fruitière avec les paysans du hameau, car sa production de lait excède les besoins de la maisonnée. Ainsi, par son insertion dans la communauté agraire, la ferme-atelier écoule une partie de sa production laitière sur le marché et participe ainsi à la spécialisation pastorale qui désenclave l'agriculture locale et qui exprime le dynamisme de la petite paysannerie comtoise.

L'autarcie n'est donc pas la logique de la double activité au sein de la ferme-atelier. Si le domaine agricole de La Combe Bourgeois est reconstitué dans les années 1840 par l'achat de huit hectares attenant à la ferme et directement utiles à l'alimentation quotidienne – jardin, vergers et labours – son exploitation n'est pas limitée à une finalité d'autosubsistance : confiée aux femmes, alors que la fabrication des assortiments cylindres est exclusivement masculine, elle est tournée vers l'élevage, susceptible de fournir de l'argent frais. Les vaches laitières qui, en 1864, composent presque pour moitié le cheptel – 18 têtes de bétail, dont deux cochons, cinq brebis et trois chevaux – sont périodiquement vendues aux foires. « La ferme-atelier mérite [alors] pleinement son nom »[16]. Le profit pastoral contribue-t-il au financement de l'atelier horloger ? Mais ce n'est pas seulement un revenu agricole qu'apporte la terre ; elle confère aussi la sécurité de l'avenir. En cas de faillite ou de crise du crédit, la réalisation du capital foncier permet le remboursement des créanciers, comme dans bien des entreprises industrielles. Ainsi Jean-Baptiste-*Marcel* Bourgeois, qui a financé par plusieurs emprunts en Suisse la création de son premier atelier horloger, hors de La Combe Bourgeois, apure ses dettes en 1856 en vendant à son cousin sa part du patrimoine foncier familial ; de même Joseph-Isidore Bobillier en 1849, encore que son endettement ait financé des achats de terre et non l'activité de la ferme-atelier. Surtout, la pérennité de l'activité agricole au sein de son exploitation lui offre la possibilité d'un repli. Réduit à la condition de journalier, il se fait monoactif et meurt cultivateur. Son frère, lui, reprend à sa suite la fabrication de faux[17] mais doit se faire fort de la propriété de quatorze hectares pour obtenir un prêt de 25 000 francs de la banque Veil-Picard, maison de Besançon qui, faisant fonction de banque régionale[18], exige l'assurance de la forge à la hauteur de 10 000 francs. Face aux difficultés conjoncturelles, la ferme-atelier fait donc la preuve d'une flexibilité aussi grande que celle des ménages double-actifs.

C'est d'ailleurs une vie de paysans que mènent les habitants des fermes-ateliers. Vie de paysans aisés, tout au plus, même pour les plus riches[19]. Le mobilier ne diffère pas de celui des grosses fermes de la montagne ; seul le « poêle » s'orne de quelques beaux meubles. Le souci de confort et une pointe de recherche n'apparaissent qu'avec les années 1830 : l'intérieur d'un taillandier, électeur censitaire à 204 francs, s'orne alors de rideaux d'indienne et d'une commode plaquée en bois de rosier et garnie d'un marbre qui atteste l'aisance rustique des « poêles » lambrissés et joliment parquetés des fermes voisines[20]. Le vêtement et la table révèlent eux aussi une abondance toute paysanne. Si Étienne-François Bobillier, maire des Gras (département du Doubs), a des habits de cérémonie – culotte et gilet de soie, gilet de velours, deux cravates en soie et deux chapeaux – le taillandier Billod porte blouse et gilet de flanelle. Même rusticité chez les « Messieurs » Philibert, à la fin du siècle à Nans-sous-Sainte-Anne, en dépit de leurs relations commerciales avec la ville puis de la fierté qu'ils retireront de l'achat d'une automobile en 1927.

> *« L[eur] mentalité [...] semble bien être celle d'une bourgeoisie rurale non encore dégagée des préoccupations terriennes mais ouverte au progrès* [et] *même sensible à la mode »*[21].

Les rythmes des activités demeurent imposés par le calendrier agricole, au gré des saisons et des «campagnes» de production. L'entrepreneur double-actif demeure donc un campagnard.

Représentations mentales et culture attestent de surcroît l'appartenance au monde rural. Malgré l'aisance, l'instruction demeure élémentaire et relève plus de la culture technique empirique que de la culture scolaire[22], bien que les filles Philibert soient mises en pension à Besançon. Si le fils cadet du maire des Gras entreprend des études supérieures de droit, il les interrompt pour reprendre la taillanderie familiale. Les inventaires après décès ne relèvent que quelques livres, instruments de connaissance plus que lectures – dictionnaires latin/français, vocabulaire français et autres ouvrages «volumineux», abrégé de l'*Histoire de France* de Michelet en trois volumes et *Instruction de la jeunesse*. Quant aux alliances, ce sont celles de paysans plus que d'usiniers: dans les généalogies patronales les alliances endogamiques sont bien moins fréquentes que les unions conclues dans la paysannerie. De surcroît, les beaux mariages avec de gros propriétaires et négociants sont rares, les filles épousant plutôt de modestes employés, de petits fonctionnaires ou des artisans[23]. La ferme-atelier appartient à l'univers paysan et, si industrie il y a, c'est une « industrie en sabots ».

« L'industrie en sabots »

Pareille prégnance campagnarde et agricole autorise-t-elle à mettre en doute le dynamisme industriel de la ferme-atelier, dont l'analyse incomberait plus aux ruralistes qu'aux historiens de l'entreprise? Aux yeux de Louis Bergeron, la ferme-atelier relève d'un «premier type de production industriel»[24]. Cette conception, qui fait de la ferme-atelier la préhistoire de l'industrie, risque de la réduire à un artisanat générant la petite entreprise familiale et adapté aux créneaux les plus étroits du marché. Or la ferme-atelier semble échapper à tous les modèles susceptibles de rendre compte de la transition entre l'économie d'ancien type et l'industrialisation. Cellule de production isolée, elle n'est pas conforme au modèle proto-industriel du *Verlagsystem*. Capable d'organiser son propre marché, n'a-t-elle pas dépassé le stade d'un artisanat qui, d'ailleurs, ne peut être défini par simple antinomie de l'industrie ? Livrant aux grossistes des pièces détachées plus que des produits finis, relèverait-elle davantage du *Kaufsystem* ? Du moins quatre propositions peuvent-elles être retenues. Un rapport de continuité et de filiation est observable, dans la longue durée, à travers de nombreuses carrières ouvrières, entre la ferme-atelier et quelques secteurs industriels comme l'horlogerie, la petite mécanique et la « filière bois », si bien que la ferme-atelier, comme l'atelier proto-industriel, porte les germes de l'industrie, sous l'angle des savoir-faire et de la formation de la main-d'œuvre, et que la pérennité des sites est fréquente. En outre, la ferme-atelier, maîtresse de l'organisation de son marché, à Lyon ou à Paris, fait les preuves d'une authentique culture de l'ouverture qui est aussi celle des Grandvalliers, des éleveurs et des marchands de fromage. Sa flexibilité, de surcroît, bénéfice de sa petitesse, lui permet l'adaptation aux aléas de la conjoncture et, par là, contribue à sa pérennité. Sa double activité, enfin, contrairement à la double activité proto-industrielle, n'entraîne ni morcellement foncier ni prolétarisation.

C'est d'abord par la maîtrise de l'organisation du marché que la ferme-atelier se distingue de l'atelier domestique. Elle gère en effet ses propres circuits commerciaux, et sa capacité d'initiative ne semble pas devoir être sous-estimée du fait de la précision, voire de l'étroitesse des créneaux que lui abandonne la grande industrie. Elle ne se limite pas aux échanges locaux : ses marchés sont toujours lointains, même pour les productions les plus liées à l'agriculture villageoise. Les boîtes à fromage façonnées dans le haut Jura sont expédiées directement aux laiteries de la

Normandie et de l'Isère tout comme à celles de Haute-Saône, de Côte-d'Or et du Doubs, et les cargaisons sont convoyées par des paysans-voituriers jusqu'à la gare de tramway la plus proche[25]. Fabricants de faux, les frères Philibert n'en sont pas moins de bons commerçants à la fin du siècle : tenant avec soin correspondance commerciale et registres d'expédition, assurant un service après vente, visitant régulièrement leurs clients fidèles – mais vérifiant leur solvabilité – et prospectant le marché, ils achètent une marque, celle de la faux Pelletier, puis déposent la leur, font une habitude de leur tournée commerciale annuelle à partir de 1882 et constituent un réseau multirégional de dépositaires agréés. Avec, en 1908, un vingtième de la production nationale et 250 clients dispersés dans 27 départements – de la Creuse aux Vosges, du Vaucluse à la Haute-Savoie – ils se font une place sur le marché français[26]. Dans d'autres secteurs, la réussite est fondée sur la conquête de quelques gros clients très fidèles. Si les années 1900 voient la maison Bourgeois réaliser une brusque percée sur le marché européen de la boîte de montre, de la Suisse à l'Autriche-Hongrie, leur politique commerciale mise avant tout à Paris sur un client privilégié et sur le dépôt d'une marque, le bronze V.B.F., à grand renfort de publicité dans *La France horlogère* et dans la presse professionnelle suisse[27].

L'intériorisation des contraintes et de l'évolution des marchés est plus frappante encore chez les campagnards emprisonnés dans les neiges de l'hiver comtois. La simplicité de l'outillage – un tour sur un établi, une roue à eau[28], un moteur électrique – ouvre les voies d'une spécialisation flexible. Flexibilité qui tient autant à la disposition d'esprit qu'à la petitesse de l'exploitation, à la polyvalence initiale de la ferme/moulin/battoir/scierie et au mode de production dont les persistances artisanales permettent facilement d'accorder la priorité à la satisfaction du client, et même de travailler à la commande. Ainsi, la souplesse dans l'adaptation aux variations du marché est manifeste dans la taillanderie, et ce en un demi-siècle : les ateliers du haut Doubs, de fabricants d'outils agricoles qu'ils étaient, deviennent fabricants de faucilles puis se spécialisent dans la faux. La reconversion des tabletiers en pipiers, des horlogers en lunetiers, des teinturiers en tourneurs, ou encore des taillandiers en scieurs, à la fin du siècle[29], se fait sans que soit transformé ni le bâti ni le site hydraulique. Au stade du passage à l'industrie, Aimé Lamy à Morez, comme Henri et Marcel Bourgeois à Damprichard, se jouent de la maîtrise d'un procédé de galvanoplastie, appliqué tantôt à leur production habituelle, tantôt à d'autres, selon la demande des consommateurs[30]. Déterminantes sont les inflexions des prix et les opportunités du marché.

C'est donc une culture de l'ouverture que celle des patrons de la ferme-atelier. L'élargissement des réseaux d'interconnaissance traditionnelle les conduit à l'effort publicitaire. De proche en proche, ils s'imposent la présence à une foire lointaine ou à une exposition nationale organisée par telle ou telle ville de province. Ainsi la ferme-atelier se situe à l'interface de la culture paysanne, de la culture des métiers et de la culture capitaliste. Tel tourneur de la vallée de la Valouse maîtrise son art mais sait tout aussi bien choisir une bonne vache laitière à la foire, réparer une roue hydraulique et ses engrenages, négocier achats et transports de bois et emporter un marché difficile auprès d'un industriel lyonnais[31]. Lorsqu'ils sortent de l'autofinancement avec quelques prêts hypothécaires consentis occasionnellement par les banquiers de Besançon[32], les taillandiers de Grand-Combe découvrent avant les paysans du village les avantages de l'assurance contre l'incendie[33]. La ferme-atelier fait alors l'apprentissage d'un autre rapport à l'argent, à l'échange, au profit.

Elle assure donc une continuité entre l'exploitation rurale et l'industrialisation véritable, sans doute plus par la transmission des savoir-faire que par l'accumulation du capital. Le goût de l'investissement terrien, la médiocre gestion de fils de famille, mais surtout l'extinction démographique sont à l'origine de reculs et d'échecs que contrebalancent d'éclatantes réussites et de spectaculaires enrichissements dont Aimé Lamy, parmi d'autres, demeure l'illustration la plus convaincante[34]. La transmission des savoir-faire, elle, passe certainement par la ferme-atelier. L'entretien de ses mécanismes multiplie les relations avec les artisans des métiers et les mécaniciens de la campagne ou de la petite ville proche, à la taillanderie de Nans-sous-Sainte-Anne[35] comme dans les tourneries de la Valouse[36]. Les trajectoires familiales conduisent des taillanderies des hautes vallées du Doubs à l'horlogerie de Morteau et à l'industrie mécanique du Pays de Montbéliard[37]. Des filiations s'établissent avec l'occupation du même site : les forges reconverties en scieries sont nombreuses ; quant à la taillanderie Pelletier, elle devient en 1907 fabrique de rasoirs à l'initiative d'un habitant de Lausanne, Adolphe Arbenz[38].

*

* *

La réflexion sur l'intégration de la petite exploitation paysanne dans l'économie de marché – marché agricole et industriel – permet de réexaminer la voie régionale de développement que connaissent Doubs et Jura au cours du XIXe siècle. Approchée par son versant paysan et pluriactif, et non pas seulement par la prosopographie patronale et par la démographie des entreprises, l'industrialisation de la montagne jurassienne se découvre dans ses particularités : le système agro-industriel se démarque à la fois du modèle proto-industriel et du type artisanal. Il illustre le « dualisme »[39] d'une croissance française dans laquelle la prégnance agricole est autant facteur d'équilibre que de ralentissement. Elle épouse la longue durée avec la pérennité d'une nébuleuse de fermes-ateliers pluriactives et d'ateliers domestiques, les uns et les autres héritiers de la croissance du XVIe siècle, initiant à la fois le progrès agricole et le progrès industriel, gravitant d'abord dans l'orbite de la Suisse mais désireux de s'affirmer dans le statut d'entreprise indépendante. La nébuleuse comtoise, fondée sur l'adaptation et la répartition en souplesse des spécialisations au sein de la famille, du lignage et de la communauté rurale, échappe souvent au rôle structurant du négoce et de la ville.

Le rural est donc aussi industriel. La notion de mono-activité agricole résulte de la projection sur les paysanneries du XIXe siècle d'une réalité somme toute fort récente. De même, spécialisation et insertion sur le marché ne sont pas le monopole de grosses unités de production, jugées seules capables de réaliser des économies d'échelle. Les petites exploitations, solidairement organisées par la communauté de village, y contribuent aussi durablement. Dualistes, elles apparaissent doublement gagnantes.

Conclusion

La petite exploitation rurale s'impose donc sous trois angles : elle est l'acteur économique capital dans les voies de développement régionales et nationales ; elle triomphe par sa longue durée, si bien qu'elle apparaît comme un objet d'étude propice au renouvellement de l'histoire sociale par la prosopographie et l'approche fine longitudinale.

Force est, en effet, de constater que les stratégies individuelles et collectives de la petite paysannerie de la montagne jurassienne sont assez décisives pour infléchir dans une voie particulière la nébuleuse industrielle ébauchée à la fin du XVIIIe siècle. Les équilibres du système agro-industriel concilient la stabilité des assises terriennes, démographiques et familiales de l'exploitation et la culture de l'ouverture au marché qu'elle développe. Certes, il ne s'agit ici ni de démontrer une quelconque spécificité comtoise, qui n'existe pas, ni de généraliser le système agro-industriel. Cette étude de cas a d'abord valeur problématique[1] : si l'industrialisation a bien souvent été modélisée à partir de l'observation du versant commercial ou industriel de l'économie locale, il n'est pas sans intérêt de l'approcher par son versant agricole. Se dégagent alors plus clairement à la fois des voies régionales[2] et une voie française de développement, dans laquelle la politique de la Troisième République à l'endroit du petit paysan a été décisive.

La partie suisse du massif jurassien, elle aussi, connaît la spécialisation pastorale et horlogère. À la conception traditionnelle, qui souligne l'abandon de l'agriculture par la population des Franches-Montagnes et par l'immigration des paysans et fromagers de la vallée de Gruyère[3], les études récentes substituent une vision renouvelée par la réalité de la pluriactivité. Si les flux migratoires apparaissent à la fois moins nombreux et plus complexes que du côté français, les familles des Franches-Montagnes mènent de front élevage, fabrication dentellière et horlogerie[4]. Toutefois la structuration de la nébuleuse horlogère, conforme, ici, à l'épure proto-industrielle, génère une authentique urbanisation en faveur de La Chaux-de-Fonds[5], tandis que le val de Saint-Imier demeure à la fois horloger et agricole[6]. Entre Jura suisse et Jura français, la comparaison demeure délicate : l'exode rural semble plus considérable dans la principauté de Neuchâtel qu'en Franche-Comté et l'approche historique s'est limitée strictement à l'industrie[7]. Quant à la redécouverte par Alun Howkins[8] du dynamisme des petits exploitants anglais, elle va à l'encontre de toutes les certitudes acquises sur l'opposition d'une voie anglaise et d'une voie française. Même relecture en Italie[9] et en Espagne puisque, dans les grands domaines catalans, le salariat agricole n'est pas de façon certaine sur la pente de la prolétarisation, mais trouve quelques perspectives d'ascension par la petite exploitation viticole, maraîchère et fruitière[10]. L'universalité de la pluriactivité dynamique n'est décidément pas une spécificité française[11].

La petite exploitation rurale s'impose également par son inscription dans la longue durée. Maintes fois condamnée, toujours en sursis, elle résiste. Sa pérennité jette le soupçon à la fois sur sa nature et sur le système qui devait produire son élimination. Elle apparaît à la croisée de deux problématiques. Celle qu'inspire l'anthropologie historique souligne la logique familiale, collective et sociale qui sous-tend l'effort d'adaptation de petites exploitations soucieuses de se maintenir, de préserver leur

CONCLUSION

identité et leur position dans la communauté villageoise. Dans cette perspective, la stabilisation de la population rurale n'est pas la moindre conséquence de leur dynamisme. Ce sont ces équilibres qualitatifs que maintient le système agro-industriel. Ils se comprennent dans la longue durée plus que dans le temps court de l'adaptation, et ne sont guère susceptibles d'évaluation quantitative : le coût du maintien du tissu social est-il mesurable ? L'approche économétrique, elle, initiée par Ronald Hubscher et Bernard Garnier[12], a l'ambition de mesurer les critères de la rentabilité économique, moteur de la logique entrepreneuriale. Faute de livres de comptes, elle applique en les adaptant aux exploitations du XIXe siècle des notions nouvelles – celle d'unité travailleur agricole par exemple[13] – ainsi que les grilles élaborées par la récente science de la gestion. C'est dans ce sillage que pourraient sans doute être tentées, à partir du *corpus* des exploitations candidates et lauréates aux différents concours agricoles, la reconstitution des budgets et des comptabilités paysannes ainsi que la modélisation des critères de l'excellence agricole. Cette recherche prendrait sens dans la comparaison des profils-types des petits et des gros et permettrait sans doute de cerner l'évolution du seuil de la petitesse entre 1800 et 1914, tout comme les moyens de résistance des petits à la crise, plus efficaces que ceux des agronomes mais mal connus. Pour les uns et les autres, comment s'établit le rapport entre investissement et revenu ? Que commercialise la petite exploitation, et comment ? Cette approche microéconomique pourrait être complétée par des analyses macroéconomiques consacrées à la place des petits dans la croissance[14].

Certes, la contradiction ne manquera pas d'être relevée entre l'empirisme de l'adaptation et l'excellence. Mais cette dernière est le plus souvent le fait momentané d'une génération : l'excellence agricole des petits ne semble pas pérenniser des dynasties de lauréats des comices et du concours général agricole au sein de la paysannerie[15]. Un tel constat rend plus nécessaire encore une prosopographie de ces élites agraires, prosopographie d'autant plus difficile qu'elles apparaissent socialement modestes et qu'elles n'inscrivent guère l'excellence dans la longue durée. L'urgence est d'autant plus grande qu'un réel retard a été pris: contrairement aux grands notables, aux élites professionnelles, aux patrons, aux aristocraties ouvrières[16], la paysannerie est le seul groupe social pour lequel n'a durablement existé ni *corpus*, ni tentative ni projet de quelque importance. L'ouverture d'un tel chantier peut se faire dans trois directions. Premièrement, le recensement, la généalogie et la biographie sociale des élites qui se font agents de l'excellence agricole, doivent être réalisés. Seront alors cernés leurs horizons sociaux: à côté des châtelains et des fermiers progressistes, les petits, notamment les participants et lauréats des comices, des concours régionaux et du concours général agricole. L'approche monographique de leurs exploitations précisera les modèles et les modalités du dynamisme agricole, des réseaux d'interconnaissance à l'aide de l'État. Deuxième perspective: une analyse sectorielle des «filières» – lait, viande, céréales, vins, mais aussi productions telles que fruits et légumes, olive ou même lavande ou tabac – analyse susceptible de préciser les voies d'insertion des agriculteurs sur le marché, qu'ils soient solidaires d'une organisation communautaire ou coopérative ou qu'ils agissent individuellement. Enfin, la constitution d'un *corpus* de double-actifs devrait autoriser une étude quantitative de la pluriactivité qui compléterait la typologie existante[17].

De telles ambitions impliquent des recherches à l'échelle la plus fine possible, mettant en œuvre les sources classiques de l'histoire économique et sociale (cadastres, listes nominatives de recensement, état civil, listes électorales, archives de l'Enregistrement et sources notariées, archives judiciaires, registres de conscription militaire, tels les registres matricules…) et celles qui peuvent être collectées (livres de comptes, registres des coopératives et des syndicats, palmarès de concours agricoles, annonces

CONCLUSION

judiciaires, pour les ventes après saisie ou les ventes volontaires[18], correspondances, témoignages oraux, photographies et outils)... Si chacune d'entre elles, prise séparément, a déjà mobilisé plusieurs générations d'historiens et de démographes, il semble possible aujourd'hui de les utiliser de front. Les bases de données fondées sur une informatisation nominative favorisent les croisements et offrent de considérables perspectives de traitement. Itinéraires individuels, familles et exploitations – mais aussi réseaux – peuvent être saisis, au moins partiellement, et autorisent une lecture dynamique des sociétés rurales. Peuvent être également affinées et précisées les mobilités géographiques et sociales, et saisies les hiérarchies villageoises, hiérarchies complexes, cernées au plus près de leur évolution et fondées sur bien d'autres critères que l'emprise sur le terroir et son ancienneté. Certes, pareilles recherches menées individuellement ne peuvent qu'embrasser des entités géographiques ou sociales restreintes, quelques communes, ou un groupe socioprofessionnel particulier[19]. Elles doivent, pour une réelle efficacité, être entreprises collectivement, au sein d'une équipe partageant de semblables démarches méthodologiques[20]. C'est ce programme que s'est fixé l'axe « sociétés rurales européennes contemporaines » du Centre Pierre Léon, Unité mixte de recherche du Centre national de la recherche scientifique et de l'Université Lyon 2[21]. C'est à ce prix que sera comblé le retard pris par l'histoire sociale paysanne et que progressera la connaissance de l'économie rurale française grâce à une juste appréciation du rôle de la petite exploitation dans la croissance.

Notes

NOTES DES PAGES 7 À 15

Note de l'exergue

1. «Interpellation de M. Jaurès sur la crise agricole», dans *Journal officiel. Chambre. Débats parlementaires. Session ordinaire, 1897, II*, séance du 26 juin, p. 1694.

Notes de l'introduction

1. Maurice GARDEN, «Le bilan global», dans Jacques DUPÂQUIER [dir.], *Histoire de la population française. Tome 3: De 1789 à 1914*, Paris, Presses universitaires de France, 1988, pp. 120-138.

2. Jean-Luc MAYAUD, «L'integrazione politica dei contadini in Francia e la politica agricola della Repubblica», dans Pasquale VILLANI [dir.], *L'agricoltura in Europa e la nascita della «questione agraria» (1880-1914). Atti del convegno di Roma, ottobre 1992. – Annali dell'Istituto «Alcide Cervi»*, Roma, n° 14-15, 1992-1993, pp. 119-130.

3. Pierre BARRAL, *Les agrariens français de Méline à Pisani*, Cahiers de la Fondation nationale des sciences politiques, n° 164, Paris, Librairie Armand Colin, 1968, 386 p.

Voir surtout, concernant les socialistes: Édouard LYNCH, «Jaurès et les paysans», dans *Bulletin de la Société d'études jaurésiennes*, n° 128-129, avril-septembre 1993, pp. 3-17; Édouard LYNCH, «Les socialistes au champs: réalisations et adaptations doctrinales au temps de l'agrarisme triomphant», dans *Revue d'histoire moderne et contemporaine*, tome 42, avril-juin 1995, pp. 282-291; Édouard LYNCH, *Le Parti socialiste (SFIO) et la société paysanne durant l'entre-deux-guerres. Idéologie, politique agricole et sociabilité politique (1914-1940)*, Thèse de doctorat en histoire sous la direction de Serge Berstein, Institut d'études politiques de Paris, 1998, 3 volumes, 1020 f°; Édouard LYNCH, «Le Parti socialiste et la paysannerie dans l'entre-deux-guerres: pour une histoire des doctrines agraires et de l'action politique au village», dans *Ruralia, revue de l'Association des ruralistes français*, n° 3, 1998, pp. 23-41.

4. Serge BERSTEIN, *Histoire du Parti radical. Tome 1: La recherche de l'âge d'or, 1919-1926*, Paris, Presses de la Fondation nationale des sciences politiques, 1980, 486 p.

5. MINISTÈRE DE L'AGRICULTURE-OFFICE DES RENSEIGNEMENTS AGRICOLES, *La petite propriété rurale en France. Enquêtes monographiques, 1908-1909*, Paris, Imprimerie nationale, 1909, 348 p.

6. La perception de la petite exploitation n'a pas épargné le Parti communiste français pendant l'entre-deux-guerres et lors de l'après-guerre.

Voir Gérard BELLON, *Renaud Jean, le tribun des paysans*, Paris, Les éditions de l'atelier, 1993, 236 p.; Jean VIGREUX, *Waldeck Rochet, du militant paysan au dirigeant ouvrier*, Thèse de doctorat en histoire sous la direction de Serge Berstein, Institut d'études politiques de Paris,

NOTES DE LA PAGE 15

1997, 3 volumes, 1146 f°; Jean VIGREUX, « Le Parti communiste français à la campagne, 1920-1964. Bilan historiographique et perspectives de recherche », dans *Ruralia, revue de l'Association des ruralistes français*, n° 3, 1998, pp. 43-66.

7. Paul HOUÉE, *Les étapes du développement rural. Tome II : La révolution contemporaine (1950-1970)*, Paris, Les éditions ouvrières, 1972, 295 p.; Michel GERVAIS, Marcel JOLLIVET et Yves TAVERNIER, *La fin de la France paysanne de 1914 à nos jours*, tome 4 de Georges DUBY et Armand WALLON [dir.], *Histoire de la France rurale*, Paris, Éditions du Seuil, 1977, 672 p.; Edgard PISANI, *Persiste et signe*, Paris, Odile Jacob, 1992, 479 p.

8. Michel DEBATISSE, *La révolution silencieuse. Le combat des paysans*, Paris, Calmann-Lévy, 1963, 280 p.; Henri MENDRAS, *La fin des paysans. Changement et innovations dans les sociétés rurales françaises*, Paris, SEDEIS, 1967, réédition : Paris, Librairie Armand Colin, 1970, 308 p.

L'utilisation du mot « paysan » n'est certes pas sans signification : Pierre BARRAL, « Note historique sur l'emploi du terme paysan », dans *Études rurales*, n° 21, avril-juin 1966, pp. 72-80.

L'utilisation du mot « rural » est également significative : Raymond HUARD, « "Rural". La promotion d'une épithète et sa signification politique et sociale, des années 1860 aux lendemains de la Commune », dans *Le monde des campagnes – Revue d'histoire moderne et contemporaine*, tome 45, octobre-décembre 1998, pp. 789-806.

9. Parmi l'abondante production récente : Pierre ACCOCE, *La France rurale à l'agonie*, Paris, Presses de la Cité, 1994, 271 p.; Pierre ALPHANDÉRY, Pierre BITOUN et Yves DUPONT, *Les champs du départ. Une France rurale sans paysans ?* Paris, La Découverte, 1989, 268 p.; Jean-Paul CHARVET, *La France agricole en état de choc*, Paris, Éditions Liris, 1994, 223 p.; Éric FOTTORINO, *La France en friche*, Paris, Lieu Commun, 1989, 209 p.; Denis LEFÈVRE, *Le retour des paysans*, Paris, Le Cherche midi éditeur, 1993, 335 p.; Olivier WARIN, *Entendez-vous dans nos campagnes... Les paysans parlent*, Paris, Belfond, 1993, 248 p.

Voir encore les divers numéros de la jeune revue *Natures, sciences, sociétés*, fondée en 1993 ; Pierre ALPHANDÉRY et Jean-Paul BILLAUD [dir.], *Cultiver la nature – Études rurales*, n° 141-142, janvier-juin 1996, 238 p.; Francis AUBERT et Jean-Pierre SYLVESTRE [dir.], *Écologie et société*, Dijon, Éducagri/CRDP, 1998, 224 p.; Jacques RÉMY, « Quelle(s) culture(s) de l'environnement ? », dans *Ruralia, revue de l'Association des ruralistes français*, n° 2, 1998, pp. 85-103.

10. Philippe VIGIER, « Un quart de siècle de recherches historiques sur la province », dans *Annales historiques de la révolution française*, n° 222, octobre-décembre 1975, pp. 622-645 ; *Les études rurales sont-elles en crise ? Actes de la table ronde de Gif-sur-Yvette (13-14 novembre 1986), Bulletin des ruralistes français*, n° 41-42,

1ᵉʳ-3ᵉ trimestres 1988, 81 p. ; Ronald HUBSCHER, « La storia rurale in Francia nel XIX secolo : problemi e prospettive », dans Pasquale VILLANI [dir.], *L'agricoltura in Europa e la nascita della « questione agraria »*, *ouv. cité*, pp. 73-91 ; Jean-Luc MAYAUD, « Une histoire rurale éclatée (1945-1993) ? La France du XIXᵉ siècle », dans Alain FAURE, Alain PLESSIS et Jean-Claude FARCY [dir.], *La terre et la cité. Mélanges offerts à Philippe Vigier*, Paris, Éditions Créaphis, 1994, pp. 21-31.

11. Philippe VIGIER, *La Seconde République dans la région alpine. Étude politique et sociale. Tome I, Les notables (vers 1845-fin 1848). Tome II, Les paysans (1849-1852)*, Paris, Presses universitaires de France, 1963, 2 volumes, 328 p. et 534 p.

12. Jean-Luc MAYAUD, « L'exploitation familiale ou le chaînon manquant de l'histoire rurale », dans Marcel JOLLIVET et Nicole EIZNER [dir], *L'Europe et ses campagnes*, Paris, Presses de Sciences-po, 1996, pp. 57-76.

13. Jacques ROUGERIE, « Faut-il départementaliser l'histoire de France ? », dans *Annales, économies, sociétés, civilisations*, tome 21, n° 1, janvier-février 1966, pp. 178-193.

14. Il s'agit évidemment des départements qui se distinguent par un vote majoritaire ou significatif en faveur des démocrates-socialistes aux élections de mai 1849. Voir, entre autres, les cartes publiées dans : Maurice AGULHON, *1848 ou l'apprentissage de la République*, Paris, Éditions du Seuil, 1973, 253 p. (2ᵉ édition 1992, 290 p.).

15. Maurice AGULHON, « Dix années d'études générales sur 1848 et la Seconde République, 1965-1975 », dans *Annales historiques de la révolution française*, n° 222, octobre-décembre 1975. pp. 603-612 ;

Jean-Luc MAYAUD, « Les paysanneries françaises face à la Seconde République », dans *1848, révolutions et mutations au XIXᵉ siècle*, n° 6, 1990, pp. 55-64.

16. Jean-Luc MAYAUD, « Une histoire rurale éclatée... », *art. cité ;* Gilles PÉCOUT, « La politisation des paysans au XIXᵉ siècle. Reflexions sur l'histoire politique des campagnes françaises », dans *Histoire et sociétés rurales*, n° 2, 2ᵉ semestre 1994, pp. 91-125.

Voir encore : Annie BLETON-RUGET, « Les sociétés rurales bourguignonnes au XIXᵉ siècle. Autour des travaux de Pierre Goujon, Pierre Lévêque et Marcel Vigreux », dans Serge BIANCHI [dir.], *Les campagnes bourguignonnes dans l'histoire. Actes du colloque d'Auxerre (28-30 septembre 1995) – Histoire et sociétés rurales*, n° 5, 1ᵉʳ semestre 1996, pp. 48-61.

17. Maurice AGULHON, *Un mouvement populaire au temps de 1848. Histoire des populations du Var pendant la première moitié du XIXᵉ siècle*. Thèse soutenue en 1969 et publiée en trois volumes : Maurice AGULHON, *La vie sociale en Provence intérieure au lendemain de la Révolution*, Paris, Société des études robespierristes/Clavreuil, 1970,

534 p. ; Maurice AGULHON, *Une ville ouvrière au temps du socialisme utopique. Toulon de 1815 à 1851*, Paris/La Haye, Mouton, 1970, 368 p. (2ᵉ édition 1977) ; Maurice AGULHON, *La République au village. Les populations du Var de la Révolution à la Seconde République*, Paris, Plon, 1970, 543 p. (2ᵉ édition, Éditions du Seuil, 1979).

Cet itinéraire d'historien est raconté par l'auteur : Maurice AGULHON, « Vu des coulisses », dans Pierre NORA [dir.], *Essais d'egohistoire*, Bibliothèque des histoires, NRF, Paris, Éditions Gallimard, 1987, pp. 9-60.

18. Lucienne A. ROUBIN, *Chambrettes des Provençaux. Une maison des hommes en Méditerranée septentrionale*, Paris, Librairie Plon, 1970, 251 p.

19. Philippe VIGIER, *Essai sur la répartition de la propriété foncière dans la région alpine. Son évolution des origines du cadastre à la fin du Second Empire*, Paris, SEVPEN, 1963, 276 p.

20. Mémoire de maîtrise en histoire contemporaine sous la direction de Claude-Isabelle Brelot, Université de Franche-Comté, mai 1976, publié : Jean-Luc MAYAUD, *Les paysans du Doubs au temps de Courbet. Étude économique et sociale des paysans du Doubs au milieu du XIXᵉ siècle*, Paris, Les Belles-Lettres, 1979, 295 p.

21. Philippe VIGIER, « Préface » à : Jean-Luc MAYAUD, *Les paysans du Doubs au temps de Courbet...*, *ouv. cité*, p. 10.

De si chaleureux encouragements et la direction de Philippe Vigier ont permis d'aboutir, en février 1984, à la soutenance de ma thèse de troisième cycle en histoire contemporaine *Les paysans du Doubs et la Seconde République : genèse d'une paysannerie conservatrice*, Université Paris X-Nanterre, publiée : Jean-Luc MAYAUD, *Les Secondes Républiques du Doubs*, Paris, Les Belles-Lettres, 1986, 475 p.

22. Geneviève GAVIGNAUD et Ronald HUBSCHER, « Histoire en perspective : les études rurales dans l'historiographie française », dans Maryvonne BODIGUEL et Philip LOWE [dir.], *Campagne française, campagne britannique. Histoires, images, usages au crible des sciences sociales*, Paris, L'Harmattan, 1989, pp. 83-102.

23. Ronald HUBSCHER, « La storia rurale in Francia nel XIX secolo... », *art. cité*.

24. *Ibidem*.

25. Jean-Claude TOUTAIN, *Le produit physique de l'agriculture française de 1700 à 1958. Tome II : la croissance, Cahiers de l'ISEA*, série AF, n° 2, supplément 115, juillet 1961, 158 p. ; Maurice LÉVY-LEBOYER, *Le revenu agricole et la rente foncière en Basse-Normandie. Étude de croissance régionale*, Paris, Éditions Klincksieck, 1972, 208 p. ; Michel HAU, *La croissance économique de la Champagne de 1810 à 1969*, Strasbourg, Association des publications près les universités de Strasbourg, 1976, 179 p.

26. Ernest Labrousse puis Pierre Vilar pour Gabriel Désert, thèse soutenue en 1971 et publiée : Gabriel DÉSERT, *Une société rurale au XIXe siècle. Les paysans du Calvados, 1815-1895*, Lille, Service de reproduction des thèses/Université de Lille III, 1975, 3 volumes, 1247 p. et 212 p. ; Pierre Léon pour Gilbert Garrier : Gilbert GARRIER, *Paysans du Beaujolais et du Lyonnais, 1800-1970*, Grenoble, Presses universitaires de Grenoble, 1973, 2 volumes, 714 p. et 246 p. ; François Crouzet pour Ronald Hubscher : Ronald HUBSCHER, *L'agriculture et la société rurale dans le Pas-de-Calais du milieu du XIXe siècle à 1914*, Arras, Mémoires de la CDMH. du Pas-de-Calais, 1979, 2 volumes, 964 p. ; Jean Bouvier pour Geneviève Gavignaud : Geneviève GAVIGNAUD, *Propriétaires-viticulteurs en Roussillon. Structures, conjonctures, société (XVIIIe-XXe siècles)*, Paris, Publications de la Sorbonne, 1983, 2 volumes, 788 p.

27. Gilbert GARRIER, *Paysans du Beaujolais et du Lyonnais...*, *ouv. cité*, p. 7.

28. Des nombreux ouvrages et manuels il convient de citer au moins : Henri de FARCY, *Économie agricole*, Paris, Éditions Sirey, 1970, 446 p., étude incontournable et plusieurs fois rééditée.

La lecture des multiples livraisons de la revue *Économie rurale*, organe de la Société française d'économie rurale (SFER) est indispensable.

29. Gilbert GARRIER, *Paysans du Beaujolais..., ouv. cité* ; Rémy PECH, *Entreprise viticole et capitalisme en Languedoc-Roussillon. Du phylloxera aux crises de mévente*, Toulouse, Publications de l'université de Toulouse-le-Mirail, 1975, 567 p. ; Ronald HUBSCHER, « Modèles d'exploitation et comptabilité agricole : l'exemple du Pas-de-Calais au début du XIXe siècle », dans *Études rurales*, n° 84, octobre-décembre 1981, pp. 31-48 ; Bernard GARNIER, « Comptabilité agricole et système de production : l'embouche bas-normande au début du XIXe siècle », dans *Annales, économies, sociétés, civilisations*, tome 37, n° 2, mars-avril 1982, pp. 320-343 ; Bernard GARNIER et Ronald HUBSCHER, « Recherches sur une présentation quantifiée des revenus agricoles », dans *Histoire, économie et société*, 3e trimestre 1984, pp. 427-452.

30. Bien que ne concernant pas directement le XIXe siècle, le choix du sous-titre de la thèse publiée récemment semble significatif :

Jean-Marc MORICEAU, *Les fermiers de l'Île-de-France. L'ascension d'un patronat agricole (XVe-XVIIIe siècle)*, Paris, Librairie Arthème Fayard, 1994, 1069 p.

31. Geneviève GAVIGNAUD et Ronald HUBSCHER, « Histoire en perspective... », *art. cité*, p. 94.

32. Ernest LABROUSSE [dir.], *L'histoire sociale. Sources et méthodes. Colloque de l'École normale supérieure de Saint-Cloud, 15-16 mai 1965*, Paris, Presses universitaires de France, 1967.

33. Jean-Luc MAYAUD, « Une histoire rurale éclatée... », *art. cité*.

34. Pierre BOURDIEU, *La distinction. Critique sociale du jugement*, Paris, Les éditions de minuit, 1979, 670 p.; Pierre BOURDIEU, *Le sens pratique*, Paris, Éditions de Minuit, 1980, 477 p.

35. Tiphaine BARTHÉLÉMY, «Les modes de transmission du patrimoine. Synthèse des travaux effectués depuis quinze ans par les ethnologues de la France», dans *La terre. Succession et héritage – Études rurales*, n° 110-111-112, avril-décembre 1988, pp. 195-212;
Marie-Christine ZELEM, «Bibliographie. Transmission du patrimoine et problèmes fonciers», *ibidem*, pp. 325-357.

36. François CARON, «Introduction générale. De Saint-Cloud à Ulm», dans Christophe CHARLES [dir.], *Histoire sociale. Histoire globale? Actes du colloque des 27-28 janvier 1989*, Paris, Éditions de la Maison des sciences de l'homme, 1993, pp. 13-21.

37. Gérard BOUCHARD, *Le village immobile, Sennely-en-Sologne au XVIIIe siècle*, Paris, Plon, 1972, 386 p.

38. Jacques DUPÂQUIER, «L'étude de la mobilité sociale en France aux XIXe et XXe siècles à traver l'enquête des trois mille familles», dans Christophe CHARLES [dir.], *Histoire sociale…, ouv. cité*, pp. 95-103; Jacques DUPÂQUIER et Denis KESSLER [dir.], *La société française au XIXe siècle. Tradition, transition, transformations*, Paris, Librairie Arthème Fayard, 1992, 534 p.
Cette dernière synthèse, provisoire et ne concernant que le XIXe siècle comporte la bibliographie de la totalité des publications issues de l'enquête des «TRA».

39. Alain GUILLEMIN, «Rente, famille, innovation. Contribution à la sociologie du grand domaine noble au XIXe siècle», dans *Annales, économies, sociétés, civilisations*, tome 40, n° 1, janvier-février 1985, pp. 52-68; Jean-Marc MORICEAU et Gilles POSTEL-VINAY, *Ferme, entreprise, famille. Grande exploitation et changements agricoles. Les Chartier, XVIIe-XIXe siècles*, Paris, Éditions de l'École des hautes études en sciences sociales, 1992, 397 p.; Emmanuel BAS, *Marolles au XIXe siècle, du domaine noble à la ferme modèle, de la noblesse locale à la haute bourgeoisie parisienne*, Mémoire de maîtrise sous la direction de Claude-Isabelle Brelot, Université François Rabelais, Tours, 1994, 104 f° + annexes; Patrick VEYRET, *Formation et gestion d'un domaine viticole: La Grange Charton (XIXe-XXe siècles)*, Mémoire de maîtrise sous la direction de Jean-Luc Mayaud, Université Lyon 2, en cours.

40. Ronald HUBSCHER, «La petite exploitation en France: reproduction et compétitivité (fin XIXe-début XXe siècle)», dans *Annales, économies, sociétés, civilisations*, tome 40, n° 1, janvier-février 1985, pp. 3-32. Signalons toutefois, et heureusement, deux thèses d'histoire en préparation sous ma direction à l'Université Lyon 2/Centre Pierre Léon: Martine BACQUÉ-COCHARD, *La petite exploitation rurale au Pays basque français au XIXe siècle*; Yann STEPHAN, *La petite exploitation rurale et les petits exploitants dans le département de la Drôme au XIXe siècle*.

Les premiers résultats seront prochainement publiés : Martine BACQUÉ-COCHARD, « Les petites exploitations rurales au XIXe siecle. L'exemple du Pays basque français », dans Jean-Luc MAYAUD [dir.], *Histoire rurale, histoire sociale – Bulletin du Centre Pierre Léon d'histoire économique et sociale*, n° 1-2, 1999 ; Yann STEPHAN, « Re-construire la petite exploitation rurale (Drôme, XIXe siècle) », *ibidem*.

41. *La pluriactivité dans les familles agricoles. Colloque de l'Association des ruralistes français, L'Isle-d'Abeau, 19-20 novembre 1981*, Paris, ARF Éditions, 1984, 343 p.

42. Rolande TREMPÉ, *Les mineurs de Carmaux, 1848-1914*, Paris, Éditions ouvrières, 1971, 2 volumes, 503 p. et 509 p.

43. Gilbert GARRIER, Pierre GOUJON et Yves RINAUDO, « Note d'orientation et de recherche sur la pluriactivité paysanne », dans Gilbert GARRIER et Ronald HUBSCHER [dir.], *Entre faucilles et marteaux. Pluriactivités et stratégies paysannes*, Lyon/Paris, Presses universitaires de Lyon/Éditions de la Maison des sciences de l'homme, 1988, pp. 233-237 ; Jean-Luc MAYAUD, « Afferrare l'inafferrabile. Approccio metodologico alla pluriattività contadina », dans Pasquale VILLANI [dir.], *La pluriattività negli spazi rurali : ricerca a confronto – Annali dell'Istituto « Alcide Cervi »*, Rome, n° 11, 1989, pp. 23-30.

44. Ronald HUBSCHER, « Présentation », dans Gilbert Garrier et Ronald HUBSCHER [dir.], *Entre faucilles et marteaux...*, *ouv. cité*, pp. 7-17 ; Pasquale VILLANI, « Introduzione », dans Pasquale VILLANI [dir.], *La pluriattività negli spazi rurali...*, *ouv. cité*, pp. 11-19.

45. Ronald HUBSCHER, « La pluriactivité : un impératif ou un style de vie ? L'exemple des paysans ouvriers du département de la Loire au XIXe siècle », dans *La pluriactivité dans les familles agricoles*, *ouv. cité*, pp. 75-85 ; Ronald HUBSCHER, « De l'intégration de la paysannerie dans la société globale : la pluriactivité, un équilibre ou une destabilisation de la société rurale ? », dans *Bollettino bibliografico, 1985-1986*, Naples, Università degli studi di Napoli, 1988, pp. 91-117.

46. Ronald HUBSCHER, « La petite exploitation en France... », *art. cité* ; Yves RINAUDO, « Un travail en plus : les paysans d'un métier à l'autre (vers 1830-vers 1950) », dans *Annales, économies, sociétés, civilisations*, tome 42, n° 2, mars-avril 1987, pp. 283-302 ; Jean-Luc MAYAUD, « L'exploitation familiale ou le chaînon manquant... », *art. cité*.

47. Franklin F. MENDELS, « Proto-industrialization : the First Phase of the Process of Industrialization », dans *Journal of Economic History*, volume n° 32, n° 1, mars 1972, pp. 241-261 ; Franklin F. MENDELS, « Aux origines de la proto-industrialisation », dans *Bulletin du Centre d'histoire économique et sociale de la région lyonnaise*, 1978, n° 2, pp. 1-25 ; Peter KRIEDTE, Hans MEDICK et Jürgen SCHLUMBOHM, *Industrialisierung vor der Industrialisierung. Gewerbliche Warenproduktion auf dem Land in der Formationsperiode des Kapitalismus*, Göttingen,

Vandenhoeck & Ruprecht, 1977. Traduction anglaise : *Industrialization before Industrialization. Rural Industry in the Genesis of Capitalism*, Cambridge/Paris, Cambridge University Press/Éditions de la Maison des sciences de l'homme, 1981, 335 p. ; *Aux origines de la révolution industrielle. Industrie rurale et fabriques – Revue du Nord*, tome LXI, n° 240, janvier-mars 1979, 286 p. ; *Aux origines de la révolution industrielle – Revue du Nord*, tome LXIII, n° 248, janvier-mars 1981, 308 p.

48. *Industrialisation et désindustrialisation – Annales, économies, sociétés, civilisations*, tome 39, n° 5, septembre-octobre 1984, pp. 867-1115.

49. Franklin F. MENDELS, « Agriculture and Peasant Industry in Eighteenth-century Flanders », dans Eric L. JONES et William N. PARKER [dir.], *European Peasants and their Markets : Essays in Agrarian Economic History*, Princeton, NJ, Princeton University Press, 1975, pp. 179-204 ; Alain DEWERPE, *L'industrie aux champs. Essai sur la proto-industrialisation en Italie du nord, 1805-1880*, Rome, École française de Rome, 1985, 543 p.

50. Éric L. JONES, « The Agricultural Origins of Industry », dans *Past and Present*, n° 40, 1968, pp. 58-71.

51. Travaux menés jusqu'en 1988 au sein de l'Équipe artisanat et proto-industrialisation de l'Université de Franche-Comté dirigée par Claude-Isabelle Brelot. Parmi les travaux publiés : Claude-Isabelle BRELOT, René LOCATELLI, Jean-Marc DEBARD, Maurice GRESSET et Jean-Marie AUGUSTIN, *Un millénaire d'exploitation du sel en Franche-Comté : les salines de Salins. Contribution à l'archéologie industrielle*, Besançon, CRDP, 1981, 116 p. ; Claude-Isabelle BRELOT et Jean-Luc MAYAUD, *L'industrie en sabots. Les conquêtes d'une ferme-atelier aux XIXe et XXe siècles. La taillanderie de Nans-sous-Sainte-Anne*, Paris, J.-J. Pauvert aux Éditions Garnier, 1982, 292 p. ; Jean-Luc MAYAUD, « L'archéologie industrielle : bilan et perspectives », dans Claude RIVALS [dir.], *Technologies et cultures traditionnelles*, Toulouse, CRDP, 1985, pp. 7-17 ; Jean-Luc MAYAUD, « De l'étable à l'établi. Permanence des adaptations dans la montagne jurassienne », dans Gilbert Garrier et Ronald HUBSCHER [dir.], *Entre faucilles et marteaux...*, ouv. cité, pp. 143-160 ; Jean-Luc MAYAUD, « Les souplesses de la proto-industrie : reconversions et pérennisation des moulins de la vallée de la Valouse (Jura) aux XIXe et XXe siècles », dans *Étude d'un pays comtois : La Petite Montagne – Publications du Centre universitaire d'études régionales*, Université de Franche-Comté, n° 10, pp. 201-224.

52. Ainsi le Pays de Caux pris comme exemple par Gay Gullickson. Gay GULLICKSON, « Agriculture and Cottage Industry. Redefining the Causes of Proto-industrialization », dans *Journal of Economic History*, volume 43, n° 4, décembre 1983, pp. 831-850.

53. Claude-Isabelle BRELOT, « Un équilibre dans la tension : économie et société franc-comtoises traditionnelles (1789-1870) », dans Roland FIETIER [dir.], *Histoire de la Franche-Comté*, Toulouse, Privat, 1977,

NOTES DE LA PAGE 23

pp. 351-397 et pp. 405-407 ; Jean-Luc MAYAUD, *La Franche-Comté de 1789 à 1870*, Wettolsheim, Éditions Mars et Mercure, 1979, 170 p.

54. Jean-Luc MAYAUD, «La mobilité spatiale: logique socioprofessionnelle et logique capitalistique», dans Laurence FONTAINE [dir.], *Les mobilités. Actes du 5ᵉ colloque franco-suisse d'histoire économique et sociale – Bulletin du Centre Pierre Léon d'histoire économique et sociale*, n° 2-3-4, 1992, pp. 85-99.

55. Franklin F. MENDELS, «Des industries rurales à la proto-industrialisation: historique d'un changement de perspective», dans *Industrialisation et désindustrialisation – Annales...*, *ouv. cité*, pp. 977-1008.

56. Les recherches menées en archéologie industrielle ont été fondamentales.

On se référera à: *L'archéologie industrielle en France,* revue du CILAC (Comité d'information et de liaison pour l'archéologie, l'étude et la mise en valeur du patrimoine industriel).

Voir également Louis BERGERON et Gracia DOREL-FERRÉ, *Le patrimoine industriel. Un nouveau territoire*, Paris, Éditions Liris, 1996, 127 p.

Pour la Franche-Comté: Claude-Isabelle BRELOT, «Typologie des établissements hydrauliques en Franche-Comté», dans *Terrain*, n° 2, mars 1984, pp. 23-32 ; Claude-Isabelle BRELOT, «Pour une typologie des moteurs hydrauliques en Franche-Comté (XIXᵉ-XXᵉ s.)», dans *L'archéologie industrielle en France*, n° 11, juin 1985, pp. 16-33 ; Jean-Luc MAYAUD, «Gustave Courbet: témoin de la proto-industrialisation», dans *Bulletin des amis de Gustave Courbet*, n° 72, Paris-Ornans, 1984, pp. 9-35 ; Jean-Luc MAYAUD, «L'archéologie industrielle: bilan et perspectives...», *ouv. cité*; Jean-Luc MAYAUD, «Courbet et le Moulin d'Orbe», dans *Bulletin des amis de Gustave Courbet,* n° 75-76, Paris-Ornans, 1986, pp. 37-44 ; Jean-Luc MAYAUD, «Les souplesses de la proto-industrie...», *art. cité*.

NOTES DES PAGES 27 À 30

Notes de l'introduction de la première partie et du chapitre 1

1. Jean-Luc MAYAUD, «L'exploitation familiale ou le chaînon manquant...», *art. cité*.

2. Louis DEMARS et Louis LEROUX, *L'exploitation paysanne héréditaire. Son histoire, son statut actuel, son avenir*, Paris, Librairie Dalloz, 1951, 202 p.

3. Louis MALASSIS, *Économie des exploitations agricoles. Essai sur les structures et les résultats des exploitations de grande et de petite superficie*, Paris, Librairie Armand Colin, 1958, 302 p.; Raymond LAUNAY, Gérard DEBROISE et Jean-Paul BEAUFRÈRE, *L'entreprise agricole*, Paris, Librairie Armand Colin, 1967, 365 p.; Philippe MAINIÉ, *Les exploitations agricoles en France*. Que sais-je? n° 354, Paris, Presses universitaires de France, 1971, 128 p.; *Agriculteurs et petits entrepreneurs – Économie rurale*, n° 169, septembre-octobre 1985, 64 p.; Bernard DELORD et Philippe LACOMBE, «Dynamique des structures agricoles: exploitation ou famille?», dans *Économie rurale*, n° 200, septembre-octobre 1990, pp. 26-34.

4. Guenhaël JEGOUZO, *Petite paysannerie en France*, Paris, Institut national de la recherche agronomique, 1984, 227 p.; Marcel JOLLIVET, «Du paysan à l'agriculteur: le changement social dans le monde rural», dans Henri MENDRAS et Michel VERRET [dir.], *Les champs de la sociologie française*, Paris, Librairie Armand Colin, 1988, pp. 49-61; Hugues LAMARCHE [dir.], *L'agriculture familiale. Comparaison internationale. Tome I: Une réalité polymorphe. Tome II: Du mythe à la réalité*, Paris, Éditions L'Harmattan, 1991-1994, 304 p.; Marcel JOLLIVET et Nicole EIZNER [dir], *L'Europe et ses campagnes*, Paris, Presses de la Fondation Nationale des Sciences Politiques, 1996, 399 p.

5. Michel DEBATISSE, *La révolution silencieuse...*, *ouv. cité*.

6. Pierre VIAU, *Révolution agricole et propriété foncière*, Économie et humanisme, Paris, Les Éditions ouvrières, 1963, 253 p.

7. Louis BERGERON, «Une relecture "attentive et passionnée" de la Révolution Française», dans *Annales, économies, sociétés, civilisations*, tome 23, n° 3, mai-juin 1968, pp. 595-615.

Voir également Louis BERGERON, *Les capitalistes en France (1780-1914)*, Collection Archives, Paris, Gallimard, 1978, 234 p. (chapitre 1).

8. Cité par Roland MASPETIOL, *L'ordre éternel des champs. Essai sur l'histoire, l'économie et les valeurs de la paysannerie*, Paris, Librairie de Médicis, 1946, 589 p.

9. René HERBIN et Alexandre PÉBEREAU, *Le cadastre français*, Paris, Les Éditions Francis Lefebvre, 1953, 409 p.

10. Adolphe THIERS, *De la propriété*, Paris, Librairie Paulin-Lheureux, 1848, 388 p.

11. Marc BLANCHARD, *La campagne et ses habitants dans l'œuvre de Honoré de Balzac: étude des idées de Balzac sur la grande propriété*, Paris, Honoré Champion, 1931, 512 p.; Ronald HUBSCHER, «La France paysanne: réalités et mythologies», dans Yves LEQUIN [dir.], *Histoire des Français, XIXe-XXe siècles. Tome II, la société*, Paris, Librairie Armand Colin, 1983, pp. 9-152.

12. Jean-Claude FARCY, «Bibliographie des thèses de droit portant sur le monde rural (1885-1959)», dans *Recherches contemporaines*, n° 1, 1993, pp. 109-190.

13. *Statistique de la France publiée par Son Excellence le Ministre de l'agriculture, du commerce et des travaux publics. Agriculture. Résultats généraux de l'enquête décennale de 1862*, Strasbourg, Imprimerie administrative de Veuve Berger-Levrault, 1868, 52 p., 171 p. et 272 p.

14. Jean POPEREN, «Méthode d'utilisation des données du cadastre et de l'enregistrement pour l'histoire sociale rurale (1865-1921)», dans *Actes du 87e Congrès national des sociétés savantes, Poitiers, 1962. Section d'histoire moderne et contemporaine*, Paris, Bibliothèque nationale, 1963, pp. 803-812; Philippe VIGIER, *Essai sur la répartition de la propriété foncière..., ouv. cité*; Gilbert GARRIER, « Quelques problèmes d'utilisation des sources cadastrales », dans *Bulletin du Centre d'histoire économique et sociale de la région lyonnaise*, 1968, n° 1, pp. 14-22; Jean-Claude FARCY, « Le cadastre et la propriété foncière au XIXe siècle », dans Alain FAURE, Alain PLESSIS et Jean-Claude Farcy [dir.], *La terre et la cité..., ouv. cité*, pp. 33-52.

15. Méthode mise au point et appliquée pour la totalité des parcelles en tourbière et en étang d'une dizaine de communes.
Voir Jean-Luc MAYAUD, «Les terres humides au XIXe siècle: l'exemple de la vallée du Drugeon», dans *Publications du Centre universitaire d'études régionales*, Université de Franche-Comté, n° 1, 1977, pp. 15-61.

16. Repérables en confrontant les actes notariés, leur enregistrement et leur transcription sur les folio des matrices cadastrales, ces décalages sont généralement d'une dizaine de mois. Ils peuvent toutefois atteindre plusieurs années, comme dans le département de l'Ardèche...
Voir les difficultés rencontrées pour un suivi des parcelles de mûriers au moment de la crise due à la pébrine.
Marie-Laure NEVISSAS, *Les sériciculteurs du canton de Joyeuse (Ardèche) au XIXe siècle*, Mémoire de maîtrise sous la direction de Jean-Luc Mayaud, Université Lyon 2, en cours.

17. Dans la mesure où changent les revenus de chaque parcelle, revenu qui sert de base à l'établissement du rôle d'imposition, sont mentionnés leurs reconversions: c'est le cas, par exemple, des parcelles en friche lorsqu'elles sont mises en culture, de celles qui sont enrésinées, etc.

18. À l'exception notable, toutefois, de Gabriel Désert qui tente une justification contestable : « Nous voulons saisir la répartition de la propriété à un moment donné, et les matrices cadastrales ne peuvent répondre à ce désir, leur élaboration s'étendant sur une période de quarante-trois ans. Il est difficile d'admettre qu'en presque un demi-siècle aucune modification ne s'est produite dans l'appropriation du sol » (Gabriel DÉSERT, *Une société rurale au XIXe siècle. Les paysans du Calvados…, ouv. cité,* p. 187).

19. Auguste SOUCHON, *La propriété paysanne. Étude d'économie rurale*, Paris, Librairie de la Société du recueil général des lois et des arrêts, 1899, 257 p.

20. Elle contribue toutefois à leur détermination, ne serait-ce que par sa confrontation aux sources qualitatives.
Voir à ce sujet : Gilbert GARRIER, *Paysans du Beaujolais et du Lyonnais…, ouv. cité,* pp. 126-145 ; Ronald HUBSCHER, *L'agriculture et la société rurale dans le Pas-de-Calais…, ouv. cité,* pp. 75-136 ; Jean-Luc MAYAUD, *Les paysans du Doubs au temps de Courbet…, ouv. cité,* pp. 59-96.

21. Sont ainsi unanimement acceptés les seuils retenus par les rédacteurs de l'*Enquête de 1866* qui vont toutefois jusqu'à distinguer des limites différentes aux mêmes catégories de propriété selon les arrondissements ou les « pays » : MINISTÈRE DE L'AGRICULTURE, DU COMMERCE ET DES TRAVAUX PUBLICS, *Enquête agricole. 2e série, enquêtes départementales*, Paris, Imprimerie impériale, 1867, 26 volumes. Question n° 1 : « Quelles sont les étendues de terrains qui, dans la contrée, sont considérées comme constituant les grandes, les moyennes et les petites propriétés ? ».

22. Georges DUPEUX, *Aspects de l'histoire sociale et politique du Loir-et-Cher (1848-1914)*, Paris/La Haye, Mouton, 1962, 631 p. ; Gilbert GARRIER, *Paysans du Beaujolais et du Lyonnais…, ouv. cité,* p. 131, qui précise que si, dans les zones montagneuses, la moyenne propriété ne peut être inférieure à dix hectares, elle commence au-delà de deux hectares dans les « zones de plat pays, et dans les vignobles du bas Beaujolais et du cru de Brouilly ».

23. Robert LAURENT, *Les vignerons de la Côte-d'Or au XIXe siècle*, Paris, Les Belles-Lettres, 1958, 2 volumes, 572 p. et 281 p.
Étudiant deux décennies plus tard le même département, associé à celui de Saône-et-Loire, Pierre Lévêque élabore une méthode plus complexe mêlant superficies, revenus et évaluations révisées. Surtout, les définitions des propriétés qui sont proposées ne correspondent pas à celles qu'ont retenues les autres historiens ruralistes.
Pierre LÉVÊQUE, *La Bourgogne de la monarchie de Juillet au Second Empire*, thèse soutenue en 1977 et publiée en deux volumes : Pierre LÉVÊQUE, *Une société provinciale. La Bourgogne sous la monarchie de Juillet*, Paris, Éditions de l'École des hautes études en sciences sociales/Librairie Touzot, 1983, 798 p. ;

NOTES DE LA PAGE 33

Pierre LÉVÊQUE, *Une société en crise. La Bourgogne au milieu du XIXe siècle, idem*, 592 p.; Pierre GOUJON, *Le vignoble de Saône-et-Loire au XIXe siècle (1815-1870)*, Lyon, Centre d'histoire économique et sociale de la région lyonnaise, 1973, 494 p.; Pierre GOUJON, *La cave et le grenier. Vignobles du Chalonnais et du Mâconnais au XIXe siècle*, Lyon/Paris, Presses Universitaires de Lyon/Éditions du CNRS, 1989, 288 p.

24. Jean-Luc MAYAUD, *Les paysans du Doubs au temps de Courbet…, ouv. cité*, pp. 62-63; Jean-Luc MAYAUD, *Les Secondes Républiques du Doubs…, ouv. cité*, pp. 63-65; Ronald HUBSCHER, *L'agriculture et la société rurale dans le Pas-de-Calais…, ouv. cité*, p. 83; Claude MESLIAND, *Paysans du Vaucluse (1860-1939)*, Aix-en-Provence, Publications de l'Université de Provence, 1989, 2 volumes, 1039 p.

25. *Statistique de la France […]. Agriculture. Résultats généraux de l'enquête décennale de 1862…, ouv. cité*, pp. CXIII-CXVII; *Statistique agricole de la France (Algérie et colonies) publiée par le ministre de l'Agriculture. Résultats généraux de l'enquête décennale de 1882*, Nancy, Imprimerie administrative Berger-Levrault et Cie, 1887, 404 p. et 341 p.

26. Ronald HUBSCHER, *L'agriculture et la société rurale dans le Pas-de-Calais…, ouv. cité*, pp. 78-79.

L'auteur montre «que la superficie du sol bâti ne dépasse pas dans la majorité des cas dix ares».

27. Jean-Luc MAYAUD, *Les cycles d'une économie villageoise: Trepot, de la polyculture à l'élevage*, Rapport pour la Direction régionale des affaires culturelles/Association comtoise des arts et traditions populaires, 114 f°; Valérie PONA, *La propriété foncière dans le canton de Senlis au XIXe siècle*, Mémoire de maîtrise sous la direction de Jean-luc Mayaud, Université Lumière-Lyon 2, 1997, 2 volumes, 130 f° + annexes.

28. «Le nombre des propriétaires fonciers et celui des propriétés rurales n'ont jamais été relevés directement; les renseignements fournis à ce sujet ne sont que des évaluations. Le ministère des Finances en 1851 et en 1879 a évalué le nombre des propriétaires domiciliés dans chaque département à l'aide d'une série d'additions et de défalcations prises en fonction du nombre des cotes foncières», dans: *Statistique agricole de la France […]. Résultats généraux de l'enquête décennale de 1882…, ouv. cité*, p. 276.

29. *Ibidem*, pp. 292-300. Selon les mêmes sources, et d'après les calculs effectués en vue d'une étude plus vaste, le détail des cotes foncières non bâties pour l'ensemble du territoire national s'établit en 1884 comme suit: 2 670 512 cotes de 0 à 10 ares, soit 18,98 % du total des cotes; 1 444 951 cotes de 10 à 20 ares, 10,28 %; 2 482 380 cotes de 20 à 50 ares, 17,64 %; 1 987 480 cotes de 50 ares à 1 hectare, 10,28 %; 2 773 489 cotes de 1 à 3 hectares, 19,7 %; 961 684 cotes de 3 à 5 hectares, 6,84 %; 892 887 cotes de 5 à 10 hectares, 6,36 %.

30. Gilbert GARRIER, «Les enquêtes agricoles du XIXe siècle, une source contestée», dans *Cahiers d'histoire*, 1967. pp. 105-114; Gilbert GARRIER, «Les enquêtes agricoles décennales du XIXe siècle: essai d'analyse critique», dans *Pour une histoire de la statistique. Tome I, contributions*, Paris, Institut national de la statistique et des études économiques, 1987, pp. 269-279; MINISTÈRE DES FINANCES, *Nouvelle évaluation du revenu foncier des propriétés non bâties de la France, faite en exécution de l'article 1er de la loi du 9 août 1879*, Paris, Imprimerie nationale, 1883; MINISTÈRE DES FINANCES, *Documents statistiques réunis par la Direction générale des contributions directes sur les cotes foncières*, Paris, Imprimerie nationale, 1889.

31. Georges DUPEUX, *La société française, 1789-1970*, Paris, Librairie Armand Colin, 1972 (sixième édition), 271 p.

32. *Statistique agricole de la France [...]. Résultats généraux de l'enquête décennale de 1882..., ouv. cité*, pp. 274-289.

33. La puissance de calcul des matériels informatiques, les moyens de la cartographie automatique et la mise au point de méthodologies appropriées autorisent un réexamen de l'ensemble de ces enquêtes et statistiques, comme cela vient d'être tenté.

Michel DEMONET, *Tableau de l'agriculture française au milieu du 19e siècle. L'enquête de 1852*, Paris, Éditions de l'École des hautes études en sciences sociales, 1990, 304 p.; Jean-Luc MAYAUD, «Salariés agricoles et petite propriété dans la France du XIXe siècle», dans Ronald HUBSCHER et Jean-Claude FARCY [dir.], *La moisson des autres: les salariés agricoles aux XIXe-XXe siècles. Actes du colloque international de Royaumont, 13-14 novembre 1992*, Paris, Éditions Créaphis, 1996, pp. 29-55.

34. Jean-Luc MAYAUD, «Les terres humides au XIXe siècle...», *art. cité*; Jean-Luc MAYAUD, *Les paysans du Doubs au temps de Courbet..., ouv. cité*, pp. 59-76 et pp. 97-109; Jean-Luc MAYAUD, *Les Secondes Républiques du Doubs..., ouv. cité*, pp. 63-100.

C'est au sein de l'Équipe artisanat et proto-industrialisation de l'Université de Franche-Comté que j'ai conduit les dépouillements de la totalité des matrices du cadastre napoléonien des départements du Jura et de Haute-Saône. Par ailleurs, plusieurs travaux ont été menés pour le PIREN au CNRS du Centre universitaire d'études régionales (CUER) de la même université.

Claude-Isabelle BRELOT et Jean-Luc MAYAUD, «La vallée de l'Ognon aux XIXe et XXe siècles: la rupture des équilibres», dans *Publications du Centre universitaire d'études régionales*, Université de Franche-Comté, n° 6, 1988, pp. 229-239; Jean-Luc MAYAUD, «De la déprise rurale aux XIXe et XXe siècles», dans *Étude d'un pays comtois: les Vosges comtoises (cantons de Faucogney, Melisey et Champagney) – Publications du Centre universitaire d'études régionales*, Université de Franche-Comté, n° 8, 1991, pp. 371-406; Jean-Luc MAYAUD, «Du monde plein à la désertification : la Petite Montagne aux XIXe et XXe siècles », dans *Étude d'un pays comtois : La Petite Montagne – Publications du Centre universitaire d'études régionales*, Université de Franche-Comté, n° 10. pp. 189-200.

35. Claude-Isabelle BRELOT, *La noblesse réinventée. Nobles de Franche-Comté de 1814 à 1870*, Besançon, Annales littéraires de l'Université de Besançon, 1992, 2 volumes, 1242 p.

36. Par surface agricole utile il faut entendre toute superficie qui n'est ni boisée, ni en friche, ni bâtie, ni à l'état de routes et chemins.

37. Pierre BARRAL, *Les agrariens français...*, *ouv. cité*, pp. 41-66.

38. Gilbert GARRIER, *Paysans du Beaujolais et du Lyonnais...*, *ouv. cité*, p. 145.

39. Gabriel DÉSERT, « L'Enregistrement, source d'histoire sociale. Les revenus du propriétaire rentier du sol », dans *Actes du 90e Congrès national des sociétés savantes, Nice, 1965. Section d'histoire moderne et contemporaine, tome 1*, Paris, Bibliothèque nationale, 1966, pp. 33-54 ; Jean-Marc MORICEAU, « Fermage et métayage (XIIe-XIXe siècle) », dans *Histoire et sociétés rurales*, n° 1, pp. 155-190.

40. Philippe PINCHEMEL, *Structures sociales et dépopulation rurale dans les campagnes picardes de 1836 à 1936*, Paris, Librairie Armand Colin, 1957, 232 p. ; Louis HENRY, *Manuel de démographie historique*, Genève, Librairie Droz, 1967.

41. Alain DESROSIÈRES, « Éléments pour l'histoire des nomenclatures socioprofessionnelles », dans *Pour une histoire de la statistique...*, *ouv. cité*, pp. 155-231 ; Alain DESROSIÈRES, *La politique des grands nombres. Histoire de la raison statistique*, Paris, Éditions la Découverte, 1993, 441 p. ; Alain DESROSIÈRES, « Comment faire des choses qui tiennent. Histoire sociale et statistiques », dans Christophe CHARLES [dir.], *Histoire sociale. Histoire globale ? Actes du colloque des 27-28 janvier 1989*, Paris, Éditions de la Maison des sciences de l'homme, pp. 23-44.

42. Pierre GOUJON, « Une possibilité d'exploitation des listes nominatives des recensements du XIXe siècle : l'étude des exploitations agricoles », dans *Bulletin du Centre d'histoire économique et sociale de la région lyonnaise*, 1972, n° 3, pp. 1-31.

43. Noël BONNEUIL, « Cohérence comptable des tableaux de la SGF [Statistique générale de la France] : Recensements de 1851 à 1906, mouvements de la population de 1801 à 1906 », dans *Population*, tome 44, n° 4-5, juillet-octobre 1989, pp. 809-838.

44. *Statistique de la France publiée par Son Excellence le ministre de l'Agriculture, du Commerce et des Travaux publics. Statistique agricole. Enquête agricole de 1852*, Paris, Imprimerie impériale, 1858, 2 volumes, 473 p. et 451 p.

45. Ronald HUBSCHER et Jean-Claude FARCY [dir.], *La moisson des autres...*, *ouv. cité*.

46. Gilbert GARRIER, « Les enquêtes agricoles du XIXe siècle... », *art. cité* ; Gilbert GARRIER, « Les enquêtes agricoles décennales du XIXe siècle... », *art. cité*.
Quelques recherches récentes sont ainsi exclusivement fondées sur ces données.

Jean-Pierre BOMPARD, Thierry MAGNAC et Gilles POSTEL-VINAY, « Emploi, mobilité et chômage en France au XIXe siècle : migrations saisonnières entre industrie et agriculture », dans *Annales, économies, sociétés, civilisations*, tome 45, n° 1, janvier-février 1990, pp. 55-76 ; Gilles POSTEL-VINAY, « La riorganizzazione dei mercati del lavoro agricolo in Francia, 1880-1914 », dans Pasquale VILLANI [dir.], *L'agricoltura in Europa e la nascita della « questione agraria »*..., *ouv. cité*, pp. 93-117.

47. Michel DEMONET, *Tableau de l'agriculture française au milieu du 19e siècle...*, *ouv. cité* ; Michel DEMONET, « L'agriculture en France d'après l'enquête de 1852 », dans *Pour une histoire de la statistique...*, *ouv. cité*, pp. 281-315.

48. Cette importante lacune historiographique a déjà été soulignée par Rose-Marie LAGRAVE, dans « Bilan critique des recherches sur les agricultrices en France. L'émergence de la "femme à la campagne" comme problème social et objet d'étude », dans *Agriculture et condition des femmes – Études rurales*, n° 92, octobre-décembre 1983, pp. 9-40 ; Geneviève GAVIGNAUD et Ronald HUBSCHER, « Histoire en perspective... », *art. cité*, p. 96.

Les études pour le XIXe siècle, mais également le XXe sont particulièrement rares. Quelques travaux toutefois offrent des perspectives et ouvrent la voie.

Yvonne VERDIER, *Façons de dire, façons de faire. La laveuse, la couturière, la cuisinière*, Paris, Éditions Gallimard, 1979, 376 p. ; Michel CABAUD et Ronald HUBSCHER, *1900, la Française au quotidien*, Paris, Librairie Armand Colin, 1985, 206 p. ; Sylvain MARESCA, *L'autoportrait. Six agricultrices en quête d'image*, Toulouse/Paris, Presses universitaires du Mirail/Institut national de la recherche agronomique, 1991, 191 p.

49. Auguste SOUCHON, *La propriété paysanne..., ouv. cité* : « Avant-propos », p. VII.

50. N'est-ce pas cette conception qui explique, en partie, que le rétablissement du suffrage dit universel, en 1848, ait été réservé aux chefs de famille de sexe masculin ?

Voir Anne VERJUS, « Le suffrage universel, le chef de famille et la question de l'exclusion des femmes en 1848 », dans Alain CORBIN, Jacqueline LALOUETTE et Michèle RIOT-SARCEY [dir.], *Femmes dans la cité, 1815-1871*, Grâne, Creaphis, 1997, pp. 401-413 ; Anne VERJUS, « Vote familialiste et vote familial. Contribution à l'étude du processus d'individualisation des femmes dans la première partie du XIXe siècle », dans *Femme, famille, individu – Genèses*, n° 31, juin 1998, pp. 29-47.

51. Pierre BARRAL, *Les agrariens français...*, *ouv. cité*; Nicole EIZNER, «L'idéologie paysanne», dans Yves TAVERNIER, Michel GERVAIS et Claude SERVOLIN [dir.], *L'univers politique des paysans dans la France contemporaine*, Cahiers de la Fondation nationale des sciences politiques, n° 184, Paris, Librairie Armand Colin, 1972, pp. 317-334; Ronald HUBSCHER, «Démocratie économique, agriculture familiale, modèle de croissance en France au XIXe siècle: un débat», dans Paolo MACRY et Angelo MASSAFRA [dir.], *Fra storia e storiografia. Scritti in onore di Pasquale Villani*, Milan, Docetà editrice il Mulino, 1994, pp. 453-470; Jean-Luc MAYAUD, «L'integrazione politica dei contadini in Francia...», *art. cité*.

52. Louis BERGERON, «Familienstruktur und Industrieunternehmen in Frankreich (18. bis 20. Jahrhundert)», dans Neithard BULST, Joseph GOY et Jochen HOOCK [dir.], *Familie zwischen Tradition und Moderne. Studien zur Geschichte der Familie in Deutschland und Frankreich vom 16. bis zum 20. Jahrhundert*, Göttingen, Vanderhoeck et Ruprecht, 1981, pp. 225-238; Louis BERGERON, «Essai de typologie du patronat français (début du XIXe siècle-vers 1930)», dans *Le patronat*, Lausanne, Société suisse d'histoire économique et sociale, 1982, pp. 7-18; Louis BERGERON, «Permanences et renouvellement du patronat», dans Yves LEQUIN [dir.], *Histoire des Français, XIXe-XXe siècles. Tome II, la société*, Paris, Librairie Armand Colin, 1983, pp. 153-292; Jean-Luc MAYAUD, *Les patrons du Second Empire. Franche-Comté*, Paris/Le Mans, Picard Éditeur/Éditions Cénomane, 1991, 184 p.; François CARON, «L'entreprise», dans Pierre NORA [dir.], *Les lieux de mémoire. Les France: Traditions*, Bibliothèque illustrée des histoires, NRF, Paris, Gallimard, 1992, pp. 323-375.

53. Louis BERGERON, *Les capitalistes en France...*, *ouv. cité*, p. 126.

54. *Statistique agricole de la France [...]. Résultats généraux de l'enquête décennale de 1882...*, *ouv. cité*, p. 277.

55. *Statistique agricole de la France publiée par le ministre de l'Agriculture, Direction de l'agriculture. Résultats généraux de l'enquête décennale de 1892*, Paris, Imprimerie nationale, 1897, 451 p. et 365 p. (p. 356).

56. Calculé en divisant le nombre des cotes foncières en 1884 par le nombre des exploitations en 1882.

57. Difficilement généralisable, surtout si de «bonnes terres» sont en cause, me paraît le constat fait par Yves Rinaudo pour le Var de la multitude de micropropriétaires «à l'origine déracinés par l'évolution économique» et devenus «forains de type moderne» et dont «les friches, qui envahissent nombre de [leurs] parcelles, réduisent ces débris d'exploitations au rôle de témoins historiques de cette défaite».

Yves RINAUDO, *Les vendanges de la République. Une modernité provençale. Les paysans du Var à la fin du XIXe siècle*, Lyon, Presses universitaires de Lyon, 1982, 320 p. (p. 125).

58. Hypothèse fondée sur la lecture des recommandations qui accompagnent les divers questionnaires dressés pour les enquêtes agricoles. Voir également, *infra*, les délicates nuances qui font distinguer les paysans-ouvriers des ouvriers-paysans.

59. Quel que soit le degré d'incertitude des enquêtes agricoles, une comparaison reste possible d'une statistique à l'autre puisque les critères d'élaboration sont identiques.

60. Fait significatif de la logique des enquêteurs, ces exploitations n'ont pas été prises en compte lors de l'enquête agricole de 1862.

61. Que le nombre d'exploitations, plus grand que celui des cotes foncières, comme c'est le cas ici, s'explique tout autant par le rassemblement de cotes de superficies inférieures au sein d'une même exploitation.

62. Jean-Marc MORICEAU et Gilles POSTEL-VINAY, *Ferme, entreprise, famille...*, *ouv. cité*, pp. 129-218 et p. 348.

63. Jean-Claude FARCY, *Les paysans beaucerons au XIXe siècle*, Chartres, Société archéologique d'Eure-et-Loir, 1989, 2 volumes, 1236 p. (pp. 665-748) : Ronald HUBSCHER, *L'agriculture et la société rurale dans le Pas-de-Calais...*, *ouv. cité*, pp. 743-747.

64. Jean-Luc MAYAUD, *Les Secondes Républiques du Doubs...*, *ouv. cité*, pp. 77-81.

65. Claude-Isabelle BRELOT, *La noblesse réinventée...*, *ouv. cité*, pp. 308-344.

66. Jean-Luc MAYAUD, « Les terres humides au XIXe siècle... », *art. cité* ; Jean-Luc MAYAUD, *Les Secondes Républiques du Doubs...*, *ouv. cité*, pp. 75-77.
Voir également : Jean-Luc MAYAUD, *Les cycles d'une économie villageoise...*, rapport cité.

67. Tous ces exemples sont tirés de Jean-Luc MAYAUD, *Les Secondes Républiques du Doubs...*, *ouv. cité*, pp. 76-77 et p. 81.

68. Claude-Isabelle BRELOT, « Une politique traditionnelle de gestion du patrimoine foncier en Franche-Comté au XIXe siècle », dans *Les noblesses européennes au XIXe siècle. Actes du colloque de l'École française de Rome, novembre 1985*, Rome, École française de Rome/Université de Milan, 1988, pp. 221-254 ; Claude-Isabelle BRELOT, *La noblesse réinventée...*, *ouv. cité*.

69. Michel DENIS, *Les royalistes de la Mayenne et le monde moderne (XIXe-XXe siècles)*, Paris, Klincksieck, 1977 ; Claude-Isabelle BRELOT, « Une politique traditionnelle de gestion du patrimoine foncier en Franche-Comté... », *art. cité* ; Claude-Isabelle BRELOT, *La noblesse réinventée...*, *ouv. cité*. ; Philippe VIGIER, *Essai sur la répartition de la propriété foncière...*, *ouv. cité*, pp. 124-141 ; Philippe VIGIER, *La Seconde République dans la région alpine...*, *ouv. cité*, tome I, pp. 130-133.

70. Claude MESLIAND, *Paysans du Vaucluse...*, *ouv. cité*, p. 80.

71. Georges DUPEUX, *Aspects de l'histoire sociale et politique du Loir-et-Cher...*, *ouv. cité*, p. 118.

72. Gilbert GARRIER, *Paysans du Beaujolais et du Lyonnais...*, *ouv. cité*, pp. 149-153 ; Pierre GOUJON, *Le vignoble de Saône-et-Loire au XIXe siècle...*, *ouv. cité*, pp. 138-139.

73. Le croisement entre les résultats du recensement de 1851 et ceux de l'enquête agricole de 1852 permet ainsi une approche de l'exploitation. D'autres questions peuvent être posées aux données établies par les statisticiens du siècle dernier. Les classements effectués pour une typologie de l'exploitation ne correspondent pas à ceux établis par Michel Demonet.

Michel DEMONET, *Tableau de l'agriculture française au milieu du 19e siècle...*, *ouv. cité*, pp. 41-44.

J'ai donc repris l'ensemble des données relatives à la France, mais également celles qui portent sur le département du Doubs précédemment étudié.

Jean-Luc MAYAUD, «Les terres humides au XIXe siècle...», *art. cité* ; Jean-Luc MAYAUD, *Les paysans du Doubs au temps de Courbet...*, *ouv. cité*, pp. 79-96 ; Jean-Luc MAYAUD, *Les Secondes Républiques du Doubs...*, *ouv. cité*, pp. 77-84.

74. *Statistique de la France [...]. Enquête agricole de 1852...*, *ouv. cité*, tome I, pp. 380-393, tome II, pp. 318-329 ; Michel DEMONET, *Tableau de l'agriculture française au milieu du 19e siècle...*, *ouv. cité*, pp. 41-44.

75. *Statistique de la France [...]. Agriculture. Résultats généraux de l'enquête décennale de 1862...*, *ouv. cité* ; *Statistique agricole de la France [...]. Résultats généraux de l'enquête décennale de 1882...*, *ouv. cité* ; *Statistique agricole de la France [...]. Résultats généraux de l'enquête décennale de 1892...*, *ouv. cité*.

76. Alain CORBIN, *Archaïsme et modernité en Limousin au XIXe siècle. 1845-1880. Tome I, La rigidité des structures économiques, sociales et mentales. Tome II, La naissance d'une tradition de gauche*, Paris, Marcel Rivière, 1975, 2 volumes, 1168 p. (pp. 261-277 et pp. 585-587).

77. Maurice AGULHON, *La vie sociale en Provence intérieure...*, *ouv. cité*, pp. 345-361 ; Yves RINAUDO, *Les vendanges de la République...*, *ouv. cité*, pp. 128-134.

78. Ce type de recours au salariat agricole divise historiens italiens et français : les premiers le considèrent comme une forme de pluriactivité que les seconds récusent.

Voir Pasquale VILLANI [dir.], *La pluriattività negli spazi rurali...*, *ouv. cité* ; Gilbert GARRIER et Ronald HUBSCHER [dir.], *Entre faucilles et marteaux...*, *ouv. cité*.

79. Auguste SOUCHON, *La propriété paysanne...*, *ouv. cité*.

80. Jean-Luc MAYAUD, *Les paysans du Doubs au temps de Courbet...*, *ouv. cité*; Jean-Luc MAYAUD, *Les Secondes Républiques du Doubs...*, *ouv. cité*.

81. Ronald HUBSCHER, *L'agriculture et la société rurale dans le Pas-de-Calais...*, *ouv. cité*, p. 740.

82. Frédéric LE PLAY, *Les ouvriers européens. Tome I: la méthode d'observation appliquée de 1829 à 1879 à l'étude des familles ouvrières. Tome II: les ouvriers de l'Orient à leurs essaims de la Méditerranée. Tome III: les ouvriers du Nord à leurs essaims de la Baltique et de la Manche. Tome IV: les ouvriers de l'Occident; 1re série; populations stables, fidèles à la tradition. Tome V: les ouvriers de l'Occident; 2e série; populations ébranlées envahies par la nouveauté. Tome VI: les ouvriers de l'Occident; 3e série; populations désorganisées, écrasées par la nouveauté*, Tours/Paris, Mame/Dentu/Larcher, 1877-1879 (seconde édition), 6 volumes, 648 p., 560 p., 513 p., 575 p., 536 p., 568 p.

83. Frédéric LE PLAY, *L'organisation de la famille selon le vrai modèle signalé par l'histoire de toutes les races et de tous les temps*, Tours, Mame, 1871.

84. Frédéric LE PLAY, «Paysans en communauté du Lavedan», dans *Les ouvriers des deux mondes, Tome I, 1re série*, Paris, Société internationale des études pratiques d'économie sociale, 1856, pp. 107-160. Voir également la récente réédition accompagnée d'une remarquable mise au point: Frédéric LE PLAY, Émile CHEYSSON, BAYARD et Fernand BUTEL, *Les Mélouga. Une famille pyrénéenne au XIXe siècle*, Paris, Nathan, 1994, 240 p.

85. Citation reprise de l'étude très documentée de Louis Assier-Andrieu.

Louis ASSIER-ANDRIEU, «Le Play et la famille-souche des Pyrénées: politique, juridisme et science sociale», dans *Annales, économies, sociétés, civilisations*, tome 39, n° 3, mai-juin 1984, pp. 495-513.

86. Pierre BARRAL, *Les agrariens français...*, *ouv. cité*, pp. 168-170.

87. Philippe VIGIER, *Essai sur la répartition de la propriété foncière...*, *ouv. cité*, pp. 35-41.

88. Jean-Claude FARCY, «Bibliographie des thèses de droit...», *art. cité*.

89. Alfred de FOVILLE, *Le morcellement: études économiques et statistique sur la propriété foncière*, Paris, 1885, 283 p.; René HENRY, *La petite propriété rurale en France*, Paris, Pedone, 1895, 234 p.; Auguste SOUCHON, *La propriété paysanne...*, *ouv. cité*; Victor-Bénigne FLOUR de SAINT-GENIS, *La propriété rurale en France*, Paris, Librairie Armand Colin, 1902, 447 p.; Michel AUGÉ-LARIBÉ, *Grande ou petite propriété? Histoire des doctrines en France sur la répartition du sol et la transformation industrielle de l'agriculture*, Montpellier, Coulet, 1902, 213 p.

90. J.-Joseph SOLEIL et Georges BONNEFOY, *Le livre des paysans*, Paris, La Vie sociale, 1910, 438 p.

91. Auguste SOUCHON, *La propriété paysanne...*, *ouv. cité*, p. 57.

92. Claude WILLARD, *Le mouvement socialiste en France, les guesdistes*, Paris, Éditions sociales, 1965.

93. Paul LEROY-BEAULIEU, *Essai sur la répartition des richesses et sur la tendance à une moindre inégalité des conditions*, Paris, Guillaumin, 1883.

94. Karl KAUTSKY, *La question agraire. Étude sur les tendances de l'agriculture moderne*, Paris, V. Giard & E. Brière, 1900, 463 p. (traduction de l'ouvrage de 1898), réédition en fac-similé, Paris, François Maspéro, 1970, p. 170.

95. « Interpellation de M. Jaurès sur la crise agricole », dans *Journal officiel. Chambre. Débats parlementaires. Session ordinaire, 1897, II*, séance du 19 juin, pp. 1586-1592, séance du 26 juin, pp. 1688-1698, séance du 3 juillet, pp. 1801-1811.

Également publié : Jean JAURÈS, « Socialistes et paysans. Discours prononcés à la Chambre les 19, 26 juin et 3 juillet 1897 sur la crise agricole, ses causes et ses remèdes », dans *La Petite République*, 21 juin, 28 juin et 5 juillet 1897.

96. Karl KAUTSKY, *La question agraire...*, *ouv. cité*, p. 173.

97. « Interpellation de M. Jaurès sur la crise agricole... », *art. cité*, séance du 26 juin, p. 1695.

98. Serge BERSTEIN, *Histoire du Parti radical...*, *ouv. cité* ; Édouard LYNCH, « Jaurès et les paysans », *art. cité* ; Édouard LYNCH, « Les socialistes au champs... », *art. cité*.

99. Jean-Marie MAYEUR, *Un prêtre démocrate, l'abbé Lemire, 1858-1928*, Paris, Casterman, 1968 ; Marcel DECAMPS et Gilbert LOUCHART, « L'abbé Lemire : fondateur et président de la Ligue du coin de terre et du foyer », dans Béatrice CABEDOCE et Philippe PIERSON [dir.], *Cent ans d'histoire des jardins ouvriers. 1896-1996, la Ligue française du coin de terre et du foyer*, Grâne, Creaphis, 1996, pp. 13-19 ; Jean-Marie MAYEUR, « L'abbé Lemire et le terrianisme », dans *ibidem*, pp. 21-27.

100. Pierre BARRAL, *Les agrariens français...*, *ouv. cité*, p. 171 ; Hervé BASTIEN, « Le bien de famille insaisissable. Politique et législation de la petite propriété sous la IIIe République », dans *La terre. Succession et héritage – Études rurales*, n° 110-111-112, avril-décembre 1988, pp. 377-389.

101. Gabriel DÉSERT et Robert SPECKLIN, « L'ébranlement, 1880-1914. Les réactions face à la crise », dans Étienne JUILLARD [dir.], *Apogée et crise de la civilisation paysanne, 1789-1914*, tome 3 de Georges DUBY et Armand WALLON [dir.], *Histoire de la France rurale*, Paris, Éditions du Seuil, 1976, pp. 409-452 ; Jean-Luc MAYAUD, « L'integrazione politica dei contadini in Francia... », *art. cité*.

102. «Vrais principes du droit naturel», dans *Éphémérides du citoyen*, tome III, 1767, p. 167, cité par Jean-Claude PERROT, «La comptabilité des entreprises agricoles dans l'économie physiocratique», dans *Annales, économies, sociétés, civilisations*, tome 33, n° 3, mai-juin 1978, pp. 559-579.

103. Paul LEROY-BEAULIEU, *Essai sur la répartition des richesses...*, *ouv. cité*, repris, de façon polémique par «Interpellation de M. Jaurès sur la crise agricole...», *art. cité*, séance du 26 juin, p. 1603.

104. J.-A. DELPON, *Statistique du département du Lot*, Cahors, 1835. Cité par Eugen WEBER, *Peasants into Frenchmen. The Modernization of Rural France, 1870-1914*, Stanford California, Stanford University Press, 1976, 615 p. Traduction française : *La fin des terroirs. La modernisation de la France rurale. 1870-1914*, Paris, Librairie Arthème Fayard/Éditions Recherches, 1983, 844 p.

105. Jean-Luc MAYAUD, «Persistance des droits d'usage communautaires en Franche-Comté au XIXe siècle : controverses autour de la vaine pâture», dans *Travaux de la Société d'émulation du Jura, 1979-1980*, pp. 335-346.

106. Marc BLANCHARD, *La campagne et ses habitants dans l'œuvre d'H. de Balzac...*, *ouv. cité* ; Christiane MARCILHACY, «Émile Zola "historien" des paysans beaucerons», dans *Annales, économies, sociétés, civilisations*, tome 12, n° 4, octobre-décembre 1957, pp. 573-586 ; Ronald HUBSCHER, «La France paysanne : réalités et mythologies...», *art. cité*.

107. Marie-Sincère ROMIEU, *Des paysans et de l'agriculture en France au XIXe siècle*, Paris, 1865. Cité par Eugen WEBER, *Peasants into Frenchmen...*, *ouv. cité*, pp. 682-683.

108. Daniel FAUCHER, *Le paysan et la machine*, Paris, Éditions de Minuit, 1954, 280 p. ; Antoine PAILLET, *Archéologie de l'agriculture en Bourbonnais. Paysages, outillages et travaux agricoles de la fin du Moyen Âge à l'époque contemporaine*, Nonette, Éditions Créer, 1996, 351 p. ; Marie-Claude AMOURETTI et François SIGAUT [dir.], *Traditions agronomiques européennes. Élaboration et transmission depuis l'Antiquité. 120e Congrès national des sociétés historiques et scientifiques, section histoire des sciences, Aix-en-Provence, 1995*, Paris, Éditions du Comité des travaux historiques et scientifiques, 1998, 284 p. ;

Renaud GRATIER DE SAINT LOUIS, *La mécanisation agricole en Rhône-Alpes, 1860-1950*, Diplôme d'études approfondies sous la direction de Jean-Luc Mayaud, Université Lyon 2, en cours.

109. Auguste SOUCHON, *La propriété paysanne...*, *ouv. cité*, pp. 55-56.

110. Karl KAUTSKY, *La question agraire...*, *ouv. cité*, p. 267.

111. *Ibidem*, p. 163.

112. «Interpellation de M. Jaurès sur la crise agricole...», *art. cité*, séance du 26 juin, p. 1696.

113. Michel MORINEAU, *Les faux-semblants d'un démarrage économique: agriculture et démographie en France au XVIIIe siècle*, Paris, Librairie Armand Colin, 1971, 387 p.; Jacques MULLIEZ, «Du blé, mal nécessaire. Réflexions sur les progrès de l'agriculture de 1750 à 1850», dans *Revue d'histoire moderne et contemporaine*, tome 26, n° 1, janvier-mars 1979, pp. 3-47; Michel MORINEAU, *Pour une histoire économique vraie*, Lille, Presses univrsitaires de Lille, 1985.

114. Jean BOUVIER, «Libres propos autour d'une démarche révisionniste», dans Patrick FRIDENSON et André STRAUS [dir.], *Le capitalisme français, XIXe-XXe siècles. Blocages et dynamismes d'une croissance*, Paris, Librairie Arthème Fayard, 1987, pp. 11-27.

115. Jean-Marc MORICEAU, « Au rendez-vous de la "Révolution agricole" dans la France du XVIIIe siècle. À propos des régions de grande culture », dans *Annales, histoire, sciences sociales*, tome 49, n° 1, janvier-février 1994, pp. 27-63; Jean-Marc MORICEAU, «Le changement agricole. Transformations culturales et innovation (XIIe-XIXe siècle)», dans *Histoire et sociétés rurales*, n° 1, 1er semestre 1994, pp. 37-66.

116. Maurice LÉVY-LEBOYER [dir.], *Le revenu agricole et la rente foncière en Basse-Normandie: étude de croissance régionale*, Paris, Klincksieck, 1972, XI-209 p.; Gilles POSTEL-VINAY, *La rente foncière dans le capitalisme agricole. Analyse de la voie « classique » dans l'agriculture à partir de l'exemple du Soissonnais*, Paris, Librairie François Maspero, 1974, 286 p.

117. Patrick VERLEY, *La révolution industrielle, 1760-1870*, Paris, MA Éditions, 1985, 270 p. Repris par Jean BOUVIER, «Libres propos autour d'une démarche révisionniste...», *art. cité*, p. 16.

118. Eugen WEBER, *Peasants into Frenchmen...*, *ouv. cité*, p. 681.

119. Alexandre V. TCHAYANOV, *L'organisation de l'économie paysanne*, Paris, Librairie du Regard, 1990, 344 p. (Traduction du russe de l'ouvrage de 1924); James R. MILLAR, « A Reformulation of A.V. Chayanov's Theory of the Peasants Economy», dans *Economic Development and Cultural Change*, volume 18, 1969, pp. 219-229; Mark HARRISON, «Chayanov and the Economics of the Russian Peasantry», dans *Journal of Peasant Studies*, volume 2, 1975, pp. 389-417; Maurice AYMARD, «Autoconsommation et marchés: Chayanov, Labrousse ou Le Roy Ladurie?», dans *Annales, économies, sociétés, civilisations*, tome 38, n° 6, novembre-décembre 1983, pp. 1392-1410.

120. Gilbert GARRIER, *Paysans du Beaujolais et du Lyonnais...*, *ouv. cité*; Geneviève GAVIGNAUD, *Propriétaires-viticulteurs en Roussillon...*, *ouv. cité*; Ronald HUBSCHER, *L'agriculture et la société rurale dans le Pas-de-Calais...*, *ouv. cité*; Claude MESLIAND, *Paysans du Vaucluse...*, *ouv. cité*.

121. George W. GRANTHAM, «Scale and Organisation in French Farming, 1840-1880», dans Eric L. JONES et William N. PARKER [dir.],

European Peasants and their Markets: Essays in Agrarian Economic History, Princeton, Princeton University Press, 1975, pp. 293-326 ; Ronald HUBSCHER, « Modèles d'exploitation et comptabilité agricole... », *art. cité.*

122. Ronald HUBSCHER, « La petite exploitation en France... », *art. cité.*

Notes du chapitre 2

1. Gérard de PUYMÈGE, *Chauvin, le soldat-laboureur. Contribution à l'étude des nationalismes*, Bibliothèque des histoires, NRF, Paris, Éditions Gallimard, 1993, 295 p.; Jean-Luc MAYAUD, « L'exploitation familiale ou le chaînon manquant... », *art. cité.*

2. Jack THOMAS, « Galerie de portraits : personnages de foires et de marchés dans les campagnes toulousaines au XIXe siècle », dans *Intermédiaires économiques, sociaux et culturels au village. Actes du colloque ruraliste de Lyon, 22 mars 1986 – Bulletin du Centre d'histoire économique et sociale de la région lyonnaise*, 1986, n° 1-2, pp. 29-53 ;

Jack THOMAS, « Foires et marchés, bourgs et villages dans le Midi toulousain au XIXe siècle », dans Jean-Pierre POUSSOU et P. LOUPÈS [dir.], *Les petites villes du Moyen Âge à nos jours*, Bordeaux, Éditions du Centre national de la recherche scientifique, 1987, pp. 165-189 ; Jack THOMAS, *Le temps des foires. Foires et marchés dans le Midi toulousain de la fin de l'Ancien Régime à 1914*, Toulouse, Presses universitaires du Mirail, 1993, 407 p.

3. Arthur YOUNG, *Voyages en France en 1787, 1788 et 1789. Tome II : observations générales*, Paris, Librairie Armand Colin, 1931 [Première traduction complète en français], 3 volumes, 1283 p., (p. 757). Cité par Pierre LAMAISON, « Des foires et des marchés en haute Lozère », dans *Foires et marchés ruraux en France – Études rurales*, n° 78-79-80, avril-décembre 1980, pp. 199-230.

4. Gilbert GARRIER, *Paysans du Beaujolais et du Lyonnais...*, *ouv. cité*, p. 228 ; Marie-Louise AUBRY-BRETON, « La floraison des foires et des marchés au XIXe siècle. L'exemple d'un département breton : l'Ille-et-Vilaine », dans *Foires et marchés ruraux en France...*, *ouv. cité*, pp. 169-174.

5. Philippe BOSSIS, « La foire aux bestiaux en Vendée au XVIIIe siècle. Une restructuration du monde rural », dans *Foires et marchés ruraux en France...*, *ouv. cité*, pp. 143-150.

6. Claude MESLIAND, *Paysans du Vaucluse...*, *ouv. cité*, pp. 182-203 ; Sandra CHASTEL, *Pour une approche économique et sociale de l'irrigation : le canal de Carpentras au XIXe siècle*, Diplôme d'études approfondies sous la direction de Jean-Luc Mayaud, Université Lyon 2, en cours.

7. Guy-Patrick AZEMAR et Michèle de LA PRADELLE, « Le marché-gare de Carpentras. Entre tradition et modernité », dans *Foires et marchés ruraux en France…, ouv. cité*, pp. 289-301.

8. M. GRAPPE, « Sur l'importance des ventes de bœufs de l'Ognon aux Flamands », dans *Recueil agronomiques et scientifiques publiés par la Société d'agriculture de la Haute-Saône*, tome 7, 1853-1856 et tome 8, 1857-1859 ; Jean-Luc CHATEAUDON, *Les foires en Haute-Saône (1800-1914)*, Mémoire de maîtrise sous la direction de Claude-Isabelle Brelot, Université de Franche-Comté, 1979, 310 f°.

9. Jean-Luc MAYAUD, *Les paysans du Doubs au temps de Courbet…, ouv. cité*, pp. 123-125 et pp. 179-180.

Tout au long du XIXe siècle, mercuriales et chroniques des foires et marchés des journaux francs-comtois signalent la présence des « Flamands ». Il s'agit de marchands des plaines picardes qui achètent des bovins locaux, les conduisent dans leurs étables pour les engraisser à la pulpe de betterave avant de les livrer au marché de Poissy ou, plus tardivement, à celui de La Vilette, à Paris.

Voir Jean BOICHARD, *L'élevage bovin, ses structures et ses produits en Franche-Comté* – Paris, Les Belles-Lettres, 1977, 536 p. ; Jean-Luc MAYAUD, *Les paysans du Doubs au temps de Courbet…, ouv. cité*.

10. Pierre LAMAISON, « Des foires et des marchés en haute Lozère… », *art. cité*, p. 207.

11. Gilbert GARRIER, *Paysans du Beaujolais et du Lyonnais…, ouv. cité*, pp. 226-227.

12. Rémy PECH, « L'organisation du marché du vin en Languedoc et en Roussillon aux XIXe et XXe siècles », dans *Foires et marchés ruraux en France…, ouv. cité*, pp. 99-111.

13. Gilbert GARRIER, « Aspects et limites de la crise phylloxérique en Beaujolais ou le puceron bienfaisant (1875-1895) », dans *Revue d'histoire économique et sociale*, volume 52, 1974, n° 2, pp. 190-208 ; Gilbert GARRIER, *Le phylloxéra. Une guerre de trente ans, 1870-1900*, Paris, Albin Michel, 1989, 197 p.

14. *Bulletin de la Société centrale d'agriculture de l'Hérault*, Montpellier, 1893, cité par Geneviève GAVIGNAUD, « La viticulture méridionale et la petite propriété : du libéralisme à la coopération », dans Patrick FRIDENSON et André STRAUS [dir.], *Le capitalisme français…, ouv. cité*, pp. 355-366.

15. Michel AUGÉ-LARIBÉ, *Le problème agraire du socialisme. La viticulture industrielle du Midi de la France*, Paris, Giard et Brière, 1907, 356 p., cité par Geneviève GAVIGNAUD, « La viticulture méridionale et la petite propriété… », *art. cité*.

16. Marie-Louise AUBRY-BRETON, « La floraison des foires et des marchés au XIXe siècle… », *art. cité*, p. 170.

17. Ministère de l'Agriculture, du Commerce et des Travaux publics, *Enquête agricole [de 1866]. 2ᵉ série, enquêtes départementales...*, ouv. cité, 26ᵉ circonscription : Doubs, Vosges, Haute-Saône ; 27ᵉ circonscription : Jura, Loire, Rhône, Ain.

18. Claude-Isabelle Brelot, *La noblesse réinventée...*, ouv. cité, pp. 308-311. Voir également Claude-Isabelle BRELOT, « Une politique traditionnelle de gestion du patrimoine foncier... », *art. cité*.

19. *Le Franc-Comtois*, 22 juin 1848, pp. 1-2.

20. Yvonne Crebouw, *Salaires et salariés agricoles en France des débuts de la Révolution aux approches du xxᵉ siècle*, Thèse pour le doctorat d'État, Université Paris I, 1986, 4 volumes, 1229 f° et 137 f°.

21. Jean-Luc Mayaud, « Salariés agricoles et petite propriété... », *art. cité*.

22. Ronald Hubscher, *L'agriculture et la société rurale dans le Pas-de-Calais...*, ouv. cité, p. 740 ; François Portet, *L'ouvrier, la terre, la petite propriété. Jardin ouvrier et logement social, 1850-1945*, Le Creusot, Écomusée, 1978, 64 p. ; Béatrice Cabedoce, « Jardins ouvriers et banlieue : le bonheur au jardin ? », dans Alain Faure [dir.], *Les premiers banlieusards, aux origines des banlieues de Paris, 1860-1940*, Paris, Créaphis, 1991, pp. 249-279 ; Béatrice Cabedoce et Philippe Pierson [dir.], *Cent ans d'histoire des jardins ouvriers...*, ouv. cité.

23. Ronald Hubscher, « La pluriactivité : un impératif ou un style de vie ?... », *art. cité* ; Gabriel Désert, « L'essentiel et l'accessoire ? Des Bas-Normands en quête d'emplois », dans Gilbert Garrier et Ronald Hubscher [dir.], *Entre faucilles et marteaux...*, ouv. cité, pp. 59-78.

24. La confrontation pluridisciplinaire organisée en 1981 à L'Isle-d'Abeau par l'Association des ruralistes français a été fondamentale et fructueuse. Ce colloque « La pluriactivité, condition de survie du monde rural ? » a permis aux historiens d'affiner leur approche et d'appréhender la pluriactivité familiale. Le titre donné à sa publication rend compte des avancées dans la conception de la pluriactivité : *La pluriactivité dans les familles agricoles...*, ouv. cité. L'appréhension du phénomène à partir de la famille permet ainsi de fécondes approches des travaux féminins. Ronald Hubscher et Gilles Postel-Vinay, « Il lavoro a domicilio : manodopera femminile e pluriattività in Francia all'inizio del XX secolo », dans Pasquale Villani [dir.], *La pluriattività negli spazi rurali...*, ouv. cité, pp. 31-48.

25. Claude-Isabelle Brelot et Jean-Luc Mayaud, *L'industrie en sabots. Les conquêtes d'une ferme-atelier...*, ouv. cité.

26. Yvon Lamy, « Agriculture et métallurgie en Dordogne à la fin du xixᵉ siècle. Quelques cas de paysans-ouvriers à la forge de Savignac-Lédrier », dans *La pluriactivité dans les familles agricoles...*, ouv. cité, pp. 129-136 (p. 130).

27. Karl KAUTSKY, *La question agraire...*, *ouv. cité*, p. 172, qui reprend cette affirmation du «professeur Heitz, de Hohenheim» publié dans *Bäuerliche Zustände*, III, p. 227 (référence bibliographique non controlée).

28. François CLERC, «La pluriactivité contre l'exploitation familiale?», dans *La pluriactivité dans les familles agricoles...*, *ouv. cité*, pp. 25-34; André GUESLIN, «Du rejet à la tolérance: les pluriactifs face à la profession (années 1960-1980)», dans Gilbert GARRIER et Ronald HUBSCHER [dir.], *Entre faucilles et marteaux...*, *ouv. cité*, pp. 201-232.

29. Yves RINAUDO, «Un travail en plus...», *art. cité*, p. 292.

30. Hugues LAMARCHE, «La pluriactivité agricole: une solution pour les agiculeurs marginalisés?», dans *La pluriactivité dans les familles agricoles...*, *ouv. cité*, pp. 195-202; Ronald HUBSCHER, «La pluriactivité: un impératif ou un style de vie?...», *art. cité*.

31. Gilbert GARRIER, Pierre GOUJON et Yves RINAUDO, «Note d'orientation et de recherche sur la pluriactivité paysanne...», *art. cité*; Yves RINAUDO, «Un travail en plus...», *art. cité*.

32. *La pluriactivité dans les familles agricoles...*, *ouv. cité*; Gilbert GARRIER et Ronald HUBSCHER [dir.], *Entre faucilles et marteaux...*, *ouv. cité*; Pasquale VILLANI [dir.], *La pluriattività negli spazi rurali...*, *ouv. cité*.

33. Normandie: Gabriel DÉSERT, «L'essentiel et l'accessoire...», *art. cité*;

Loire: Ronald HUBSCHER, «La pluriactivité: un impératif ou un style de vie?...», *art. cité*;

Tarn: Rolande TREMPÉ, «Du paysan à l'ouvrier. Les mineurs de Carmaux dans la deuxième moitié du XIXe siècle», dans *La pluriactivité dans les familles agricoles...*, *ouv. cité*, pp. 99-114;

Meurthe-et-Moselle: André GUESLIN, «L'esempio di un dipartimento lorenese nella seconda metà del XIX secolo», dans Pasquale VILLANI [dir.], *La pluriattività negli spazi rurali...*, *ouv. cité*, pp. 61-75;

Provence: Yves RINAUDO, «Le vigneron provençal, de la cave à l'atelier», dans Gilbert GARRIER et Ronald HUBSCHER [dir.], *Entre faucilles et marteaux...*, *ouv. cité*, pp. 99-120;

Picardie: Gilles POSTEL-VINAY, «Les rapports entre industrie et agriculture en Picardie au XIXe siècle. De la mobilité généralisée à l'isolement des secteurs d'emploi», *ibidem*, pp. 79-98;

Vaucluse: Claude MESLIAND, «Les phénomènes de double activité dans l'agriculture vauclusienne. Situation actuelle et perspectives, sous l'éclairage de l'histoire», dans *La pluri-activité dans les familles agricoles...*, *ouv. cité*, pp. 116-127;

Bretagne: Claude ORY, «Les mines de fer de Rougé-Teillay: un type de *part-time farming*», dans *Annales de Bretagne*, tome 58, n° 3, 1951, pp. 176-179;

Nord: Ronald HUBSCHER, «Une nouvelle clé de lecture des sociétés rurales: l'exemple du Nord de la France», dans Gilbert GARRIER et Ronald HUBSCHER [dir.], *Entre faucilles et marteaux...*, *ouv. cité*, pp. 33-58;

Périgord : Yvon LAMY, « Agriculture et métallurgie en Dordogne à la fin du XIXe siècle... », *art. cité* ; Yvon LAMY, *Hommes de fer en Périgord au XIXe siècle*, Lyon, La Manufacture, 1987 ; Yvon LAMY, « Hommes du fer au village dans la Dordogne proto-industrielle », dans Gilbert GARRIER [dir.], *Villages – Cahiers d'histoire*, tome 32, n° 3-4, 1987, pp. 267-289 ; Yvon LAMY, « Hommes de fer et paysannerie dans la Dordogne proto-industrielle », dans Gilbert GARRIER et Ronald HUBSCHER [dir.], *Entre faucilles et marteaux...*, *ouv. cité*, pp. 175-200 ;

Perche : Claude CAILLY, *Mutations d'un espace proto-industriel : le Perche aux XVIIIe-XIXe siècles*, s.l., Fédération des amis du Perche, 1993, 2 volumes, 742 p. et 326 p. ; Claude CAILLY, « Contribution à la définition d'un mode de production proto-industriel », dans *Histoire & mesure*, volume 8, n° 1-2, 1993, pp. 19-40 ; Claude CAILLY, « Structure sociale et patrimoine du monde proto-industriel rural textile au XVIIIe siècle », dans *Revue historique*, n° 588, octobre-décembre 1993, pp. 443-477 ; Claude CAILLY, « Structure sociale et consommation dans le monde proto-industriel rural textile : le cas du Perche Ornais au XVIIIe siècle », dans *Le monde des campagnes – Revue d'histoire moderne et contemporaine*, tome 45, octobre-décembre 1998, pp. 746-774 ;

Franche-Comté : Jean-Luc MAYAUD, « De l'étable à l'établi... », *art. cité*.

34. Jean-Claude FARCY, « Les limites de la pluriactivité des familles agricoles dans une région de grande culture. L'exemple de la Beauce au XIXe siècle », dans *La pluriactivité dans les familles agricoles...*, *ouv. cité*, pp. 87-97 ; Jean-Claude FARCY, « Capitalisme agraire et spécialisation agricole dans le centre du Bassin parisien », dans Gilbert GARRIER et Ronald HUBSCHER [dir.], *Entre faucilles et marteaux...*, *ouv. cité*, pp. 161-174.

35. Gilbert GARRIER, « Des vignes sans vignerons ? Limites à la pluriactivité dans la viticulture française », dans Gilbert GARRIER et Ronald HUBSCHER [dir.], *Entre faucilles et marteaux...*, *ouv. cité*, pp. 121-142 (p. 128) ; Voir également Gilbert GARRIER, « Viticoltura e pluriattività in Francia (1850-1950) », dans Pasquale VILLANI [dir.], *La pluriattività negli spazi rurali...*, *ouv. cité*, pp. 49-60.

36. Jean-Luc MAYAUD, « De l'étable à l'établi... », *art. cité*.

37. Pour reprendre la distinction proposée par Gilbert GARRIER, Pierre GOUJON et Yves RINAUDO, « Note d'orientation et de recherche sur la pluriactivité paysanne... », *art. cité*, p. 234 ; Yves RINAUDO, « Un travail en plus... », *art. cité*, pp. 286-287.

38. Adrien BILLEREY, *Saint-Claude et ses industries*, Paris, Bibliothèque nationale, 1966, 285 p. (p. 52).

39. Christelle KLÜGA, *Les tourneur de Lavans-les-Saint-Claude [Jura] : une étude sociale, 1860-1914*, Mémoire de maîtrise sous la direction de Jean-Luc Mayaud, Université Lyon 2, 1997, 2 volumes, 264 f° et 258 f° ; Jean-Marc OLIVIER, *Société rurale et industrialisation douce :*

NOTES DES PAGES 77 À 78

Morez (Jura), 1780-1914, Thèse de doctorat en histoire sous la direction de Claude-Isabelle Brelot, Université Lumière-Lyon 2, 1998, 2 volumes, 668 f°.

40. Suzanne DAVEAU, *Les régions frontalières de la montagne jurassienne. Étude de géographie humaine*, Lyon, Institut des études rhodaniennes de l'université de Lyon, 1959, 571 p. (p. 410).

41. André GIBERT, *La porte de Bourgogne et d'Alsace (Trouée de Belfort). Étude géographique*, Paris, Librairie Armand Colin, 1930, 633 p. (p. 487).

42. Claude-Isabelle BRELOT, René LOCATELLI, Jean-Marc DEBARD, Maurice GRESSET et Jean-Marie AUGUSTIN, *Un millénaire d'exploitation du sel en Franche-Comté...*, ouv. cité ; Claude FOHLEN, « La décadence des forges comtoises », dans *Mélanges d'histoire économique et sociale en hommage au professeur Antony Babel*, Genève, 1963, pp. 131-146 ; Gabriel PELLETIER, *Les forges de Fraisans. La métallurgie comtoise à travers les siècles*, Dole, Chazelle, 1980, 293 p. ; François LASSUS, *Métallurgistes franc-comtois du XVIIe au XIXe siècles : les Rochet. Étude sociale d'une famille de maîtres de forges et d'ouvriers forgerons*, Thèse pour le doctorat de 3e cycle, Université de Franche-Comté, 1980, 2 volumes, 579 f°. et 482 f° ; André LEMERCIER, « L'industrie sidérurgique en Haute-Saône aux XVIIIe et XIXe siècles », dans *Bulletin de la Société d'agriculture, lettres, sciences et arts de la Haute-Saône*, nouvelle série n° 15, 1983, pp. 7-213 ; Jean-Paul JACOB et Michel MANGIN [dir], *De la mine à la forge en Franche-Comté des origines au XIXe siècle : approche archéologique et historique*, Besançon, Annales littéraires de l'université de Besançon, 1990, 315 p. ; Jean-Luc MAYAUD, *Les patrons du Second Empire. Franche-Comté*, Paris/Le Mans, Picard Éditeur/Éditions Cénomane, 1991, 184 p. ; Jean-Marc OLIVIER, *Société rurale et industrialisation douce...*, ouv. cité.

43. Rolande TREMPÉ, *Les mineurs de Carmaux...*, ouv. cité.

44. Archives départementales de la Haute-Saône, 19 J, registre des délibérations du conseil d'administration des Houillères de Ronchamp, rapports de l'ingénieur Mathey des 20 juillet 1866 et 29 octobre 1895.

45. Claude FOHLEN, *Une affaire de famille au XIXe siècle : Méquillet-Noblot*, Cahiers de la Fondation nationale des sciences politiques, n° 75, Paris, Librairie Armand Colin, 1955, 141 p. ; Geneviève MONNIN, *Les entreprises Peugeot dans la première moitié du XIXe siècle*, Mémoire de maîtrise, Université Paris I, 1970, 2 volumes, 216 f° et 79 f° ; Jean-Pierre DORMOIS, *L'expérience proto-industrielle dans la principauté de Montbéliard, 1740-1820. Aux origines de la révolution industrielle*, Diplôme d'études approfondies, Université Paris IV, 1984, 97 f° ; Jean-Luc MAYAUD, *Les patrons du Second Empire. Franche-Comté...*, ouv. cité, pp. 52-68, pp. 72-76 et pp. 97-101.

46. Claude FOHLEN, *Une affaire de famille au XIXe siècle...*, ouv. cité, p. 32.

47. *Enquête sur le Jura depuis cent ans. Étude sur l'évolution économique et sociale d'un département français de 1850 à 1950*, Lons-le-Saunier, Société d'émulation du Jura, 1953, 448 p. ; Jean-Luc MAYAUD, « Un modèle d'économie de montagne : le haut Jura aux XIXe et XXe siècles », dans *Le Parc naturel du haut Jura*, Besançon, CUER-Université de Franche-Comté, 1990, pp. 239-250.

48. Morez : Yves BLANC, *L'artisanat dans le canton de Morez au XIXe siècle*, Mémoire de maîtrise sous la direction de Claude-Isabelle Brelot, Université de Franche-Comté, 1975, 130 f° + annexes ; Jean-Luc MAYAUD, *Les patrons du Second Empire. Franche-Comté...*, *ouv. cité*, pp. 130-143 ; Jean-Marc OLIVIER, *Société rurale et industrialisation douce...*, *ouv. cité* Saint-Claude : *Enquête sur le Jura depuis cent ans...*, *ouv. cité* ; Adrien BILLEREY, *Saint-Claude et ses industries...*, *ouv. cité* ; Champagnole : Suzanne DAVEAU, *Les régions frontalières de la montagne jurassienne...*, *ouv. cité* ; Jean-Marc OLIVIER, *Génèse d'une industrialisation : le cas du plateau de Champagnole (1780-1860)*, Diplôme d'études approfondies, Université de Franche-Comté, 1990, 180 f°.

49. Louis TRINCANO, *Histoire de l'industrie horlogère*, Besançon, s.d., dactylographié, 199 f° ; Hélène GALLIOT, *Le métier d'horloger en Franche-Comté des origines à 1900*, Thèse de doctorat en droit, Université de Besançon, 1954, 2 volumes, 425 f° ; Edgar HIRSCHI, « Évolution de l'horlogerie dans le cadre comtois, 1840-1965 », dans *Le département du Doubs depuis cent ans – Mémoires de la Société d'émulation du Doubs*, 1965, pp. 109-132, également publié dans *Économie et réalités franc-comtoises*, n° 92 et n° 93, 1966, pp. 509-518 et pp. 538-544 ; François JEQUIER, « L'horlogerie du Jura : évolution des rapports de deux industries frontalières des origines au début du XIXe siècle », dans *Frontières et contacts de civilisations. Colloque universitaire franco-suisse, Besançon-Neuchâtel, octobre 1977*, Neuchâtel, Éditions de la Braconnière, 1979, pp. 159-176 ; Jean-Luc MAYAUD, *Besançon horloger, 1793-1914*, Besançon, Musée du Temps, 1994, 124 p. ; Jean-Luc MAYAUD et Philippe HENRY [dir.], *Horlogeries : le temps de l'histoire. Actes du séminaire du Groupe franco-suisse de recherches en histoire de l'horlogerie et des micromécaniques (Neuchâtel-Besançon, 1993-1994)*, Besançon, Annales littéraires de l'Université de Besançon, 1995, 276 p.

50. Étienne MUSTON, « L'horlogerie dans les montagnes du Jura », dans *Mémoires de la Société d'émulation de Montbéliard*, 1859, pp. 38-159 ; Suzanne DAVEAU, *Les régions frontalières de la montagne jurassienne...*, *ouv. cité* ; Jean-Luc MAYAUD, « La mobilité spatiale... », *art. cité*.

51. Claude-Isabelle BRELOT, « Typologie des établissements hydrauliques en Franche-Comté... », *art. cité* ; Claude-Isabelle BRELOT, « Pour une typologie des moteurs hydrauliques en Franche-Comté... », *art. cité*.

52. Fabrice VURPILLOT, *La pluriactivité à Montécheroux de 1836 à 1911*, Mémoire de maîtrise sous la direction de Claude-Isabelle Brelot

et Jean-Luc Mayaud, Université de Franche-Comté, Faculté des lettres et sciences humaines de Besançon, 1987, 199 f°.

53. Claude-Isabelle BRELOT et Jean-Luc MAYAUD, *L'industrie en sabots. Les conquêtes d'une ferme-atelier...*, *ouv. cité*, pp. 47-58.

54. Oïba RAHMANI, *La scierie Thiébaud à Labergement-Sainte-Marie (Doubs). Étude ethnologique*, Rapport pour l'Institut des arts et traditions populaires de l'Université de Franche-Comté/CILAC, 1982, 38 f°.

55. Claude-Isabelle BRELOT, «Un équilibre dans la tension...», *art. cité*; Claude-Isabelle BRELOT et Jean-Luc MAYAUD, «Les profondes mutations du val de Mouthe aux XIXe et XXe siècles», dans *La haute vallée du Doubs*, Besançon, CUER-Université de Franche-Comté, 1981, pp. 87-93; Claude-Isabelle BRELOT, «Typologie des établissements hydrauliques en Franche-Comté...», *art. cité*, pp. 25-26; Jean-Luc MAYAUD, «Un modèle d'économie de montagne: le haut Jura...», *art. cité*.

56. Jean-Luc MAYAUD, «Les souplesses de la proto-industrie...», *art. cité*.

57. Natalie PETITEAU, *L'horlogerie des Bourgeois conquérants. Histoire des établissements Bourgeois de Damprichard (Doubs), 1780-1939*, Besançon, Annales littéraires de l'Université de Besançon, 1994, 224 p.; Natalie PETITEAU, «De la terre à l'industrie: des fabricants de boîtes de montre entre France et Suisse (1780-1939)», dans Jean-Luc MAYAUD et Philippe HENRY [dir.], *Horlogeries: le temps de l'histoire...*, *ouv. cité*, pp. 185-196.

58. Claude-Isabelle BRELOT, «Un équilibre dans la tension...», *art. cité*; Jean-Luc MAYAUD, *La Franche-Comté de 1789 à 1870...*, *ouv. cité*; Jean-Luc MAYAUD, *Les Secondes Républiques du Doubs...*, *ouv. cité*; Jean-Luc MAYAUD, *Besançon horloger...*, *ouv. cité*, pp. 9-12; Claude-Isabelle BRELOT et Jean-Luc MAYAUD, «Des Révolutions aux Républiques (1789-1870)», dans Pierre LÉVÊQUE [dir.], *La Franche-Comté. Tome III*, Pau, Société nouvelle d'éditions régionales et de diffusion, à paraître.

59. Natalie PETITEAU, *L'horlogerie des Bourgeois conquérants...*, *ouv. cité*, p. 50.

60. Ernest LABROUSSE [dir.], *Aspects de la crise et de la dépression de l'économie française au milieu du XIXe siècle, 1846-1851. Études*, Bibliothèque de la Révolution de 1848, tome XIX, Paris, Société d'histoire de 1848, 1956, 356 p.; Philippe VIGIER, *La Seconde République dans la région alpine...*, *ouv. cité*; Jean-Claude RICHEZ, «Émeutes antisémites et révolution en Alsace», dans Fabienne GAMBRELLE et Michel TREBISCH [dir.], *Révolte et société. Actes du VIe colloque d'Histoire au présent. Tome II*, Paris, Publications de la Sorbonne, 1989, pp. 114-121.

61. Jean-Luc MAYAUD, *Les Secondes Républiques du Doubs...*, *ouv. cité*, pp. 204-214 et pp. 240-243.

NOTES DE LA PAGE 80

62. Jean-François SOULET, «Usure et usuriers dans les Pyrénées au XIXe siècle», dans *Annales du Midi. Revue de la France méridionale*, tome 90, n° 3, juillet-décembre 1978; Yves RINAUDO, «Usure et crédit dans les campagnes du Var au XIXe siècle», *ibidem*, tome 92, n° 4, octobre-décembre 1980; Frédéric CHAUVAUD, «L'usure au XIXe siècle: le fléau des campagnes», dans *Ethnographie de la violence – Études rurales*, n° 95-96, juillet-décembre 1984, pp. 293-313; Jean-Claude RICHEZ, «Émeutes antisémites et révolution en Alsace», dans Fabienne GAMBRELLE et Michel TREBISCH [dir.], *Révolte et société. Actes du VIe colloque d'Histoire au présent. Tome II*, Paris, Publications de la Sorbonne, 1989, pp. 114-121; Jean-Michel SELIG, « Misère et malnutrition dans les campagnes alsaciennes du XIXe siècle », dans *Revue d'Alsace*, n° 114, 1988; Jean-Michel SELIG, *Malnutrition et développement économique dans l'Alsace du XIXe siècle*, Strasbourg, Presses universitaires de Strasbourg, 1996, 684 p.

63. Laurence FONTAINE, «Le reti del credito. La montagna, la città, la pianura: i mercanti dell'Oisans tra XVII e XIX secolo», dans *Quaderni Storici*, tome 68, 1988, n° 2, pp. 573-593; Erik AERTS, Maurice AYMARD, Juhan KAHK, Gilles POSTEL-VINAY et Richard SUTCH [dir.], *Structures and Dynamics of Agricultural Exploitations: Ownership, Occupation, Investment, Credit, Markets. Tenth International Economic History Congress, Leuven, August 1990*, Louvain, Leuven University Press, 1990, 143 p.; Gilles POSTEL-VINAY, *La terre et l'argent. L'agriculture et le crédit en France du XVIIIe au début du XXe siècle*, L'évolution de l'humanité, Paris, Albin Michel, 1998, 462 p.; Joseph CONFRAVEUX, *La monnaie en France au XIXe siècle: effets d'acculturation, processus d'institutionnalisation, question de confiance. Contribution à l'étude des comportements monétaires et des usages sociaux et politiques d'une monnaie nationale, du Premier Empire aux débuts de la IIIe République*, Diplôme d'études approfondies sous la direction de Gérard Noiriel, École des hautes études en sciences sociales, Paris, 1998, 164 f°.

64. M. VERPEAUX, «Le crédit notarié au XIXe siècle en Côte-d'Or: à la recherche d'une méthode», dans *Annales de Bourgogne*, avril-juin 1979; Jean-Paul POISSON, *Notaires et société. Travaux d'histoire et de sociologie*, Paris, Institut international du notariat/Economica, 1985-1990, 2 volumes, 750 p. et 597 p.; Paul PERRAULT, «Le notaire rural à Cuisery aux XVIIIe et XIXe siècles», dans *Intermédiaires économiques, sociaux et culturels au village. Actes du colloque ruraliste de Lyon, 22 mars 1986 – Bulletin du Centre d'histoire économique et sociale de la région lyonnaise*, 1986, n° 1-2, pp. 11-18; Jean-L. LAFFONT [dir.], *Problèmes et méthodes d'analyse historique de l'activité notariale XVe-XIXe siècles. Actes du colloque de Toulouse, 15-16 septembre 1990*, Toulouse, Presses universitaires du Mirail, 1991, 326 p.; Laurence FONTAINE, «L'activité notariale (Note critique)», dans *Annales, économies, sociétés, civilisations*, tome 48, n° 2, mars avril 1993, pp. 475-484.

65. Jean-Luc MAYAUD, « Industrialisation and Financial Networks : Regional Disparities in Nineteenth Century France », dans Philippe JOBERT et Michael MOSS [dir.], *The Birth and Death of Companies. An Historical Perspective*, Carnforth/Park Ridge, New Jersey, The Parthenon Publishing, 1990, pp. 137-156 ; Jean-Luc MAYAUD, *Les patrons du Second Empire. Franche-Comté...*, ouv. cité, pp. 21-28 et pp. 78-88 ; Jean-Luc MAYAUD, « Réseaux et aires de financement de l'horlogerie comtoise au XIXe siècle », dans Jean-Luc MAYAUD et Philippe HENRY [dir.], *Horlogeries : le temps de l'histoire...*, ouv. cité, pp. 249-272.

66. Alain PLESSIS, « Le banquier et le notaire dans la France du XIXe siècle », dans *Gnomon*, n° 59, janvier 1988.

Voir également Gilles POSTEL-VINAY, « La terra a rate ? Osservazioni sul credito e il mercato fondiario in Francia nel XIX secolo », dans *Quaderni Storici*, 1987, n° 2 ; Louis BERGERON, « Les espaces du capital », dans Jacques REVEL [dir.], *L'espace français. Histoire de la France* (André BURGUIÈRE et Jacques REVEL [dir.]), Paris, Éditions du Seuil, 1989, pp. 287-374 ; Laurence FONTAINE, « L'activité notariale... », *art. cité* ; Laurence FONTAINE, « Le reti del credito... », *art. cité* ; Gilles POSTEL-VINAY, *La terre et l'argent...*, ouv. cité.

67. Jean-Luc MAYAUD, *Les Secondes Républiques du Doubs...*, ouv. cité, pp. 204-214.

68. Jacques RÉMY, « La chaise, la vache et la charrue. Les ventes aux enchères volontaires dans les exploitations agricoles », dans *Études rurales*, n° 117, 1990, pp. 159-177 ; Jacques RÉMY, « Circulation des biens et diversité des statuts en agriculture », dans *Géographie sociale*, n° 12, 1992, pp. 49-60 ; Jacques RÉMY, « La canne et le marteau. Le cercle enchanté des ventes aux enchères », dans *Ethnologie française*, tome XXIII, n° 4, 1993, pp. 562-578 ; Jacques RÉMY, « Désastre ou couronnement d'une vie ? la vente aux enchères à la ferme », dans *Ruralia, revue de l'Association des ruralistes français*, n° 3, 1998, pp. 67-90.

69. Gilbert GARRIER [dir.], *Les Lyonnais aux champs : six siècles d'appropriation foncière citadine au « pays » d'Anse (1388-1980) – Bulletin du Centre d'histoire économique et sociale de la région lyonnaise*, 1980, n° 1, 89 p.

70. Jean-Luc MAYAUD, *Les Secondes Républiques du Doubs...*, ouv. cité, pp. 210-213.

71. Olivier TARNAUD, *Le crédit, les créanciers et les débiteurs à Besançon et en Franche-Comté entre 1846 et 1854*, Mémoire de maîtrise sous la direction de Claude-Isabelle Brelot, Université de Franche-Comté, 1991, 220 f° ; Ludovic JAOUEN, *L'organisation du crédit dans le haut Doubs (1846-1854)*, Mémoire de maîtrise sous la direction de Claude-Isabelle Brelot, Université de Franche-Comté, 1996.

72. Archives nationales, BB^{30} 373, rapport du 10 novembre 1849.

73. Jean-Luc MAYAUD, *Les patrons du Second Empire. Franche-Comté...*, *ouv. cité*, pp. 136-143.

74. Natalie PETITEAU, *L'horlogerie des Bourgeois conquérants...*, *ouv. cité*, pp. 37-49 ; Natalie PETITEAU, « De la terre à l'industrie... », *art. cité*.

75. Claude-Isabelle BRELOT, Philippe JOBERT et Jean-Luc MAYAUD, « The Financing of Businesses in the Proto-Industrial Age », dans Philippe JOBERT, Michael MOSS et Alain PLESSIS [dir.], *The Financing of Enterprise during Industrialization from the Mid Eighteenth to Mid Twentieth Century*, Manchester, Manchester University Press, à paraître.

Notes du chapitre 3

1. Eugen WEBER, *Peasants into Frenchmen...*, *ouv. cité*, pp. 403-422 ; Ronald HUBSCHER, « Pauvreté ou pauvretés ? Le milieu rural français au XIXe siècle », dans Pierre MACLOUF [dir.], *La pauvreté dans le monde rural*, Paris, ARF Éditions/L'Harmattan, 1986, pp. 155-169 ; Michel HAU, « Pauvreté rurale et dynamisme économique : le cas de l'Alsace au XIXe siècle », dans *Histoire, économie et société*, 1er trimestre 1987, pp. 113-138 ; André GUESLIN, *Gens pauvres, pauvres gens dans la France du XIXe siècle*, Collection historique, Paris, Aubier, 1998, 314 p.

2. Ronald HUBSCHER, « La pluriactivité : un impératif ou un style de vie ?... », *art. cité*.

3. Rose DUROUX, « Les boutiquiers cantaliens de Nouvelle-Castille au XIXe siècle », dans *Mélanges de la Casa Velasquez*, tome 21, 1985, pp. 281-307 ; Rose DUROUX, « La boulangerie cantalienne à Madrid au XIXe siècle », dans *Cahiers d'histoire*, tome 30, n° 2, pp. 139-160 ; Rose DUROUX, « Femme seule, femme paysanne, femme de migrant », dans *Le paysan. Actes du 2e colloque d'Aurillac, 2-4 juin 1988*, Paris, Éditions Christian, 1989, pp. 145-168 ; Rose DUROUX, *Les Auvergnats de Castille. Renaissance et mort d'une migration au XIXe siècle*, Clermont-Ferrand, Faculté des lettres et sciences humaines de l'Université Blaise-Pascal, 1992, 479 p.

4. Alain CORBIN, « Migrations temporaires et société rurale : le cas du Limousin », dans *Revue historique*, n° 500, septembre-décembre 1971, pp. 293-334 ; Alain CORBIN, « Limousins migrants, Limousins sédentaires. Contribution à l'histoire de la région limousine au XIXe siècle (1845-1880) », dans *Le mouvement social*, n° 88, juillet-septembre 1974, pp. 113-125 ; Alain CORBIN, *Archaïsme et modernité en Limousin au XIXe siècle...*, *ouv. cité* ; Alain CORBIN, « Les paysans de Paris. Histoire des Limousins du bâtiment au XIXe siècle », dans *Ethnologie française*, tome 10, n° 2, avril-juin 1980, réédité dans Alain CORBIN, *Le temps, le désir et l'horreur. Essais sur le dix-neuvième siècle*, Paris, Aubier, 1991, pp. 199-214 ; Laurence FONTAINE, *Le voyage et la mémoire. Colporteurs de l'Oisans au XIXe siècle*, Lyon, Presses Universitaires de Lyon, 1984, 294 p. ; Laurence FONTAINE, *Histoire du colportage en Europe*,

XVe-XIXe siècle, Paris, Éditions Albin Michel, 1993, 334 p.; Anne-Marie GRANET-ABISSET, *La route réinventée. Les migrations des Queyrassins aux XIXe et XXe siècles. La pierre et l'écrit*, Grenoble, Presses universitaires de Grenoble, 1994, 281 p.; Yves RINAUDO, *Les vendanges de la République...*, *ouv. cité*; Yves RINAUDO, « Le vigneron provençal, de la cave à l'atelier... », *art. cité*.

    5. Anne-Marie GRANET-ABISSET, *La route réinventée. Les migrations des Queyrassins...*, *ouv. cité*, p. 193.

    6. Philippe PICOCHE, *Le monde du colportage dans les Vosges au XIXe siècle*, Mémoire de maîtrise sous la direction de Claude-Isabelle Brelot, Université de Franche-Comté, 1991, 278 f°.

    7. Martin NADAUD, *Mémoires de Léonard, ancien garçon maçon*, Paris, Hachette, 1976 (1re édition 1912), 558 p. [Présentation par Maurice Agulhon].

    8. Yves RINAUDO, « Un travail en plus... », *art. cité*, p. 288.

    9. Ronald HUBSCHER, « La pluriactivité: un impératif ou un style de vie?... », *art. cité*.

    10. Yves RINAUDO, « Un travail en plus... », *art. cité*.

    11. Gianfranca VEGLIANTE, *L'artisanat dans le canton de Morteau au XIXe siècle*, Mémoire de maîtrise sous la direction de Claude-Isabelle Brelot, Université de Franche-Comté, 1976, 164 f°.

    12. Claude Gilbert BRISELANCE, *L'horlogerie dans le val de Morteau au XIXe siècle (1789-1914)*, Mémoire de maîtrise sous la direction de Claude-Isabelle Brelot, Université de Franche-Comté, 1993, 398 f° + annexes; François JEQUIER, « L'horlogerie du Jura: évolution des rapports de deux industries frontalières... », *art. cité*; *Histoire du Pays de Neuchâtel. Tome 3: de 1815 à nos jours*, Hauterive, Éditions Gilles Attinger, 1993; Jean-Luc MAYAUD, *Besançon horloger...*, *ouv. cité*.

    13. Jean-Luc MAYAUD, *Les paysans du Doubs au temps de Courbet...*, *ouv. cité*, pp. 113-136; Jean-Luc MAYAUD, *Les Secondes Républiques du Doubs...*, *ouv. cité*, pp. 236-240.

    14. Rolande TREMPÉ, *Les mineurs de Carmaux...*, *ouv. cité*; Rolande TREMPÉ, « Du paysan à l'ouvrier. Les mineurs de Carmaux... », *art. cité*; Robert ESTIER, « Productions agricoles et industries rurales: l'exemple du Roannais textile au XIXe siècle », dans Paul BAIROCH et Anne-Marie PIUZ [dir.], *Des économies traditionnelles aux sociétés industrielles. Quatrième rencontre franco-suisse d'histoire économique et sociale, Genève, mai 1982*, Genève, Librairie Droz, 1985, pp. 236-256; Robert ESTIER, « Sur les effets démographiques de la proto-industrialisation... encore », dans Jean-Luc MAYAUD [dir.], *Clio dans les vignes. Mélanges offerts à Gilbert Garrier*, Lyon, Presses universitaires de Lyon, 1998, pp. 447-466.

    15. Claude FOHLEN, *Une affaire de famille au XIXe siècle...*, *ouv. cité*.

16. Bernard ROBBE-SAUL, *La formation d'une classe ouvrière en milieu rural : les ouvriers papetiers de Geneuille (1834-1913)*, Mémoire de maîtrise sous la direction de Claude-Isabelle Brelot, Université de Franche-Comté, 1983, 202 f°.

17. Françoise DENEUX, *La pluriactivité à Friville-Escarbotin-Belloy de 1836 à 1911*, Mémoire de maîtrise sous la direction de Ronald Hubscher, Université de Picardie, 1986 ; Françoise DENEUX et Christine HELFRICH, « Pluriactivité et tradition métallurgique dans le Vimeu », dans *Petite métallurgie du fer en Picardie – Les cahiers de l'écomusée*, n° 15, 1990, Beauvais, Écomusée du Beauvaisis, décembre 1987, pp. 4-13.

18. Claude-Isabelle BRELOT et Jean-Luc MAYAUD, *L'industrie en sabots. Les conquêtes d'une ferme-atelier...*, *ouv. cité*.

19. Jean-Luc MAYAUD, « Les souplesses de la proto-industrie... », *art. cité*.

20. Natalie PEITTEAU, *L'horlogerie des Bourgeois conquérants...*, *ouv. cité*, pp. 35-45 et pp. 46-50.

21. Jean-Luc MAYAUD, *Les paysans du Doubs au temps de Courbet...*, *ouv. cité*, pp. 36-40 ; Jean-Luc MAYAUD, « Les mutations agricoles dans le val de Mouthe aux XIXe et XXe siècles : de l'activité pastorale dominante à la sylviculture », dans *Publications du Centre universitaire d'études régionales*, Université de Franche-Comté, n° 3, 1980, pp. 225-260 ; Claude-Isabelle BRELOT et Jean-Luc MAYAUD, « Les profondes mutations du val de Mouthe... », *art. cité* ; Jean-Luc MAYAUD, *Les Secondes Républiques du Doubs...*, *ouv. cité*, pp. 37-41 ; Jean-Luc MAYAUD, « De la déprise rurale aux XIXe et XXe siècles... », *art. cité* ; Jean-Luc MAYAUD, « Du monde plein à la désertification : la Petite Montagne... », *art. cité*.

22. Marc BERTHET, « L'évolution démographique du Jura, de 1836 à 1946 », dans *Enquête sur le Jura depuis cent ans. Étude sur l'évolution économique et sociale d'un département français de 1850 à 1950*, Lons-le-Saunier, Société d'émulation du Jura, 1953, pp. 15-56 ; Claude-Isabelle BRELOT, « Un équilibre dans la tension... », *art. cité*, pp. 353-356 ; Claude FOHLEN, « La Franche-Comté de 1870 à 1945 », dans Roland FIETIER [dir.], *Histoire de la Franche-Comté*, Toulouse, Privat, 1977, pp. 409-459 ; Jean-Luc MAYAUD, *La Franche-Comté de 1789 à 1870...*, *ouv. cité*, pp. 16-20 ; Jacques GAVOILLE, *La Franche-Comté de 1870 à nos jours*, Wettolsheim, Mars et Mercure, 1979, 170 p.

23. Aucune étude systématique n'a été entreprise pour le XIXe siècle. Quelques données sont toutefois disponibles à travers quelques monographies :

Georges BECKER, « Un siècle dans un village ? L'évolution économique et humaine de Lougres (Doubs) de 1850 à 1950 », dans *Annales, économies, sociétés, civilisations*, tome 6, n° 4, octobre-décembre 1951, pp. 463-473 ; Louis BORNE, « Natalité à Boussières (Doubs), de 1673 à 1935», dans *Procès-verbaux et mémoires de l'Académie des sciences, belles-lettres et arts de Besançon*, volume 172, 1958, pp. 146-157; Michèle DION-SALITOT et Michel DION, *La crise d'une société villageoise. Les «survivanciers», les paysans du Jura français (1800-1970)*, Paris, Éditions Anthropos, 1972, 400 p.; Colette MERLIN, «Le mariage dans la région d'Arinthod du XVIIe à nos jours», dans *Travaux présentés par les membres de la Société d'émulation du Jura*, 1981-1982, pp. 71-121; Jean-Marc OLIVIER, *Société rurale et industrialisation douce...*, *ouv. cité*.

24. Martine SEGALEN et Georges RAVIS-GIORDANI [dir.], *Les cadets*, Paris, CNRS Éditions, 1994, 315 p.; Félix BROUTET, «L'émigration franc-comtoise en Amérique du Nord et en Australie au XIXe siècle», dans *Jura français*, n° 92, 1961, pp. 217-222; Félix BROUTET, «L'émigration franc-comtoise en Algérie au XIXe siècle», dans *Tableau de l'activité de la Société d'émulation du Jura*, 1959-1964, pp. 77-79.

25. Diane GERVAIS, «Le pari des exclus: la mobilité sociale dans le Lot (XIXe-XXe siècles)», dans *Ethnologie française*, n° 2, tome 22, mars-avril 1992, pp. 117-125.

26. Jean-Christophe DEMARD, *Aventure extraordinaire d'un village franc-comtois au Mexique. Tome I: Champlitte/Jicaltepec/San-Rafael, 1832-1888. Tome II: des Francs-Comtois... des Bourguignons et des Savoyards devenus mexicains, 1888-1983*, Langres, Dominique Guéniot Éditeur, 1982-1984, 205 p. et 235 p.

27. Patrick CABANEL, *Cadets de Dieu. Vocations et migrations religieuses en Gévaudan, XVIIIe-XXe siècle*, Paris, CNRS Éditions, 1997, 389 p.

28. Paul HUOT-PLEUROUX, *Le recrutement sacerdotal dans le diocèse de Besançon de 1801 à 1960*, Besançon, Néo-Typo, 1966, 516 p.; Étienne LEDEUR, «Cent vingt ans de vie catholique dans le diocèse de Besançon (1834-1954)», dans *Le département du Doubs depuis cent ans*, Besançon, Mémoires de la Société d'émulation du Doubs, 1965, pp. 37-93; Maurice REY [dir.], *Les diocèses de Besançon et de Saint-Claude*, Histoire des diocèses de France, tome 6, Paris, Éditions Beauchesne, 1977, 318 p.

29. Jean-Luc MAYAUD, *La Franche-Comté de 1789 à 1870...*, *ouv. cité*; René LOCATELLI, Claude-Isabelle BRELOT, Maurice GRESSET, Jean-Marc DEBARD et Jean-François SOLNON, *La Franche-Comté à la recherche de son histoire*, Paris, Les Belles-Lettres, 1982, 488 p.; Jean-Luc MAYAUD, *Les Secondes Républiques du Doubs...*, *ouv. cité*, pp. 317-328; Jean-Luc MAYAUD, «Pour une généalogie catholique de la mémoire contre-révolutionnaire: la Petite Vendée du Doubs», dans Jean-Clément MARTIN [dir.], *Religion-Révolution. Actes du colloque de Saint-Florent-Le-Vieil, 13-15 mai 1993*, Paris, Anthropos/Economica, 1994, pp. 215-227.

30. Paul HUOT-PLEUROUX, *Le recrutement sacerdotal dans le diocèse de Besançon...*, *ouv. cité*.
Les données chiffrées du nombre des ordinations sont cartographiées dans Jean-Luc MAYAUD, *Les Secondes Républiques du Doubs...*, *ouv. cité*, p. 417.

31. Paul HUOT-PLEUROUX, *La vie chrétienne dans le Doubs et la Haute-Saône de 1860 à 1900*, Besançon, Néo-Typo, 1966, 284 p. ; Étienne VAN DE WALLE, *The Female Population of France in the Nineteenth Century. A Reconstruction of 82 Departments*, Princeton, Princeton University Press, 1974, 483 p. ; Étienne VAN DE WALLE, « La population féminine de la France au XIXe siècle », dans *Annales de démographie historique*, 1974, pp. 499-510.

32. Charles TILLY [dir.], *Historical Studies of Changing Fertility*, Princeton, Princeton university press, 1978 ; Patrice BOURDELAIS, « Le poids des femmes seules en France (Deuxième moitié du XIXe siècle) », dans *Démographie historique et condition féminine – Annales de démographie historique*, 1981, pp. 215-227 ; Arthur E. IMHOF [dir.], *Le vieillissement. Implications et conséquences de l'allongement de la vie humaine*, Lyon, Presses universitaires de Lyon, 1982, 240 p. ; Maurice GARDEN, « Permanences de la famille et révolution démographique », dans Yves LEQUIN [dir.], *Histoire des Français, XIXe-XXe siècles. Tome I: Un peuple et son pays*, Paris, Librairie Armand Colin, 1984, pp. 367-454 ; Patrice BOURDELAIS, « Vieillir en famille dans la France des ménages complexes (L'exemple de Prayssas, 1836-1911) », dans *Vieillir autrefois – Annales de démographie historique*, pp. 21-38 ; Patrice BOURDELAIS, « Structures. Le vieillissement de la population », dans Jacques DUPÂQUIER [dir.], *Histoire de la population française. Tome 3...*, *ouv. cité*, pp. 230-241 ; Patrice BOURDELAIS, *L'âge de la vieillesse*, Paris, Odile Jacob, 1993, 441 p. ; Bernard DEROUET, « Le partage des frères. Héritage masculin et reproduction sociale en Franche-Comté aux XVIIIe et XIXe siècles », dans *Annales, économies, sociétés, civilisations*, tome 48, n° 2, mars-avril 1993, pp. 453-474.

33. Pierre BOURDIEU, *Le sens pratique...*, *ouv. cité* ; Pierre BOURDIEU, *Raisons pratiques. Sur la théorie de l'action*, Paris, Éditions du seuil, 1994, 254 p.

34. MINISTÈRE DE L'AGRICULTURE, DU COMMERCE ET DES TRAVAUX PUBLICS, *Enquête agricole. 2e série, enquêtes départementales...*, *ouv. cités*. Voir particulièrement la question n° 9 : « Les domaines sont-ils ordinairement conservés dans une seule main au moyen d'arrangements de famille particuliers, ou sont-ils divisés entre les enfants et les héritiers à la mort du chef de famille [...] ? ».

35. Alexandre de BRANDT, *Populations rurales de la France en matière successorale*, Paris, Larose, 1901, 371 p.

36. Voir l'étude, particulièrement convaincante d'Anne ZINK, *L'héritier de la maison. Géographie coutumière du Sud-Ouest de la*

France sous l'Ancien Régime, Paris, Éditions de l'École des hautes études en sciences sociales, 1993, 542 p.

37. Tina JOLAS, Marie-Claude PINGAUD, Yvonne VERDIER et Françoise ZONABEND, *Une campagne voisine. Minot, un village bourguignon*, Paris, Éditions de la Maison des sciences de l'homme, 1990, 451 p.

38. Neithard BULST, Joseph GOY et Jochen HOOCK [dir.], *Familie zwischen Tradition und Moderne. Studien zur Geschichte der Familie in Deutschland und Frankreich vom 16. bis zum 20. Jahrhundert*, Göttingen, Vanderhoeck et Ruprecht, 1981; Celina BOBINSKA et Joseph GOY [dir.], *Les Pyrénées et les Carpates, XVIe-XXe siècles. Recherches franco-polonaises comparées. Histoire et anthropologie des régions montagneuses et submontagneuses*, Varsovie-Cracovie, Éditions scientifiques de Pologne, 1981, 162 p.; Joseph GOY et Jean-Pierre WALLOT [dir.], *Évolution et éclatement du monde rural. Structures, fonctionnement et évolution différentielle des sociétés rurales françaises et québécoises, XVIIe-XXe siècles. Actes du colloque de Rochefort, juillet 1982*, Paris/Montréal, Éditions de l'École des hautes études en sciences sociales/Presses de l'université de Montréal, 1986, 519 p.; Gérard BOUCHARD et Joseph GOY [dir.], *Famille, économie et société rurale en contexte d'urbanisation (XVIIe-XXe siècle). Actes du colloque d'histoire comparée Québec-France, Montréal, février 1990*, Paris/Chicoutoumi, Éditions de l'École des hautes études en sciences sociales/Centre universitaire SOREP, 1990, 388 p.; Rolande BONNAIN, Gérard BOUCHARD et Joseph GOY [dir.], *Transmettre, hériter, succéder. La reproduction familiale en milieu rural...*, ouv. cité; Gérard BOUCHARD, Joseph GOY et Anne-Lise HEAD-KÖNING [dir.], *Nécessités économiques et pratiques juridiques. Problèmes de la transmission des exploitations agricoles (XVIIIe-XXe siècles) – Mélanges de l'École française de Rome. Italie et Méditerranée*, tome 110, n° 1, 1998, 438 p.

39. Gilbert GARRIER, «De Ribennes en Gévaudan à Feillens en Bresse, mariages impossibles et possibilités de mariage», dans *Bulletin du Centre d'histoire économique et sociale de la région lyonnaise*, 1985, n° 1, pp. 5-10; Philippe GONOD, *Propriété et partage du sol, la transmission du patrimoine dans le Val de Saône aux XVIIIe et XIXe siècles*, Thèse pour le doctorat en histoire sous la direction de Gilbert Garrier, Université Lyon 2, 1993, 3 volumes, 575 f°; Philippe GONOD, «Les modalités du partage égalitaire. L'exemple du Val de Saône aux XVIIIe et XIXe siècles», dans *Études rurales*, n° 137, janvier-mars 1995, pp. 73-87; Philippe GONOD, «Petite histoire des mariages doubles dans le Val de Saône. De l'évolution des mentalités dans une société rurale face au mariage (XVIIe-XIXe siècles)», dans *Cahiers d'histoire*, tome 41, n° 3, 1996, pp. 299-312.

40. Pays de Sault: Agnès FINE-SOURIAC, «La famille-souche pyrénéenne au XIXe siècle: quelques réflexions de méthode», dans *Annales, économies, sociétés, civilisations*, tome 32, n° 3, mai-juin 1977,

NOTES DE LA PAGE 88

pp. 478-487 ; Agnès FINE-SOURIAC, « La limitation des naissances dans le sud-ouest de la France. Fécondité, allaitement et contraception au pays de Sault, du milieu du XVIIIe siècle à 1914 », dans *Annales du Midi. Revue de la France méridionale*, tome 90, n° 137, avril-juin 1978, pp. 155-188 ;

Baronnies pyrénéennes : Georges AUGUSTINS et Rolande BONNAIN, *Maisons, mode de vie, société. Tome I* de Isac CHIVA et Joseph GOY [dir.], *Les Baronnies des Pyrénées. Anthropologie et histoire, permanences et changements*, Paris, Éditions de l'École des hautes études en sciences sociales, 1981, 220 p. ; Georges AUGUSTINS, Rolande BONNAIN, Yves PERON et Gilles SAUTTER, *Maisons, espace, famille. Tome II* de *idem*, 1986, 214 p. ; Rolande BONNAIN, « Héritage et autorité : le mariage en gendre dans les Pyrénées centrales », dans François LEBRUN et Normand SEGUIN [dir.], *Sociétés villageoises et rapports villes-campagnes au Québec et dans la France de l'Ouest, XVIIe-XXe siècles. Actes du colloque franco-québécois de Québec (1985)*, Trois-Rivières, Université de Québec, 1987, pp. 1-14 ; Antoinette FAUVE-CHAMOUX, « Le fonctionnement de la famille-souche dans les Baronnies des Pyrénées avant 1914 », dans *Annales de démographie historique*, 1987, pp. 241-262 ;

Corse : Gérard LENCLUD, « L'institution successorale comme organisation et représentation. La transmission du patrimoine foncier dans une communauté traditionnelle de la montagne corse, fin du XIXe siècle, début du XXe siècle », dans *Ethnologie française*, n° 1, tome 15, 1985, pp. 35-44 ; Gérard LENCLUD, « Transmission successorale et organisation de la propriété. Quelques réflexions à partir de l'exemple de la Corse », dans *La terre. Succession et héritage – Études rurales*, n° 110-111-112, 1988, pp. 177-193 ;

Béarn : Pierre BOURDIEU, « Célibat et condition paysanne », dans *Études rurales*, n° 4-5, avril-septembre 1962, pp. 32-135 ;

Limousin : Jean-Claude PEYRONNET, « Famille élargie ou famille nucléaire ? L'exemple du Limousin au début du XIXe siècle », dans *Revue d'histoire moderne et contemporaine*, tome 22, octobre-décembre 1975, pp. 568-582 ; Nicole LEMAITRE, « Famille complexes en Bas-Limousin : Ussel au début du XIXe siècle », dans *Annales du Midi. Revue de la France méridionale*, tome 88, avril-juin 1976, pp. 219-224 ;

Ribennes en Gévaudan : Élisabeth CLAVERIE et Pierre LAMAISON, *L'impossible mariage. Violence et parenté en Gévaudan, XVIIe, XVIIIe et XIXe siècles*, Paris, Hachette, 1982, 363 p. ; Pierre LAMAISON, « Les statégies matrimoniales dans un système complexe de parenté : Ribennes en Gévaudan (1650-1830) », dans *Annales, économies, sociétés, civilisations*, tome 34, n° 4, juillet-août 1979, pp. 721-743 ; Élisabeth CLAVERIE, « L'ousta » et le notaire. Le système de dévolution des biens en Margeride lozérienne au XIXe siècle », dans *Parenté et alliance dans les sociétés paysannes – Ethnologie française*, n° 4, tome 11, octobre-décembre 1981, pp. 329-338 ;

Haute-Provence : Alain COLLOMP, « From Stem-Family to Nuclear Family : Changes in the Coresident Domestic Group in Haute-Provence Between the End of Eignteenth and the Middle of the Nineteenth Centuries », dans *Continuity and Change*, tome 3, n° 1, 1988, pp. 65-81 ; Alain COLLOMP, « Le paysan de Haute-Provence au XVIIIe siècle et dans la première moitié du XIXe siècle », dans *Le paysan. Actes du 2e colloque d'Aurillac, 2-4 juin 1988*, Paris, Éditions Christian, 1989, pp. 27-48.

41. Gilbert GARRIER, « De Ribennes en Gévaudan à Feillens en Bresse... », *art. cité*, p. 8. ; Jean-Luc MAYAUD, « L'exploitation familiale ou le chaînon manquant... », *art. cité*.

42. Philippe GONOD, « Devant le notaire de Feillens », dans *Bulletin du Centre d'histoire économique et sociale de la région lyonnaise*, 1985, n° 1, pp. 11-36.

43. Michèle DION-SALITOT et Michel DION, *La crise d'une société villageoise. Les « survivanciers »..., ouv. cité*, p. 21.

44. Michèle SALITOT-DION, « Régime matrimonial et organisation familiale en Franche-Comté au XIXe siècle. L'exemple de Nussey (Jura) », dans *Famille, rites, organisation sociale – Ethnologie française*, n° 4, tome 8, octobre-décembre 1978, pp. 321-328.

45. Michèle SALITOT-DION, « Évolution économique, cycle familial et transmission patrimoniale à Nussey », dans *Études rurales*, n° 68, octobre-décembre 1977, pp. 23-53.

46. Michèle SALITOT, « La gestion de la "propriété commune" dans le canton de Nussey (Jura) », dans Christian BROMBERGER et Georges RAVIS-GIORDANI [dir.], *Hasard et Sociétés. Actes du colloque de la Société d'ethnologie française, Aix-en-Provence, mai 1986 – Ethnologie française*, n° 2-3, tome 17, avril-septembre 1987, pp. 247-252.

47. Michèle SALITOT-DION, « Coutume et système d'héritage dans l'ancienne Franche-Comté », dans *Études rurales*, n° 74, avril-juin 1979, pp. 5-22 ; Michèle SALITOT, *Héritage, parenté et propriété en Franche-Comté du XIIIe siècle à nos jours*, Paris, ARF Éditions/L'Harmattan, 1988, 240 p.

48. Bernard DEROUET, « Le partage des frères. Héritage masculin et reproduction sociale en Franche-Comté... », *art. cité*, p. 454.

Cette affirmation est peut-être exagérée, au regard de l'extrême rareté des communions constatée, par exemple, dans le canton de Mouthe au XVIIIe siècle. Jean-Luc MAYAUD, « Deux paroisses de la haute vallée du Doubs au XVIIIe siècle : Rochejean et Gellin (1737-1786). Essai de démographie historique », dans *Publications du Centre universitaire d'études régionales*, Université de Franche-Comté, n° 3, 1980, pp. 211-224.

49. Voir la remarquable traduction graphique de l'exemple choisi par Maurice Garden.

Maurice GARDEN, « *Alltagsgeschichte, Microstoria*, pourquoi pas histoire sociale ? », dans Claude-Isabelle BRELOT et Jean-Luc MAYAUD [dir.], *Voyages en histoire. Mélanges offerts à Paul Gerbod*, Besançon, Annales littéraires de l'Université de Besançon, 1995, pp. 99-117.

50. Bernard DEROUET, « Le partage des frères. Héritage masculin et reproduction sociale en Franche-Comté... », *art. cité*, pp. 458-159.

51. *Ibidem*, p. 459.

Voir également Bernard DEROUET, « La succession et l'héritage masculins en Franche-Comté : historique et logiques d'une mutation », dans Rolande BONNAIN, Gérard BOUCHARD et Joseph GOY [dir.], *Transmettre, hériter, succéder. La reproduction familiale en milieu rural, France-Québec, XVIIIe-XXe siècles*, Paris/Lyon, École des hautes études en sciences sociales/Presses universitaires de Lyon, 1992, pp. 243-263 ; Bernard DEROUET, « Transmettre la terre. Origines et inflexions récentes d'une problématique de la différence », dans *Histoire et sociétés rurales*, n° 2, 2e semestre 1994, pp. 33-67 ; Bernard DEROUET et Joseph GOY, « Transmettre la terre. Les inflexions d'une problématique de la différence », dans Gérard BOUCHARD, Joseph GOY et Anne-Lise HEAD-KÖNIG [dir.], *Nécessités économiques et pratiques juridiques..., ouv. cité*, pp. 117-153.

52. Jean-Luc MAYAUD, « Les souplesses de la proto-industrie... », *art. cité*.

53. Claude-Isabelle BRELOT et Jean-Luc MAYAUD, *L'industrie en sabots. Les conquêtes d'une ferme-atelier..., ouv. cité*, pp. 107-109 et pp. 190-195.

54. Gilbert GARRIER [dir.], *Régimes matrimoniaux, pratiques successorales et conservation des patrimoines. Actes de la journée d'étude de Lyon, 20 mars 1982 – Bulletin du Centre d'histoire économique et sociale de la région lyonnaise*, 1982, n° 3, 53 p.

55. Élisabeth CLAVERIE et Pierre LAMAISON, *L'impossible mariage..., ouv. cité* ; Phillipe BONNIN, Martyne PERROT et Martin de LA SOUDIÈRE, *L'ostal en Margeride*, Paris, Éditions du Centre national de la recherche scientifique, 1983, 342 p.

56. Emmanuel TODD, « Mobilité géographique et cycle de vie en Artois et en Toscane au XVIIIe siècle », dans *Annales, économies, sociétés, civilisations*, tome 30, n° 4, juillet-août 1975, pp. 726-744 ; Michèle SALITOT-DION, « Évolution économique, cycle familial et transmission patrimoniale... », *art. cité*.

57. Pierre CORNU, *Une économie rurale dans la débâcle. Cévenne vivaraise, 1852-1892*, Paris, Découvrir, 1993, 190 p. ; Pierre CORNU, « La déprise humaine en Cévenne vivaraise (1851-1975) », dans *Cahiers d'histoire*, tome 39, n° 2, 1994, pp. 133-147 ; Pierre CORNU, « La Cévenne vivaraise à l'heure de la fin des terroirs », dans Léon PRESSOUYRE [dir.], *Vivre en moyenne montagne. Actes du 117e Congrès national des sociétés savantes, Clermont-Ferrand, octobre 1992*, Paris, Éditions du Comité des travaux historiques et scientifiques, 1995, pp. 529-542.

58. Yves Lequin, *Les ouvriers de la région lyonnaise (1848-1914). Tome I: La formation de la classe ouvrière régionale*, Lyon, Presses universitaires de Lyon, 1977, 573 p.; Louis Bergeron, *L'industrialisation de la France au XIXe siècle*, Paris, Hatier, 1979, 80 p. (p. 23).

59. Adeline Daumard [dir.], *Les fortunes françaises au XIXe siècle. Enquête sur la répartition et la composition des capitaux privés à Paris, Lyon, Lille, Bordeaux et Toulouse d'après l'enregistrement des déclarations de succession*, Paris/La Haye, Mouton, 1973, 603 p.; Pierre Léon, *Géographie de la fortune et structures sociales à Lyon au XIXe siècle (1815-1914)*, Lyon, Centre d'histoire économique et sociale de la région lyonnaise, 1974, 440 p.

60. Ronald Hubscher, *L'agriculture et la société rurale dans le Pas-de-Calais…, ouv. cité*, pp. 581-635.

61. Eugene Owen Golob, *The Méline Tariff: French Agriculture and Nationalist Economic Policy*, New York, Columbia University Press, 1944, 266 p.

62. Michel Augé-Laribé, *La politique agricole de la France de 1880 à 1940*, Paris, Presses universitaires de France, 1950, 483 p. (pp. 194-198); Pierre Barral, «Les groupes de pression et le tarif douanier français de 1892», dans Revue d'histoire économique et sociale, tome 52, n° 3, 1974, pp. 421-426.

63. Herman Lebovics, «La grande dépression: aux origines d'un nouveau conservatisme français, 1880-1896», dans *Francia. Forschungen zur westeuropäischen geschichte*, tome 13, 1985, pp. 435-445; Herman Lebovics, *The Alliance of Iron and Wheat in the Third French Republic, 1860-1914. Origins of the New Conservatism*, Baton Rouge/Londres, Louisiana State University Press, 1988, 219 p.

64. Paul Houée, *Les étapes du développement rural… ouv. cité*, p. 83.

65. Gilles Postel-Vinay, «L'agriculture dans l'économie française. Crises et réinsertion», dans Maurice Lévy-Leboyer et Jean-Claude Casanova [dir.], *Entre l'État et le marché. L'économie française des années 1880 à nos jours*, Bibliothèque des sciences humaines, NRF, Paris, Gallimard, 1991, pp. 59-92.

66. Michael Stephen Smith, *Tariff Reform in France, 1860-1900. The Politics of Economic Interest*, Ithaca/Londres, Cornell University Press, 1980, 272 p.; Thierry Nadau, «L'opinion et le tarif général des douanes de 1881: les prémices du protectionnisme agricole en France», dans *Industrialisation de la France. Aspects et problèmes XVIIIe-XXe siècles – Revue du Nord*, tome LXVII, n° 265, avril-juin 1985, pp. 331-356; Michael Stephen Smith, «The Méline Tariff as Social Protection: Rhethoric or Reality?», dans *International Review of Social History*, 1992, volume 37, part 2, pp. 230-243.

67. Réflexion qui a été entreprise par Pierre Barral depuis plusieurs années.
Pierre BARRAL, *Les agrariens français..., ouv. cité*; Pierre BARRAL, « Un secteur dominé : la terre », dans Fernand BRAUDEL et Ernest LABROUSSE [dir.], *Histoire économique et sociale de la France. Tome IV: L'ère industrielle et la société d'aujourd'hui (siècle 1880-1980). Premier volume, 1880-1914*, Paris, Presses universitaires de France, 1979, pp. 351-397.
Plus récemment, voir les échanges entre Paul BAIROCH, Pierre BARRAL, François CLERC et Michael TRACY, « Mélinisme ou protectionnisme : atouts ou freins. Table ronde », dans Philippe CHALMIN et André GUESLIN [dir.], *Un siècle d'histoire agricole française. Actes du colloque de la Société française d'économie rurale – Économie rurale*, n° 184-185-186, mars-août 1988, pp. 51-62.
L'ensemble de cette question doit être réexaminé lors du colloque organisé à Lyon par l'Association des ruralistes français et l'Axe rural du Centre Pierre Léon, UMR 5599 du CNRS, en octobre 1999 : « Agrariens et agrarismes, hier et aujourd'hui, en France et en Europe ».
68. Michael Stephen SMITH, « The Méline Tariff as Social Protection... », *art. cité*.
69. Voir *infra*, Deuxième partie.
70. Jean-Luc MAYAUD, « L'integrazione politica dei contadini in Francia... », *art. cité*.
71. Pierre BARRAL, *Les agrariens français..., ouv. cité*; Pierre BARRAL [dir.], *Aspects régionaux de l'agrarisme français avant 1930 – Le mouvement social*, n° 67, avril-juin 1969, 171 p.; Pierre BARRAL, « Agrarisme de gauche et agrarisme de droite sous la Troisième République », dans Yves TAVERNIER, Michel GERVAIS et Claude SERVOLIN [dir.], *L'univers politique des paysans dans la France contemporaine*, Cahiers de la Fondation nationale des sciences politiques, n° 184, Paris, Librairie Armand Colin, 1972, pp. 243-254.

Notes du chapitre 4

1. Philippe VIGIER, « Mouvements paysans dans le cadre de l'agriculture et de la société rurale traditionnelles », dans *Les mouvements paysans dans le monde contemporain. Actes du XIIIe congrès international des sciences historiques, Moscou, 16-23 août 1970*, Cahiers internationaux d'histoire économique et sociale, n° 6, Genève, Droz, 1973, pp. 17-35 ; Philippe VIGIER, « Les troubles forestiers du premier XIXe siècle français », dans *Société et forêts. Actes du colloque de l'Association des ruralistes français « Forêt et société », Lyon, 22-23 novembre 1979 – Revue forestière française*, numéro spécial, 1980, pp. 128-135 ; Jean-Luc MAYAUD, « Protestation rurale, contestation politique ? Des réalités aux mythes unificateurs (XIXe-XXe siècles) », dans

NOTES DE LA PAGE 95

Actes du Colloque national: La protestation rurale dans les campagnes françaises. Questions à l'histoire (XVIIe-XXe siècles), Paris, Association des ruralistes français, 1987, pp. 1-6; Marcel VIGREUX, «Comportements révolutionnaires en Morvan central au milieu du XIXe siècle: structures foncières, sociales et mentales, souvenir de l'Ancien Régime et de la Révolution», dans Jean BART [dir.], *Le Morvan révolutionnaire. Recherches sur les origines des traditions politiques en Morvan (XVIIIe-XIXe siècles) – Annales historiques de la Révolution française*, octobre-décembre 1988, pp. 87-103; Peter SAHLINS, *Forest Rites. The War of Demoiselles in Nineteenth-Century France*, Cambridge (Mass.), Harvard University Press, 1994, 188 p.; Jérôme LAFARGUE, «La mémoire enfouie. Sociologie de la protestation paysanne dans les Landes (XIXe-XXe siècle)», dans *Ruralia, revue de l'Association des ruralistes français*, n° 4, 1999, à paraître.

2. Susanna BARROWS, *Distorting Mirrors. Visions of the Crowd in Late Nineteenth-Century France*, New Haven, Yale University press, 1981, traduction française, *Miroirs déformants. Réflexions sur la foule en France à la fin du XIXe siècle*, Paris, Aubier, 1990, 227 p.

3. Maurice AGULHON, *1848 ou l'apprentissage de la République*, Nouvelle histoire de la France contemporaine, tome 7, Paris, Éditions du Seuil, 1973, 253 p. (Nouvelle édition 1992, 290 p.); Maurice AGULHON, «La résistance au coup d'État en province. Esquisse d'historiographie», dans *L'historiographie du Second Empire – Revue d'histoire moderne et contemporaine*, tome 21, janvier-mars 1974, pp. 18-26; Ted W. MARGADANT, *French Peasants in Revolt. The Insurrection of 1851*, Princeton, Princeton University Press, 1979, 379 p.; Jean SAGNES, «Un village languedocien face au coup d'État de 1851», dans *Études sur Pézenas et l'Hérault*, 1981, n° 2, réédité dans Jean SAGNES, *Le Midi rouge. Mythe et réalité. Études d'histoire occitane*, Anthropos, 1982, pp. 25-55; Philippe VIGIER, *La vie quotidienne en province et à Paris pendant les journées de 1848*, Paris, Hachette, 1982, 443 p.; Jean-Luc MAYAUD, *Les Secondes Républiques du Doubs…*, ouv. cité, pp. 181-198; Marcel VIGREUX, *Paysans et notables du Morvan au XIXe siècle, jusqu'en 1914*, Château-Chinon, Académie du Morvan, 1987, 756 p.; Jean-Luc MAYAUD, «La Révolution de 1848: une histoire sainte revisitée», dans Frédéric BLUCHE et Stéphane RIALS [dir.], *Les révolutions françaises. Les phénomènes révolutionnaires en France du Moyen Âge à nos jours*, Paris, Librairie Arthème Fayard, 1989, pp. 327-340; Maurice AGULHON, «1848. Il suffragio universale e la politicizzazione delle campagne francesi», dans *Dimensionci e problemi della Ricerca storica* [La Sapienza], n° 1, 1992, pp. 5-20, réédité «1848, le suffrage universel et la politisation des campagnes françaises», dans Maurice AGULHON, *Histoire vagabonde. Tome III: La politique en France, d'hier à aujourd'hui*, Gallimard, 1996, pp. 61-82; Peter MCPHEE, *The Politics of Rural Life. Political Mobilization in the French Countryside, 1846-1852*, Oxford,

Clarendon Press, 1992, 310 p.; Peter MCPHEE, *Les semailles de la République dans les Pyrénées-Orientales, 1846-1852. Classes sociales, politique et culture*, Perpignan, Publications de l'olivier, 1995, 507 p.

4. Maurice AGULHON, «L'essor de la paysannerie, 1789-1852. La pauvreté et les classes sociales», dans Étienne JUILLARD [dir.], *Apogée et crise de la civilisation paysanne...*, *ouv. cité*, pp. 87-106; Eugen WEBER, *Peasants into Frenchmen...*, *ouv. cité*; Pierre MACLOUF [dir.], *La pauvreté dans le monde rural...*, *ouv. cité*; Daniel MENGOTTI, «Noblesse et catholicisme social dans les campagnes», dans *La noblesse et le catholicisme social de la Restauration à la Première Guerre mondiale*, n° spécial du *Bulletin de l'Association d'entraide de la noblesse française*, juin 1992, pp. 64-121; Jean-Claude FARCY, « Incendies et incendiaires en Eure-et-Loir au XIXe siècle», dans *L'incendie – Revue d'histoire du XIXe siècle*, n° 12, 1996, pp. 17-29; Guy HAUDEBOURG, *Mendiants et vagabonds en Bretagne au XIXe siècle*, Rennes, Presses universitaires de Rennes, 1998, 434 p.; Jean-François WAGNIART, *Le vagabond à la fin du XIXe siècle*, Paris, Éditions Belin, 1999, 352 p.; Stéphane MUCKENSTURM, *Soulager ou éradiquer la misère. Indigence, assistance et répression dans le Bas-Rhin au XIXe siècle*, Strasbourg, Presses universitaires de Strasbourg, 1999, 399 p.

5. Ronald HUBSCHER, *L'agriculture et la société rurale dans le Pas-de-Calais...*, *ouv. cité*, pp. 172-178; Ronald HUBSCHER, «Pauvreté ou pauvretés? Le milieu rural français...», *art. cité*.

6. Marcel VIGREUX, *La Société d'agriculture d'Autun (1833-1914)*, Dijon, Éditions universitaires de Dijon, 1990, 242 p. (pp. 134-135).

7. Jean-Luc MAYAUD, «Salariés agricoles et petite propriété...», *art. cité*.

8. Discours de Gambetta à Bordeaux, 30 août 1885, cité par Pierre BARRAL, *Les agrariens français...*, *ouv. cité*, p. 40.

9. Discours de Joseph Ruau à Blois, 5 juillet 1908, cité par J.-Joseph SOLEIL et Georges BONNEFOY, *Le livre des paysans...*, *ouv. cité*, pp. 40-41.

10. Michel AUGÉ-LARIBÉ, *La politique agricole de la France...*, *ouv. cité*; Pierre BARRAL, *Les agrariens français...*, *ouv. cité*; André GUESLIN, *L'État, l'économie et la société française, XIXe-XXe siècle*, Paris, Hachette, 1992, 249 p.; Jean-Luc MAYAUD, «L'integrazione politica dei contadini in Francia...», *art. cité*.

11. Claude-Isabelle BRELOT, «Une politique traditionnelle de gestion du patrimoine foncier...», *art. cité*, pp. 237-244.

12. André GUESLIN, *Les origines du Crédit agricole (1840-1914)*, Nancy, Annales de l'Est/Université de Nancy 2, 1978, 454 p.; Jean-Luc MAYAUD, *Les patrons du Second Empire. Franche-Comté...*, *ouv. cité*, pp. 111-122; Claude-Isabelle BRELOT, «Le syndicalisme agricole et la noblesse en France de 1884 à 1914», dans *Cahiers d'histoire*, tome 41, n° 2, 1996, pp 199-218.

13. Pierre BARRAL, *Les agrariens français...*, ouv. cité; Pierre BARRAL [dir.], *Aspects régionaux de l'agrarisme français...*, ouv. cité; Pierre BARRAL, « Agrarisme de gauche et agrarisme de droite sous la Troisième République... », *art. cité*.

14. Gilbert GARRIER [dir.], *Le syndicalisme agricole en France. Actes de la journée d'étude de Lyon, 22 mars 1980 – Bulletin du Centre d'histoire économique et sociale de la région lyonnaise*, 1981, n° 1-2, 93 p.; *Campagnes et syndicalisme en Bourbonnais, 1890-1940 – Études bourbonnaises*, n° 263, 1993; Jean VERCHERAN, *Un siècle de syndicalisme agricole. La vie locale et nationale à travers le cas du département de la Loire*, Saint-Étienne, Publications de l'Université de Saint-Étienne, 1994, 443 p.

15. Philippe GRATTON, *Les luttes de classes dans les campagnes*, Paris, Anthropos, 1971, 482 p.; Philippe GRATTON, *Les paysans français contre l'agrarisme*, Paris, Librairie François Maspero, 1972, 224 p.; Michel PIGENET, « *Ouvriers, paysans, nous sommes...* » *Les bûcherons du Centre de la France au tournant du siècle*, Paris, Éditions L'Harmattan, 1993, 299 p.; Ronald HUBSCHER et Jean-Claude FARCY [dir.], *La moisson des autres...*, ouv. cité; Francis DUPUY, *Le pin de la discorde. Les rapports de métayage dans la Grande Lande*, Éditions de la Maison des sciences de l'homme, 1996, 407 p.

16. Ramon GARRABOU [dir.], *La crisis agraria de fines del siglo XIX*, Barcelone, Éditorial crítica, 1988, 359 p.; Pasquale VILLANI [dir.], *L'agricoltura in Europa e la nascita della « questione agraria »...*, ouv. cité.

17. Jean-Luc MAYAUD, « Louis Pergaud, ethnographe, romancier régionaliste ou idéologue ? », dans *Louis Pergaud, les enfants et les hommes*, Besançon, CRDP, 1984, pp. 59-62.

18. Jean-Luc MAYAUD, « Courbet, peintre de notables à l'enterrement... de la République », dans *Ornans à l'enterrement: tableau historique de figures humaines. Catalogue de l'exposition d'Ornans, 1981*, Paris-Ornans, 1981, pp. 40-76; Jean-Luc MAYAUD, « Courbet à découvert », dans Jean-Jacques Fernier, Patrick LE NOUENE et Jean-Luc MAYAUD, *Courbet et Ornans*, Paris, Éditions Herscher, 1989, pp. 39-103; Jean-Luc MAYAUD, « Une allégorie républicaine de Gustave Courbet: *L'Enterrement à Ornans* », dans Christophe CHARLE, Jacqueline LALOUETTE, Michel PIGENET et Anne-Marie SOHN [dir.], *La France démocratique. Mélanges offerts à Maurice Agulhon*, Paris, Publications de la Sorbonne, 1998, pp. 243-256.; Jean-Luc MAYAUD, *Courbet, l'Enterrement à Ornans: un tombeau pour la République*, Paris, La Boutique de l'histoire éditions, 1999, 183 p.

19. Jean-Luc MAYAUD, « Des notables ruraux du XVIIIe au XIXe siècle en Franche-Comté: la famille de Gustave Courbet », dans *Mémoires de la Société d'émulation du Doubs*, 1979, pp. 15-28.

20. Jean-Luc MAYAUD, «Gustave Courbet: témoin de la proto-industrialisation...», *art. cité*; Jean-Luc MAYAUD, «Courbet et le Moulin d'Orbe...», *art. cité*.

21. Sur l'approche de la représentation des paysanneries au XIXe siècle, voir Jean-Claude CHAMBOREDON, «Peinture des rapports sociaux et invention de l'éternel paysan: les deux manières de Jean-François Millet», dans *Actes de la recherche en sciences sociales*, n° 17-18, novembre 1977, pp. 6-28; Rémy PONTON, «Les images de la paysannerie dans le roman rural à la fin du dix-neuvième siècle», *Ibidem*, pp. 62-71; Ronald HUBSCHER, «La France paysanne: réalités et mythologies...», *art. cité*; Ronald HUBSCHER, «Entre tradition et modernisation», dans Emmanuel LE ROY LADURIE [dir.], *Paysages, paysans. L'art et la terre en Europe du Moyen Âge au XXe siècle*, Paris, Bibliothèque nationale/Réunion des musées nationaux, 1994, pp. 183-194.

22. Guy HAUDEBOURG, *Mendiants et vagabonds en Bretagne...*, *ouv. cité*; Jean-Marie DÉGUIGNET, *Mémoires d'un paysan Bas-Breton, 1834-1905*, Édition établie et annotée par Bernez Rouz, Ar Releg-Kerhuon, Éditions An Here, 1998, 462 p.

23. Alain CORBIN, *Le monde retrouvé de Louis-François Pinagot. Sur les traces d'un inconnu, 1798-1876*, Paris, Flammarion, 1998, 343 p.

24. Voir le dossier «Recherches pinagotiques», dans *Ruralia, revue de l'Association des ruralistes français*, n° 3, 1998.

Jean-Luc MAYAUD, «Saisir l'histoire dans la singularité individuelle?», pp. 160-164; Jacques RÉMY, «Partage égalitaire et ventes aux enchères au siècle de Louis-François Pinagot», pp. 164-189.

25. Eugen WEBER, *Peasants into Frenchmen..., ouv. cité*. Voir le compte-rendu de Raymond HUARD, dans *Revue d'histoire moderne et contemporaine*, tome 25, avril-juin 1978, pp. 348-352. Voir encore: Pierre BARRAL, «Depuis quand les paysans se sentent-ils français?», dans *Ruralia, revue de l'Association des ruralistes français*, n° 3, 1998, pp. 7-21.

26. Compte-rendu de Maurice AGULHON, dans *Annales, économies, sociétés, civilisations*, tome 33, n° 4, juillet-août 1978, pp. 843-844.

Voir également Maurice AGULHON, «1848. Il suffragio universale e la politicizzazione...», *art. cité*.

27. Antoine PROST, *Histoire de l'enseignement en France, 1800-1967*, Paris, Librairie Armand Colin, 1968, 524 p. (p. 105); Jean-François CHANET, *L'école républicaine et les petites patries*, Paris, Aubier, 1996, 430 p.; Jean-Noël LUC, *L'invention du jeune enfant au XIXe siècle. De la salle d'asile à l'école maternelle*, Paris, Belin, 1997, 512 p.

28. Jean-Paul ARON, Paul DUMONT et Emmanuel LE ROY LADURIE, *Anthropologie du conscrit français, d'après les comptes numériques et sommaires du recrutement de l'armée (1819-1826). Présentation cartographique*, Paris/La Haye, Mouton, 1972, 263 p.; Emmanuel LE ROY

LADURIE et André ZYSBERG, « Anthropologie des conscrits français (1868-1887) », dans *Ethnologie française*, n° 1, tome 9, janvier-mars 1979, pp. 47-68 ; Roger CHARTIER, « La ligne Saint-Malo-Genève », dans Pierre NORA [dir.], *Les lieux de mémoire. Les France : Conflits et partages*, Bibliothèque illustrée des histoires, NRF, Paris, Gallimard, 1992, pp. 739-775.

29. Jacques GAVOILLE, *L'école publique dans le département du Doubs (1870-1914)*, Paris, Les Belles-Lettres, 1981, 416 p.

30. Vesna DABIC, *Le conseil général du Rhône et le développement agricole (1800-1890)*, Mémoire de maîtrise sous la direction de Jean-Luc Mayaud, Université Lyon 2, 1998, 221 f° ; Olivier FOULHOUX, *Le Conseil général de l'Ain et le développement agricole, 1817-1887*, Mémoire de maîtrise sous la direction de Jean-Luc Mayaud, Université Lyon 2, 1998, 2 volumes, 239 f° et 62 f°.

31. Jean-Luc MAYAUD, *Les paysans du Doubs au temps de Courbet...*, ouv. cité, pp. 93-94.

32. Michel VERNUS, « Quelques aspects de la diffusion du progrès agricole (XIXe siècle) », dans *19/20. Bulletin du Centre d'histoire contemporaine*, Université de Franche-Comté, n° 2, 1998, pp. 63-72.

33. Michel VERNUS, « La culture écrite et le monde paysan. Le cas de la Franche-Comté (1750-1860) », dans *Histoire et sociétés rurales*, n° 7, 1er semestre 1997, pp. 41-72 ; Jérôme GANNARD, *Vulgarisation et enseignement agricole dans le Doubs de 1839 à 1914*, mémoire de maîtrise sous la direction de Michel Vernus, Université de Franche-Comté, 1997.

34. Jean-Luc MAYAUD, « Entre agronomes distingués et petits paysans, un *gentleman-farmer* haut-saônois : Alphonse Faivre du Bouvot (1802-1866) », dans *Étude d'un pays comtois : la Vôge et la dépression péri-vosgienne – Publications du Centre universitaire d'études régionales*, Université de Franche-Comté, n° 9, 1992, pp. 147-154.

35. Gilbert GARRIER [dir.], *Savoir paysan-savoir agronomique. Actes de la journée d'étude de Lyon, 18 mars 1983 – Bulletin du Centre d'histoire économique et sociale de la région lyonnaise*, 1983, n° 2-3, 134 p.

36. *Recueil agronomique* publié par la Société d'agriculture, sciences et arts du département de la Haute-Saône, 1857.

37. *Bulletin de la Société centrale d'agriculture du Pas-de-Calais*, 1863 et 1857, cité par : Ronald HUBSCHER, *L'agriculture et la société rurale dans le Pas-de-Calais..., ouv. cité*, pp. 275-319.

38. Yves RINAUDO, « 1848 : les fermes-écoles, premier essai d'un enseignement populaire agricole », dans *Annales d'histoire des enseignements agricoles*, n° 1, octobre 1986, pp. 33-44 ; Michel BOULET, Anne-Marie LELORRAIN et Nadine VIVIER, *1848. Le printemps de l'enseignement agricole*, Dijon, Éditions Educagri, 1998, 141 p.

39. Yvette MAURIN, «L'institut de Roville», *Annales d'histoire des enseignements agricoles*, n° 2, décembre 1987, pp. 17-29; René BOURRIGAUD, *Le développement agricole au XIXe siècle en Loire-Atlantique*, Nantes, Centre d'histoire du travail de Nantes, 1994, 496 p.

40. Jean BOICHARD, *L'élevage bovin, ses structures et ses produits...*, *ouv. cité*; Jean-Christophe QUOY, *Aux origines de l'enseignement technique agricole dans le Doubs. L'ENIL de Mamirolle, 1888-1900*, Mémoire de maîtrise sous la dirction de Michel Vernus, Université de Franche-Comté, 1993, 499 f° + annexes.

41. Antoine BOUDOL, «Les comices agricoles dans l'Ain (1870-1914)», dans *Les Nouvelles annales de l'Ain*, Société d'émulation de l'Ain, 1987, pp. 121-156.

Voir encore plusieurs mémoires de maîtrises, sous ma direction à l'Université Lyon 2 :

Karine RIOS, *Le comice agricole de Givors [Rhône] au XIXe siècle*, 1996, 114 f° + annexes; Lisanne LAGOURGUE, *Les comices agricoles dans la Drôme du sud, dans la seconde moitié du XIXe siècle*, 1997, 2 volumes, 111 f° et 61 f°; Nathalie CARNIS, *Les comices et le développement agricole du nord de l'Isère (1835-1914)*, 1998, 2 volumes, 148 f° + annexes; Cécile DUSSAUGE, *Les concours viticoles en Beaujolais (1885-1914)*, 1998, 2 volumes, 139 f° + annexes; Caroline GILBERTE, *Les concours d'animaux gras à Lyon de 1847 à 1869*, 1998, 2 volumes, 213 f° et 134 f°; Gaëlle LEPESSEC, *Le comice agricole du Bugey (Ain), 1840-1914*, 1998, 141 f° + annexes; Catherine SABATIER, *Les concours chevalins dans le département du Rhône au XIXe siècle*, 1998, 162 f°; Virginie VINCENT, *L'excellence agricole à travers le concours de volailles en Bourg-en-Bresse (1862-1940)*, 1998, 2 volumes, 374 f°.

Voir encore : David TROUILLET, *Éleveurs en Charolais, éleveurs de charolais : les lauréats des concours bovins en Saône-et-Loire au XIXe siècle*, Diplôme d'études approfondies sous la direction de Jean-Luc Mayaud, Université Lyon 2, 1998, 114 f°.

42. François VÉDRINE, *La Société d'agriculture, sciences, arts et belles-lettres d'Indre-et-Loire (1820-1880)*, Mémoire de maîtrise sous la direction de Claude-Isabelle Brelot, Université François Rabelais, Tours, 1993, 241 f° (f° 150).

Voir également : Grégory BOUDET, *La Société d'agriculture de la Drôme de 1798 à 1871*, Mémoire de maîtrise sous la direction de Jean-Luc Mayaud, Université Lyon 2, 1997, 2 volumes, 129 f° + annexes; Michäel LATHIÈRE *Les sociétés d'agriculture de Montbrison et leur action sur le développement agricole de 1818 à 1914,* Mémoire de maîtrise sous la direction de Jean-Luc Mayaud, Université Lyon 2, en cours.

43. *Bulletin de la Société centrale d'agriculture du Pas-de-Calais*, 1863, cité par Ronald HUBSCHER, *L'agriculture et la société rurale dans le Pas-de-Calais...*, *ouv. cité*, p. 275.

44. René BOURRIGAUD, *Le développement agricole au XIXe siècle en Loire-Atlantique...*, ouv. cité, p. 483.

45. Jean-Luc MAYAUD, *150 ans d'excellence agricole en France. Histoire du Concours général agricole*, Paris, Belfond, 1991, 192 p.

46. *Journal d'agriculture pratique*, 1874 ; Jean-Luc MAYAUD, « La "belle vache" dans la France des concours agricoles du XIXe siècle », dans Éric BARATAY et Jean-Luc MAYAUD [dir.], *L'animal domestique, XVIe-XXe siècles – Cahiers d'histoire*, tome 42, n° 3-4, 1997, pp. 521-541.

47. Bertrand VISSAC, « Technologies et société : l'exemple de l'amélioration bovine en France », dans Claude LAURENT [dir.], *Technologies agro-alimentaires – Culture technique*, n° 16, 1986, pp. 176-187 ; Jean BOULAINE, *Histoire de l'agronomie en France*, Paris, Rec & doc-Lavoisier, 1992, 392 p. ; Caroline GILBERTE, *Les animaux gras en Rhône-Alpes au XIXe siècle. Éléments pour une histoire de la « filière viande »*, Diplôme d'études approfondies sous la direction de Jean-Luc Mayaud, Université Lyon 2, en cours.

48. Antoine BOUDOL, « Les comices agricoles dans l'Ain : vers l'accaparement idéologique », dans *Les Nouvelles annales de l'Ain*, Société d'émulation de l'Ain, 1989-1990, pp. 177-208 ; Stéphane PAQUE, *Éleveurs et élevage bovin au pays des Quatre montagnes (Isère) de 1893 à 1914*, Mémoire de maîtrise sous la direction de Jean-Luc Mayaud, Université Lyon 2, 1998, 2 volumes, 249 f° + 41 f° ; Sébastien ROMAGNAN, *L'abondance et ses éleveurs en Haute-Savoie dans la seconde moitié du XIXe siècle (1861-1914)*, Mémoire de maîtrise sous la direction de Jean-Luc Mayaud, Université Lyon 2, 1998, 2 volumes, 166 f° + 56 f°.

49. Gilbert GARRIER, *Paysans du Beaujolais et du Lyonnais...*, ouv. cité, pp. 342-343.

50. Jean-Luc MAYAUD, « Entre agronomes distingués et petits paysans, un *gentleman-farmer...* », art. cité.

51. Auguste de GASPARIN, « Concours régional de Grenoble en 1855 », dans *Journal d'agriculture pratique*, tome 1, 1856, pp. 252-256.

52. Christelle MONTBARBON, *La Société d'émulation de l'Ain et l'agriculture au XIXe siècle*, Mémoire de maîtrise sous la direction de Jean-Luc Mayaud, Université Lyon 2, 1998, 98 f° + annexes.

53. *Le Courrier de l'Ain*, 24 mars 1864, p. 2.

54. *Le Salut public*, 19 mars 1864 et 11 avril 1867. Voir Caroline GILBERTE, *Les concours d'animaux gras à Lyon...*, ouv. cité.

55. Jeanne GAILLARD, « La petite entreprise en France au XIXe et au XXe siècle », dans *Petite entreprise et croissance industrielle dans le monde aux XIXe et XXe siècles*, Paris, Éditions du Centre national de la recherche scientifique, 1981, pp. 131-187 ; François CARON [dir.], *Entreprises et entrepreneurs, XIXe-XXe siècles. Congrès de l'Association française des historiens économistes, mars 1980*, Paris, Presses de

l'Université Paris-Sorbonne, 1983, 391 p. ; Philippe JOBERT et Jean-Claude CHEVAILLER, « La démographie des entreprises en France au XIXe siècle. Quelques pistes », dans *Histoire, économie et société*, 2e trimestre 1986, pp. 233-264 ; Philippe JOBERT et Michael MOSS [dir.], *The Birth and Death of Companies…, ouv. cité* ; François CARON, « L'entreprise… », *art. cité* ; Patrick VERLEY, *Entreprises et entrepreneurs du XVIIIe siècle au début du XXe siècle*, Carré histoire, Paris, Hachette, 1994, 255 p.

56. Problèmes essentiels posés par toute approche des mobilités : T.K. HAREVEN, « Cycle, Courses and Cohorts : Reflexions on Theorical and Methodological Approches to the Historical Study of family Development », dans *Journal of Social History*, tome 12, n° 1, 1978, pp. 97-107 ; *Mobilités – Annales, économies, sociétés, civilisations*, tome 45, n° 6, novembre-décembre 1990, pp. 1273-1491 ; Laurence FONTAINE [dir.], *Les mobilités…, ouv. cité.*

57. Jacques DUPÂQUIER [dir.], *Histoire de la population française. Tome 3…, ouv. cité* ; Jacques DUPÂQUIER et Denis KESSLER [dir.], *La société française au XIXe siècle…, ouv. cité* ; Jacques DUPÂQUIER, « L'étude de la mobilité sociale en France… », *art. cité*.

58. Une méthodologie est ainsi possible en reprenant les propositions et expérimentations de Pierre GOUJON, « Une possibilité d'exploitation des listes nominatives des recensements… », *art. cité* ; Franklin F. MENDELS, « La composition du ménage paysan en France au XIXe siècle : une analyse économique du mode de production domestique », dans *Annales, économies, sociétés, civilisations*, tome 33, n° 4, juillet-août 1978, pp. 780-802 ; Ronald HUBSCHER, *L'agriculture et la société rurale dans le Pas-de-Calais…, ouv. cité*, pp. 791-833, chapitre XIV, « Mobilité et structures sociales : la mobilité socioprofessionnelle des ruraux » ; Ronald HUBSCHER, « Modèles d'exploitation et comptabilité agricole… », *art. cité* ; Ronald HUBSCHER, « La petite exploitation en France… », *art. cité*.

Cette méthode est affinée et expérimentée par Martine Bacqué-Cochard et Yann Stephan, pour deux thèses en préparation, sous ma direction, respectivement consacrées à la petite exploitation au Pays basque et dans le département de la Drôme. Quelques premiers résultats sont sur le point d'être publiés :

Martine BACQUÉ-COCHARD, « Les petites exploitations rurales au XIXe siecle. L'exemple du Pays basque français », dans Jean-Luc MAYAUD [dir.], *Histoire rurale, histoire sociale – Bulletin du Centre Pierre Léon d'histoire économique et sociale*, n° 1-2, 1999 ; Yann STEPHAN, « Re-construire la petite exploitation rurale (Drôme, XIXe siècle) », *ibidem*.

59. Yvonne CREBOUW, *Salaires et salariés agricoles en France…, ouv. cité.*

60. Jean-Luc MAYAUD, « Salariés agricoles et petite propriété… », *art. cité.*

61. Marcel Vigreux, *Paysans et notables du Morvan au XIXe siècle...*, *ouv. cité*; Gilbert Garrier, *Paysans du Beaujolais et du Lyonnais..., ouv. cité*; Yves Rinaudo, *Les vendanges de la République..., ouv. cité*.

62. Didier Blanchet et Denis Kessler, «La mobilité géographique, de la naissance au mariage», dans Jacques Dupâquier et Denis Kessler [dir.], *La société française au XIXe siècle..., ouv. cité*, pp. 343-378 (p. 360).

63. Martine Segalen et Georges Ravis-Giordani [dir.], *Les cadets, ouv. cité*.

64. Diane Gervais, «Le pari des exclus: la mobilité sociale dans le Lot...», *art. cité*.

65. Maurice Agulhon, *La République au village..., ouv. cité*, pp. 259-284.

66. Philippe Vigier, «Un quart de siècle de recherches historiques sur la province...», *art. cité*; André-Jean Tudesq, «Institutions locales et histoire sociale: la loi municipale de 1831 et ses premières applications», dans *Annales de la faculté des lettres et sciences humaines de Nice*, 1969, pp. 327-363; Philippe Vigier «Élections municipales et prise de conscience politique sous la monarchie de Juillet», dans *La France au XIXe siècle. Mélanges offert à Charles H. Pouthas*, Paris, 1973, pp. 262-275; Philippe Vigier, «La République à la conquête des paysans, les paysans à la conquête du suffrage universel», dans *La politique en campagnes – Politix*, n° 15, 3e trimestre 1991, pp. 7-11; Christine Guionnet, «Élections et apprentissage de la politique. Les élections municipales sous la monarchie de Juillet», dans *Revue française de science politique*, volume 46, n° 4, août 1996, pp. 555-579; Christine Guionnet, *L'apprentisage de la politique moderne. Les élections municipales sous la monarchie de Juillet*, Paris, Éditions L'Harmattan, 1997, 328 p.; Christine Guionnet, «La politique au village. Une révolution silencieuse», dans *Le monde des campagnes – Revue d'histoire moderne et contemporaine*, tome 45, octobre-décembre 1998, pp. 775-788; Maurice Agulhon, «"La République au village" : quoi de neuf ?», dans *Provence historique*, n° 194, 1998, pp. 423-433.

67. Melvin Edelstein, «Vers une "sociologie électorale" de la Révolution française: la participation des citadins et des campagnards (1789-1793)», dans *Revue d'histoire moderne et contemporaine*, tome 22, octobre-décembre 1975, pp. 508-548; Patrice Gueniffey, *Le nombre et la raison. La Révolution Française et les élections*, Paris, Éditions de l'École des hautes études en sciences sociales, 1993, 559 p.

68. Eugen Weber, *Peasants into Frenchmen..., ouv. cité*, p. 396.

69. Philippe Vigier, «Mouvements paysans dans le cadre de l'agriculture et de la société rurale traditionnelles...», *art. cité*.

70. Jean-François Soulet, *Les Pyrénées au XIXe siècle. Tome 1: Organisation sociale et mentalités. Tome 2: Une société en dissidence*, Toulouse, Éditions Éché, 1987, 2 volumes, 478 p. et 713 p.; Christian Thibon, *Pays de Sault. Les Pyrénées audoises au XIXe siècle: les villages et l'État*, Paris, Éditions du Centre national de la recherche scientifique, 1988, 278 p.

71. Alain Corbin, «Histoire de la violence dans les campagnes françaises au XIXe siècle. Esquisse d'un bilan», dans *Violence, brutalité, barbarie – Ethnologie française*, n° 3, tome 21, juillet-septembre 1991, pp. 224-236; Alain Corbin, «La violence rurale dans la France du XIXe siècle et son dépérissement: l'évolution de l'interprétation politique», dans *La violence politique dans les démocraties européennes occidentales – Cultures & conflits*, n° 9-10, printemps-été 1993, pp. 61-73; Frédéric Chauvaud, «Le dépérissement des émotions paysannes dans les territoires boisés au XIXe siècle», dans Alain Faure, Alain Plessis et Jean-Claude Farcy [dir.], *La terre et la cité…, ouv. cité*, pp. 101-114.; Frédéric Chauvaud, «Ces affaires minuscules: le crime dans les sociétés rurales de Seine-et-Oise au XIXe siècle. Jalons pour une typologie des microévénements et pour une morphologie du crime», dans Benoît Garnot [dir.], *Histoire et criminalité de l'antiquité au XXe siècle. Nouvelles approches*, Dijon, Éditions universitaires de Dijon, 1992, pp. 223-230; Frédéric Chauvaud, «Violence juvénile, violence familiale? (1830-1880)», dans *Jeunesses au XIXe siècle – 1848, révolutions et mutations au XIXe siècle*, n° 8, 1992, pp. 39-48; Frédéric Chauvaud, *Les passions villageoises au XIXe siècle. Les émotions rurales dans les pays de Beauce, du Hurepoix et du Mantois*, Paris, Éditions Publisud, 1995, 272 p.; Frédéric Chauvaud, «Les rixes intervillageoises sous la Restauration», dans Benoît Garnot [dir.], *L'infrajudiciaire du Moyen Âge à l'époque contemporaine*, Dijon, Presses universitaires de Dijon, 1996, pp. 437-445; Frédéric Chauvaud, «Les violences rurales et l'émiettement des objets au XIXe siècle. Lectures de la ruralité», dans *Cahiers d'histoire*, tome 42, n° 1, 1997, pp. 49-88.

72. Alain Corbin, *Le village des cannibales*, Paris, Aubier, 1990, 204 p.

73. Maurice Agulhon, «Les campagnes à leur apogée, 1852-1880. Les paysans dans la vie politique», dans Étienne Juillard [dir.], *Apogée et crise de la civilisation paysanne…, ouv. cité*, pp. 357-385 (pp. 366-367).

74. René Rémond [dir.], *Pour une histoire politique*, Paris, Éditions du Seuil, 1988, 403 p.

75. Théodore Zeldin, *The Political System of Napoléon III*, Londres, Macmillan, 1958, 196 p.; Philippe Vigier, «Le bonapartisme et le monde rural», dans Karl Hammer et Peter Claus Hartmann [dir.], *Le bonapartisme. Phénomène historique et mythe politique. Actes du 13e colloque historique franco-allemand, Augsbourg, 26-30 septembre 1975*, Munich, Artemis Verlag, 1977, pp. 11-21.

NOTES DE LA PAGE 110

76. Alain PLESSIS, *De la fête impériale au mur des fédérés. 1852-1871*, Nouvelle histoire de la France contemporaine, tome 9, Paris, Éditions du Seuil, 1973, 256 p. (pp. 140-151).

77. Bernard MÉNAGER, *Les Napoléon du peuple*, Paris, Aubier, 1988, 446 p.; Pierre LÉVÊQUE, *Histoire des forces politiques en France. Tome I: 1789-1880. Tome II: 1880-1940*, Paris, Librairie Armand Colin, 1992-1994, 370 p. et 311 p.

78. Jean-Luc MAYAUD, *Les Secondes Républiques du Doubs...*, ouv. cité.

79. Jacques GAVOILLE, *La vie politique dans le département du Doubs de 1871 à 1939*, Diplôme d'études supérieures, Université de Besançon, 1953; Jacques GAVOILLE, *La Franche-Comté de 1870 à nos jours...*, ouv. cité, pp. 109-118; Louis MAIRRY, *Le département du Doubs sous la IIIe République. Une évolution politique originale*, Besançon, Cêtre, 1992, 483 p.

80. Pierre BARRAL [dir.], *Aspects régionaux de l'agrarisme français..., ouv. cité*, pp. 41-66.

81. François GOGUEL, *Géographie des élections françaises de 1870 à 1951*, Cahiers de la Fondation nationale des sciences politiques, n° 27, Paris, Armand Colin, 1951, 185 p.; Pierre BARRAL [dir.], *Aspects régionaux de l'agrarisme français..., ouv. cité*; Odile RUDELLE, *La République absolue. Aux origines de l'instabilité constitutionnelle de la France républicaine, 1870-1889*, Paris, Publications de la Sorbonne, 1982, 323 p.

Notes de l'introduction de la deuxième partie et du chapitre 5

1. Henri LEFEBVRE, «Problèmes de sociologie rurale: la communauté paysanne et ses problèmes historico-sociologiques», dans *Cahiers internationaux de sociologie*, volume 6, 1949, pp. 78-100; Henri MENDRAS, *Éléments de sociologie*, Paris, Librairie Armand Colin, 1975, 262 p.

2. Albert SOBOUL, «Problèmes de la communauté rurale en France (XVIIIe-XIXe siècles)», dans *Ethnologie et histoire. Forces productives et problèmes de transition*, Paris, Éditions sociales, 1975, pp. 369-395; Jean-Pierre GUTTON, *La sociabilité villageoise dans l'ancienne France. Solidarités et voisinages du XVIe au XVIIIe siècle*, Paris, Hachette, 1979, 294 p.; Ronald HUBSCHER, «La France paysanne: réalités et mythologies…», *art. cité*, pp. 28-33.

3. Colette BAUDOUY, «Cervières, une communauté rurale des Alpes briançonnaises du XVIIIe siècle à nos jours. Premières conclusions et perspectives de recherches sur l'histoire des communautés rurales», dans *Bulletin du Centre d'histoire économique et sociale de la région lyonnaise*, 1976, n° 3, pp. 27-50; Nadine VIVIER, «Une vie communautaire préservée: le Briançonnais de 1713 à 1914», dans *Bulletin du Centre d'histoire de la France contemporaine*, n° 9, 1988, pp. 23-62; Nadine VIVIER, *Propriété collective et identité communale. Les biens communaux en France, 1750-1914*, Paris, Publications de la Sorbonne, 1998, 352 p.

4. Paul HOUÉE, *Coopération et organisations agricoles françaises. Bibliographie*, Paris, Éditions Cujas, 1969, 421 p.; Henri DESROCHE, *Le projet coopératif. Son utopie et sa pratique. Ses appareils et ses réseaux. Ses espérances et ses déconvenues*, Paris, Les Éditions ouvrières, 1976, 461 p.; André GUESLIN, *L'invention de l'économie sociale. Le XIXe siècle français*, Paris, Economica, 1987, 340 p.

5. Marc BLOCH, *Les caractères originaux de l'histoire rurale française*, Paris, Les Belles-Lettres, 1931, réédition: Paris, Librairie Armand Colin, 1968, 2 volumes, 305 p. et 230 p.

6. Jacques MULLIEZ, «Du blé, mal nécessaire. Réflexions sur les progrès de l'agriculture…», *art. cité*.

7. MINISTÈRE DE L'AGRICULTURE, DU COMMERCE ET DES TRAVAUX PUBLICS, *Enquête agricole. 2e série, enquêtes départementales…*, *ouv. cité*s, 26 volumes (Questions 51 à 55).

8. Jean BRELOT, «Traits généraux de l'évolution agricole», dans *Enquête sur le Jura depuis cent ans…*, *ouv. cité*, pp. 57-97; Paule GARENC, «Un siècle d'évolution agricole dans les pays francs-comtois», dans *Acta geographica*, fascicule n° 46-47, juin-septembre 1963, pp. 5-26; Jean-Luc MAYAUD, *Les paysans du Doubs au temps de Courbet…*, *ouv. cité*, pp. 36-37.

9. Arch. dép. Doubs, M 2145, Enquête de 1858.
La locution «sommard», vraisemblablement dérivée de «sommeil» est utilisée pour désigner la jachère.

10. Bernard CART, *Individualisme agraire et droits d'usage communautaires dans le département du Jura au XIXe siècle*, Mémoire de maîtrise sous la direction de Claude-Isabelle Brelot, Université de Franche-Comté, 1977, 132 f° + annexes ; Jean-Luc MAYAUD, *Les Secondes Républiques du Doubs...*, ouv. cité, p. 87.

11. Ronald HUBSCHER, «Pauvreté ou pauvretés ? Le milieu rural français...», *art. cité*; Christophe MARCHAND, *L'évergétisme municipal des élites rurales de la Haute-Saône au XIXe siècle*, Mémoire de maîtrise sous la direction de Claude-Isabelle Brelot, Université de Franche-Comté, 1987, 196 f°; Florence ARNOULD, *L'évergétisme dans le département du Doubs au XIXe siècle*, Diplôme d'études approfondies, Université de Franche-Comté, Faculté des lettres et sciences humaines de Besançon, 1991, 188 f° + annexes ; Claude-Isabelle BRELOT, *La noblesse réinventée...*, ouv. cité, pp. 617-624; Claude-Isabelle BRELOT, «Châteaux, communautés de village et paysans dans une province française au XIXe siècle», dans Alain FAURE, Alain PLESSIS et Jean-Claude FARCY [dir.], *La terre et la cité...*, ouv. cité, pp. 53-65.; Jean-Luc MAYAUD, « Noblesses et paysanneries de 1789 à 1914 : des rapports d'exclusion ? », dans Claude-Isabelle BRELOT [dir.], *Noblesses et villes (1780-1914). Actes du colloque de Tours, 17-19 mars 1994*, Tours, Université de Tours/Maison de sciences de la ville, pp. 55-69; Jean-Luc MARAIS, *Histoire du don en France de 1800 à 1939. Dons et legs charitables, pieux et philanthropiques*, Rennes, Presses universitaires de Rennes, 1999, 409 p.

12. Serge ZEYONS, *La France paysanne*, Paris, Larousse, 1992, 240 p.

13. Raymond DARGENT, *Des droits de vaine pâture et de parcours*, Besançon, Imprimerie P. Jacquin, 1893, 173 p.; Anne-Marie Frenesy, *De la vaine pâture dite coutumière dans le département du Doubs de 1810 à 1914*, Diplôme d'études supérieures en histoire du droit, Faculté de droit et de sciences économiques de Nancy, 1965, 86 f°.

14. Henri SÉE, «La vaine pâture sous la monarchie de Juillet, d'après les enquêtes de 1836-1838», dans *Revue d'histoire moderne*, 1926, pp. 198-213.

15. *Bulletin des lois*, cité par : Bernard CART, *Individualisme agraire et droits d'usage communautaires...*, mémoire cité, f° 66.

16. Jean-François SOULET, *Les Pyrénées au XIXe siècle..., ouv. cité,* pp. 145-149.

17. Jean-Luc MAYAUD, «Persistance des droits d'usage communautaires en Franche-Comté...», *art. cité*; Jean-Luc MAYAUD, *Les Secondes Républiques du Doubs...*, ouv. cité.

18. Jean-Luc MAYAUD, « Les résistances à la spécialisation pastorale : le Nord-Ouest de la Haute-Saône au XIXe siècle », dans *Étude d'un pays comtois : la Vôge et la dépression péri-vosgienne – Publications du Centre universitaire d'études régionales*, Université de Franche-Comté, n° 9, 1992, pp. 139-146.

19. François PRABERNON, « De la vaine pâture et des pâturages communaux », dans *Recueil agronomique, industriel et scientifique publié par la Société d'agriculture de la Haute-Saône*, 1840, pp. 239-251.

20. Anne-Marie FRENESY, *De la vaine pâture dite coutumière...*, mémoire cité, f° 62.

21. Jean-Baptiste PERRIN, *Observations sur la vaine pâture, à ses collègues Messieurs les membres de la commission chargée, dans le département du Jura, d'examiner les changements à introduire dans la législation rurale*, Lons-le-Saunier, 1835, 32 p.

22. Jean-Luc MAYAUD, *Les paysans du Doubs au temps de Courbet...*, ouv. cité, pp. 76-79 ; Jean BOICHARD, *L'élevage bovin, ses structures et ses produits...*, ouv. cité.

23. Jean-Luc MAYAUD, *Les Secondes Républiques du Doubs...*, ouv. cité, pp. 225-235.

24. *Bulletin des lois*, cité par Bernard CART, *Individualisme agraire et droits d'usage communautaires...*, mémoire cité, f° 69.

25. Anne-Marie FRENESY, *De la vaine pâture dite coutumière...*, mémoire cité, f° 80.

26. Roger GRAFFIN, *Les biens communaux en France. Étude historique et critique*, Paris, Guillaumin, 1899 ; Georges BOURGIN, « Les communaux et la Révolution française », dans *Nouvelle revue de droit français*, 1908, pp. 690-763 ; Henri SÉE, « Le partage des biens communaux à la fin de l'Ancien Régime », dans *Revue historique de droit français et étranger*, janvier 1923, pp. 47-81 ; Paul GUICHONNET, « Les biens communaux et les partages révolutionnaires dans l'ancien département du Léman », dans *Études rurales*, n° 36, octobre-décembre 1969, pp. 7-36 ; Florence GAUTHIER, *La voie paysanne dans la Révolution Française. L'exemple picard*, Paris, Librairie François Maspéro, 1977, 241 p. ; Jean-Jacques CLÈRE, *Les paysans de la Haute-Marne et la Révolution Française. Recherches sur les structures foncières de la communauté villageoise (1780-1825)*, Paris, Éditions du Comité des travaux historiques et scientifiques, 1988, 397 p. ; Jean-Luc MAYAUD, « Logique économique et logique politique pendant la Révolution : la petite Vendée des plateaux du Doubs », dans *La Révolution dans la montagne jurassienne (Franche-Comté et Pays de Neuchâtel). Actes du colloque de La Chaux-de-Fonds, 20 mai 1989*, s.l., Regards sur le haut Doubs, 1989, pp. 89-101 ; Nadine VIVIER, « Les biens communaux du Briançonnais aux XVIIIe et XIXe siècles », dans *Études rurales*, n° 117, janvier-juin 1990, pp. 139-158 ; Nadine VIVIER, *Propriété collective et identité communale...*, ouv. cité.

27. Diverses cartes figurant la répartition des communaux dans la France du XIXe siècle sont consultables dans Jean-Claude FARCY, « Le cadastre et la propriété foncière… », *art. cité*, p. 48 ; Nadine VIVIER, « Les biens communaux en France au XIXe siècle. Perspectives de recherches », dans *Histoire et sociétés rurales*, n° 1, 1er semestre 1994, pp. 119-140 ; Nadine VIVIER, « Une question délaissée : les biens communaux aux XVIIIe et XIXe siècles », dans *Revue historique*, n° 587, juillet-septembre 1994, pp. 143-160 ; Jean-Luc MAYAUD, « Salariés agricoles et petite propriété… », *art. cité* ; Jean-Luc MAYAUD, « Les biens communaux en France du XVIIIe au XXe siècle », dans Joan J. BUSQUETA et Enric VICEDO [dir.], *Béns comunals als Països Catalans i a l'Europa contemporània. Sistemes agraris, organització social i poder local als Països Catalans*, Lerida, Institut d'estudis ilerdencs, 1996, pp. 553-577 ; Nadine VIVIER, *Propriété collective et identité communale…*, *ouv. cité*.

28. Alain CORBIN, *Archaïsme et modernité en Limousin au XIXe siècle…*, *ouv. cité* ; Maurice AGULHON, *La République au village…*, *ouv. cité*, pp. 42-106 ; Francis POMPONI, « Un siècle d'histoire des biens communaux en Corse », dans *Études corses*, 1975, pp. 3-5 ; Yves RINAUDO, « Des prés et des bois : repères pour une étude des biens communaux dans la France méditerranéenne au XIXe siècle », dans *Annales du Midi. Revue de la France méridionale*, tome 95, n° 164, octobre-décembre 1983, pp. 479-492.

29. Jean-Claude FARCY, « Le cadastre et la propriété foncière… », *art. cité*, pp. 49-51 ; Jean-Luc MAYAUD, « Salariés agricoles et petite propriété… », *art. cité*.

30. Pierre BARRAL, *Les agrariens français…*, *ouv. cité,* p. 42 et pp. 54-63.

31. Jean-Luc MAYAUD, *Les Secondes Républiques du Doubs…*, *ouv. cité,* pp. 90-92.

Ces données sont stables tout au long du siècle pour la totalité des 640 communes du département du Doubs : peu de variations sont constatées entre les superficies calculées à partir du dépouillement de la totalité des matrices du cadastre napoléonien et celles que livrent les diverses statistiques postérieures.

32. Dominique FICHET et Denis MICHAUD, *La remise en cause du paturage collectif dans la région de Levier. Une étape dans l'histoire du communal*, Mémoire de fin d'étude, INRA-ENSAA Dijon, 1979, 115 f° + annexes ; Jean-Luc MAYAUD, « Logique économique et logique politique pendant la Révolution… », *art. cité*.

33. Yves RINAUDO, « Des prés et des bois : repères pour une étude des biens communaux… », *art. cité*, p. 483.

34. Philippe VIGIER, *La Seconde République dans la région alpine…*, *ouv. cité* ; Suzanne DAVEAU, *Les régions frontalières de la montagne jurassienne…*, *ouv. cité* ; Jean-Luc MAYAUD, « Les mutations

agricoles dans le val de Mouthe...», *art. cité*; Jean-Luc MAYAUD, «Un modèle d'économie de montagne: le Haut Jura...», *art. cité*.

35. Denis WORONOFF [dir.], *Forges et forêts. Recherches sur la consommation proto-industrielle de bois*, Paris, Éditions de l'École des hautes études en sciences sociales, 1990, 264 p.; Andrée CORVOL, *L'homme aux bois. Histoire des relations de l'homme et de la forêt (XVIIe-XXe siècles)*, Paris, Librairie Arthème Fayard, 1987, 586 p.; Andrée CORVOL [dir.], *La forêt. Actes du 113e Congrès national des sociétés savantes, Strasbourg, 1988*, Paris, Éditions du Comité des travaux historiques et scientifiques, 1991, 380 p.

36. Denis WORONOFF, *L'industrie sidérurgique en France pendant la Révolution et l'Empire*, Paris, Éditions de l'École des hautes études en sciences sociales, 1984, 592 p.; Denis WORONOFF [dir.], *Révolution et espaces forestiers. Colloque des 3 et 4 juin 1987*, Paris, Éditions L'Harmattan, 1988, 364 p.

37. Statistiques de 1884, fournies par Jules Gigault de CRISENOY, «Statistique des biens communaux et des sections de communes», dans *Revue générale d'administration*, juillet 1887, pp. 257-277; *Statistique agricole de la France [...]. Résultats généraux de l'enquête décennale de 1882...*, *ouv. cité*, pp. 206-217.

38. Archives nationales, C 1065, Statistique de 1859.

39. Jean-Luc MAYAUD, *Les paysans du Doubs au temps de Courbet...*, *ouv. cité*, pp. 74-76; Jean-Luc MAYAUD, «Clio dans les forêts comtoises: itinéraire pour le XIXe siècle», dans *Publications du Centre universitaire d'études régionales*, Université de Franche-Comté, n° 4, 1982, pp. 85-106; Jean-Luc MAYAUD, *Les Secondes Républiques du Doubs...*, *ouv. cité*, pp. 92-96.

40. Henri RAULIN, «Du droit d'usage au droit d'affouage», dans Christian BROMBERGER et Georges RAVIS-GIORDANI [dir.], *Hasard et Sociétés. Actes du colloque de la Société d'ethnologie française, Aix-en-Provence, mai 1986 – Ethnologie française*, n° 2-3, tome 17, avril-septembre 1987, pp. 253-257.

41. *Actes du colloque sur la forêt, Besançon, 21-22 octobre 1966*, Paris, Les Belles-Lettres, 1967, 342 p.; Georges DAVID, «Essai sur la répartition de l'affouage en Franche-Comté», dans *Mémoires de la Société d'émulation du Doubs*, n° 12, 1970, pp. 49-58; *Éléments d'histoire forestière – Revue forestière française*, tome XXIX, numéro spécial, 1977, 168 p.; Jean-Luc MAYAUD, *Les paysans du Doubs au temps de Courbet...*, *ouv. cité*, pp. 74-76.

42. Jean-Luc MAYAUD, «Les mutations de la forêt comtoise du XIXe au XXe siècle», dans *L'homme et la forêt en Franche-Comté*, Besançon, CUER-Université de Franche-Comté, 1983, pp. 103-118.

43. Jean-Luc MAYAUD, *Les Secondes Républiques du Doubs...*, *ouv. cité*, pp. 94-96.

44. Maurice Agulhon, *La République au village...*, ouv. cité, pp. 42-95 ; Claude-Isabelle Brelot, « Pour une histoire des forêts comtoises pendant la première moitié du XIXe siècle : le procès de la Haute-Joux », dans *Travaux présentés par les membres de la Société d'Émulation du Jura, 1977 et 1978*, pp. 181-255 ; Louis Assier-Andrieu, « La coutume dans la question forestière. La lutte d'une communauté des Pyrénées catalanes françaises (1820-1828) », dans *Société et forêts. Actes du colloque de l'Association des ruralistes français « Forêt et société », Lyon, 22-23 novembre 1979 – Revue forestière française*, numéro spécial, 1980, pp. 149-159.

45. Bernard Kalaora et Antoine Savoye, *La forêt pacifiée. Sylviculture et sociologie au XIXe siècle. Les forestiers de l'École de Le Play, experts des sociétés pastorales*, Paris, Éditions L'Harmattan, 1986, 134 p.

46. Yves Rinaudo, « Forêt et espace agricole. Exemple du Var au XIXe siècle », dans *Société et forêts...*, ouv. cité, pp. 136-148.

47. Alpes : Philippe Vigier, *La Seconde République dans la région alpine...*, ouv. cité ; Nadine Vigier, *Le Briançonnais rural aux XVIIIe et XIXe siècles*, Paris, Éditions L'Harmattan, 1992, 296 p. ;

Bourgogne : Pierre Lévêque, *La Bourgogne de la monarchie de Juillet...*, ouv. cité ; Stéphanie Larcelet, *La forêt autunoise au XIXe siècle : étude économique et sociale (1800-1900)*, Mémoire de maîtrise sous la direction de Jean-Luc Mayaud, Université Lyon 2, 1997, 2 volumes, 217 f° + annexes ; Stéphanie Larcelet, *Les gardes forestiers de l'Autunois : étude sociale (1836-1914)*, Diplôme d'études approfondies sous la direction de Jean-Luc Mayaud, Université Lyon 2, 1998, 165 f° ;

Franche-Comté : Jean-Luc Mayaud, « Les mutations de la forêt comtoise... », art. cité ; Pyrénées : Jean-François Soulet, *Les Pyrénées au XIXe siècle...*, ouv. cité, pp. 159-171.

48. Andrée Corvol, *L'homme aux bois. Histoire des relations de l'homme et de la forêt (XVIIe-XXe siècles)*, Paris, Librairie Arthème Fayard, 1987, 586 p.

49. Albert Soboul, « La question paysanne en 1848 », dans *La Pensée*, n° 18, n° 19 et n° 20, 1948, pp. 55-66, pp. 25-37 et pp. 48-56, réédité sous le titre « Les troubles agraires de 1848 », dans Albert Soboul, *Problèmes paysans de la Révolution, 1789-1848*, Paris, Librairie François Maspero, 1976, pp. 293-334 ; Suzanne Coquerelle, « L'armée et la répression dans les campagnes (1848) », dans *L'armée et la Seconde République. Études*, Bibliothèque de la Révolution de 1848, tome XVIII, Paris, Société d'histoire de 1848, 1955, pp. 121-159 ; Philippe Vigier, « Les troubles forestiers du premier XIXe siècle... », art. cité ; Jean-Luc Mayaud, *Les Secondes Républiques du Doubs...*, ouv. cité, pp. 181-190 ; Peter McPhee, *The Politics of Rural Life. Political Mobilization in the French Countryside, 1846-1852*, Oxford, Clarendon Press, 1992, 310 p.

50. Maurice SCHAEFFER, *Du droit de chasse dans ses rapports avec la propriété. Étude de droit français et de droit comparé*, Nancy, Imprimerie Lorraine, 1885, 487 p.; Lucien MOYAT, *Étude historique, critique et comparée sur le droit de chasse en général*, Paris, A. Rousseau, 1900, 310 p.; Christian ESTÈVE, «Les transformations de la chasse en France: l'exemple de la Révolution», dans *Revue d'histoire moderne et contemporaine*, tome 45, avril-juin 1998, pp. 404-424.

51. Jean-Luc MAYAUD, «Chasse noble, chasse villageoise, chasse de classe au XIXe siècle?», dans *L'imaginaire de la chasse. Hier et demain*, Paris/Chalon-sur-Saône, Hatier/Atelier CRC France, 1988, pp. 77-93.

52. Claude-Isabelle BRELOT, «Une politique traditionnelle de gestion du patrimoine foncier...», *art. cité*; Claude-Isabelle BRELOT, *La noblesse réinventée...*, *ouv. cité*.

53. Louis WAUTHIER, *La communalisation de la chasse*, Paris, H. Jouve, 1908, 132 p.; Jean-Joseph VERZIER, *La chasse. Son organisation technique, juridique, économique et sociale. Les associations communales de chasse*, Thèse de la Faculté de droit de l'Université de Lyon, Lyon, Bosc et Riou, 1926, 228 p.; Bertrand HELL, *Entre chien et loup. Faits et dits de chasse dans la France de l'Est*, Paris, Éditions de la Maison des sciences de l'homme, 1985, 230 p.

54. Christian ESTÈVE, «Les tentatives de limitation et de régulation de la chasse en France dans la première moitié du XIXe siècle», dans *Revue historique*, n° 601, janvier-mars 1997, pp. 125-164; Christian ESTÈVE, «1848: petite chasse et République, le rendez-vous manqué», dans Jean-Luc MAYAUD [dir.], *1848 en provinces – Cahiers d'histoire*, tome 43, n° 2, pp. 301-323.

55. Jean-Luc MAYAUD, «Chasse noble, chasse villageoise...», *art. cité*.

56. Jean-Luc MAYAUD, «Courbet à découvert...», *art. cité*.

57. À partir de cette date, la progression du nombre des chasseurs légaux est considérable – plus de 400 000 à la fin du siècle – et s'explique par l'augmentation générale des revenus qui permet le paiement des taxes sur le permis de chasse et par le regroupement des propriétaires, même très petits, afin de mettre en commun leur droit individuel de chasse pour constituer de vastes domaines de chasse collectifs étendus sur une ou plusieurs communes.

Jean-Joseph VERZIER, *La chasse. Son organisation...*, *ouv. cité*; Jean-Luc MAYAUD, «Chasse noble, chasse villageoise...», *art. cité*, pp. 92-93.

58. Marieke AUCANTE et Pierre AUCANTE, *Les braconniers. Mille ans de chasse clandestine*, Paris, Aubier, 1983, 287 p.

59. Gilbert GARRIER, «Les délits de chasse en Velay et en Beaujolais au XIXe siècle d'après les archives judiciaires», dans *L'imaginaire de*

la chasse…, ouv. cité, pp. 95-107 ; Frédéric CHAUVAUD, « Le gardechasse et la société rurale dans les forêts de l'Yveline et du Hurepoix : les manifestations d'une révolte », dans Fabienne GAMBRELLE et Michel TREBISCH [dir.], *Révolte et société. Actes du VIe colloque d'Histoire au présent. Tome II*, Paris, Publications de la Sorbonne, 1989, pp. 80-88 ; Frédéric CHAUVAUD, « Le dépérissement des émotions paysannes dans les territoires boisés… », *art. cité* ; Frédéric CHAUVAUD, *Les passions villageoises au XIXe siècle…, ouv. cité.*

60. Eugen WEBER, *Peasants into Frenchmen…, ouv. cité,* pp. 98-99 ; Jean-Luc MAYAUD, « Les mutations de la forêt comtoise… », *art. cité,* pp. 111-115 ; Jean-Luc MAYAUD, *Les Secondes Républiques du Doubs…, ouv. cité,* pp. 181-191 ; Marcel VIGREUX, *Paysans et notables du Morvan au XIXe siècle…, ouv. cité,* pp. 139-143.

61. Gilbert GARRIER, « Le reboisement dans le Rhône et le rôle du Conseil général (deuxième moitié du XIXe siècle) », dans *Société et forêts…, ouv. cité,* pp. 166-171.

62. Jules Gigault de CRISENOY, « Statistique des biens communaux… », *art. cité* ; *Statistique agricole de la France […]. Résultats généraux de l'enquête décennale de 1882…, ouv. cité,* pp. 206-217.

63. Jean-Luc MAYAUD, « Les mutations agricoles dans le val de Mouthe… », *art. cité* ; Jean-Luc MAYAUD, « Les mutations de la forêt comtoise… », *art. cité* ; Jean-Luc MAYAUD, « De la déprise rurale aux XIXe et XXe siècles… », *art. cité* ; Jean-Luc MAYAUD, « Du monde plein à la désertification : la Petite Montagne… », *art. cité.*

64. Suzanne DAVEAU, *Les régions frontalières de la montagne jurassienne…, ouv. cité,* pp. 312-326 ; Jean-Luc MAYAUD, « Les mutations agricoles dans le val de Mouthe… », *art. cité.*

65. Bernard CART, *Individualisme agraire et droits d'usage communautaires…, ouv. cité.*

66. Délibération du conseil municipal, citée par Dominique FICHET et Denis MICHAUD, *La remise en cause du paturage collectif dans la région de Levier…, ouv. cité.*

67. Gabriel DÉSERT et Robert SPECKLIN, « L'essor de la paysannerie, 1789-1852. Victoire sur la disette », dans Étienne JUILLARD [dir.], *Apogée et crise de la civilisation paysanne…, ouv. cité,* pp. 107-142.

68. Jean-Luc MAYAUD, « Pratiques communautaires, associations agricoles et syndicalisme dans la France du XIXe et du début du XXe siècle », dans Jaume BARRULL, Joan J. BUSQUETA et Enric VICEDO [dir.], *Solidaritats pageses, sindicalisme i Cooperativisme. Segones Jordanes sobre Sistemes agraris, organització social i poder local als Països Catalans*, Lerida, Institut d'estudis ilerdencs, 1998, pp. 731-746.

69. Suzanne DAVEAU, *Les régions frontalières de la montagne jurassienne…, ouv. cité,* p. 249 ; Michèle DION-SALITOT et Michel DION, *La crise d'une société villageoise. Les « survivanciers »…, ouv. cité.*

70. Claude-Isabelle BRELOT, René LOCATELLI, Jean-Marc DEBARD, Maurice GRESSET et Jean-Marie AUGUSTIN, *Un millénaire d'exploitation du sel en Franche-Comté...*, ouv. cité.

71. Distinction que je persiste à juger essentielle pour éviter les confusions... (voir, à titre d'exemple Michel VERNUS, «Les fouriéristes et les fruitières comtoises», dans *Cahiers d'études fouriéristes*, n° 2, 1991, pp. 47-56.). La fruitière n'est pas archétype d'un quelconque communisme agraire.

Jean-Luc MAYAUD, *Les Secondes Républiques du Doubs...*, ouv. cité, pp. 101-111.

72. Chacun, apportant le lait de ses vaches, fait crédit à la fruitière. Lorsque son crédit atteint la quantité nécessaire à la fabrication d'un fromage – environ 500 kilogrammes pour un gruyère –, il obtient «le tour»: la livraison du lait du jour se fait à sa ferme où se déplace le fromager. Sur les aspects techniques de la fabrication et de l'organisation, voir:

Jean GARNERET, *Pastorale (élevage, lait, beurre, fromage). Catalogue figuré de la 4ᵉ section du Musée populaire comtois*, Besançon, Jacques et Demontrond, 1974, 138 p.; Michèle DION-SALITOT et Michel DION, *La crise d'une société villageoise. Les «survivanciers»...*, ouv. cité; Jean-Luc MAYAUD, *Une fromagerie comtoise: Trépot*, Besançon, CRDP, 1980, 22 p.; Michel VERNUS, *Le comté. Une saveur venue des siècles*, Lyon, Textel, 1988, 302 p.

73. Florence GAUTHIER, *La voie paysanne dans la Révolution française...*, ouv. cité; Jean-Luc MAYAUD, «Logique économique et logique politique pendant la Révolution...», art. cité.

74. Roger GRAFFIN, *Les biens communaux en France...*, ouv. cité; Marcel VIGREUX, *La Société d'agriculture d'Autun...*, ouv. cité; Nadine VIVIER, «Le débat autour des communaux durant la crise du milieu du XIXᵉ siècle», dans Alain FAURE, Alain PLESSIS et Jean-Claude FARCY [dir.], *La terre et la cité...*, ouv. cité, pp. 67-83.

75. Jean-Luc MAYAUD, *Les Secondes Républiques du Doubs...*, ouv. cité, pp. 225-235; Jean-Luc MAYAUD, «Logique économique et logique politique pendant la Révolution...», art. cité; Jean-Luc MAYAUD, «Paysanneries en révolutions: l'exemple comtois (1789-1851)», dans *Les révolutions – Cahiers du travail social*, n° 6, 1989, pp. 31-34; Jean-Luc MAYAUD, «Pour une généalogie catholique de la mémoire contre-révolutionnaire...», art. cité.

76. Jean-Luc MAYAUD, «Sel et politique en Franche-Comté au milieu du XIXᵉ siècle: le "député du sel" Demesmay», dans *Le sel et son histoire. Colloque de l'Association Interuniversitaire de l'Est, octobre 1979*, Nancy, Publications de l'Université de Nancy 2, 1981, pp. 141-156; Jean-Luc MAYAUD, *Les Secondes Républiques du Doubs...*, ouv. cité.

Notes du chapitre 6

1. Claude-Isabelle BRELOT, « Pour une histoire des forêts comtoises... », *art. cité*, p. 200.

2. Maurice AGULHON, Louis GIRARD, Jean-Louis ROBERT et William SERMAN [dir.], *Les maires en France du Consulat à nos jours*, Paris, Publications de la Sorbonne, 1986, 462 p. ; Jocelyne GEORGE, *Histoire des maires (1789-1939)*, Paris, Plon, 1989, 285 p. ; Gaëlle CHARCOSSET, *Maires et conseillers municipaux du haut Beaujolais au XIXe siècle. Étude sociale et politique*, Mémoire de maîtrise sous la direction de Jean-Luc Mayaud, Université Lyon 2, 1997, 2 volumes, 251 f° et 146 f° ; Gaëlle CHARCOSSET, *Maires et conseillers municipaux des campagnes du Rhône au XIXe siècle. Étude sociale et politique*, Diplôme d'études approfondies sous la direction de Jean-Luc Mayaud, Université Lyon 2, 1998, 221 f° ; Jacky MABILON, *Maires et conseillers municipaux du canton de Roussillon-en-Isère au XIXe siècle. Étude sociale et politique*, Mémoire de maîtrise sous la direction de Jean-Luc Mayaud, Université Lyon 2, en cours.

3. Jean-Luc MAYAUD, *Les Secondes Républiques du Doubs...*, *ouv. cité*, pp. 98-99 et p. 254 ; Claude MAILLOT, *Le pouvoir municipal dans les campagnes du Doubs (1827-1834)*, Mémoire de maîtrise sous la direction de Claude-Isabelle Brelot, Université de Franche-Comté, 1991, 119 f°.

4. Christophe MARCHAND, *L'évergétisme municipal des élites rurales de la Haute-Saône...*, mémoire cité ; Florence ARNOULD, *L'évergétisme dans le département du Doubs...*, mémoire cité ; Claude-Isabelle BRELOT, *La noblesse réinventée...*, *ouv. cité*, pp. 617-624 ; Claude-Isabelle BRELOT, « Châteaux, communautés de village et paysans... », *art. cité* ; Jean-François WAGNIART, *Le vagabond à la fin du XIXe siècle...*, *ouv. cité*.

5. Jean-Luc MAYAUD, « Les mutations de la forêt comtoise... », *art. cité*, p. 112.

6. Robert BAGES, Marcel DRULHE et Jean-Yves NEVERS, « Fonctionnement de l'institution minicipale et pouvoir local en milieu rural », dans *Pouvoir et patrimoine au village – Études rurales*, n° 63-64, juillet-décembre1976, pp. 31-54 (p. 35).

7. Lettre du préfet au ministre de l'Intérieur justifiant la révocation du maire, citée par Claude MAILLOT, *Le pouvoir municipal dans les campagnes du Doubs...*, mémoire cité, f° 44.

8. Albert SOBOUL, « La question paysanne en 1848... », *art. cité* ; Jean-Luc MAYAUD, *Les Secondes Républiques du Doubs...*, *ouv. cité*, pp. 182-185.

9. Jacques GAVOILLE, *L'école publique dans le département du Doubs...*, *ouv. cité*, pp. 95-97.

10. Maurice REY [dir.], *Les diocèses de Besançon et de Saint-Claude...*, *ouv. cité* ; Étienne LEDEUR, « Cent vingt ans de vie catholique dans le diocèse de Besançon... », *art. cité*.

11. Maurice AGULHON, «La mairie. Liberté. Égalité. Fraternité», dans Pierre NORA [dir.], *Les lieux de mémoire. La République, ouv. cité,* pp. 167-193.

12. Bernard TOULIER, «L'architecture scolaire au XIXe siècle: de l'usage des modèles pour l'édification des écoles primaires», dans *Histoire de l'éducation,* n° 17, décembre 1982, pp. 1-29; Christine GRANIER et Jean-Claude MARQUIS, «Une enquête en cours: la maison d'école au XIXe siècle», *ibidem,* pp. 31-46; Lucien BEATRIX, «Étude des bâtiments scolaires dans les villages du Maconnais entre 1860 et 1914, chronologie et architecture», dans Gilbert GARRIER [dir.], *Villages – Cahiers d'histoire,* tome 32, n° 3-4, 1987, pp. 315-339; Florence BURGEREY et Véronique PHILIPPE, *L'architecture des écoles primaires rurale dans le Doubs au XIXe siècle,* Diplôme d'études approfondies sous la direction de Marcel Giry et Jean-Luc Mayaud, Université de Franche-Comté, 1988, 115 f°.

13. Jacques GAVOILLE, *L'école publique dans le département du Doubs…, ouv. cité,* pp. 147-158.

14. Cédric GUIZARD, *Fontaines et lavoirs dans les campagnes du Rhône au XIXe siècle,* Mémoire de maîtrise sous la direction de Jean-Luc Mayaud, Université Lyon 2, en cours.

15. Florence BURGEREY et Véronique PHILIPPE, *Fontaines et lavoirs dans le Doubs au XIXe siècle,* Mémoire de maîtrise sous la direction de Claude-Isabelle Brelot et Jean-Luc Mayaud, Université de Franche-Comté, 1986, 367 f°.

16. Lettre du maire au sous-préfet de Poligny, 1er février 1828, citée par Michel VERNUS, *Le comté…, ouv. cité,* p. 128.

17. Jean-Luc MAYAUD, *Les cycles d'une économie villageoise…,* rapport cité.

18. Jean-Luc MAYAUD, *Les Secondes Républiques du Doubs…, ouv. cité,* pp. 112-113.

19. Luc MAILLET-GUY, *Histoire du Grandvaux,* Grenoble, Imprimerie Saint-Bruno, 1933, 573 p.; Pierre DEFFONTAINES, «Les rouliers du Grandvaux», dans *Annales de géographie,* 1934, pp. 421-427.

20. Jean BOICHARD, *L'élevage bovin, ses structures et ses produits…, ouv. cité;* Jean-Luc MAYAUD, «Sel et politique en Franche-Comté au milieu du XIXe siècle…», *art. cité.*

21. Jean BRELOT et A. DESAUNAIS, «Les voies de communication et les transports», dans *Enquête sur le Jura depuis cent ans…, ouv. cité,* pp. 257-306; Claude FOHLEN, «Les échecs ferroviaires de Besançon», dans *Mémoires de la Société d'émulation du Doubs,* tome 4, 1962, pp. 1-15; Claude FOHLEN, «Cent vingt-cinq ans de communications», dans *Le département du Doubs depuis cent ans…, ouv. cité,* pp. 159-177.

22. Jean-Luc MAYAUD, «Les mutations agricoles dans le val de Mouthe…», *art. cité;* Jean-Luc MAYAUD, «Du monde plein à la

désertification : la Petite Montagne... », *art. cité* ; Jean-Luc MAYAUD, *Les cycles d'une économie villageoise...*, rapport cité.

23. Jean BOICHARD, *L'élevage bovin, ses structures et ses produits...*, *ouv. cité*, pp. 119-122.

24. Michèle DION-SALITOT et Michel DION, *La crise d'une société villageoise. Les « survivanciers »...*, *ouv. cité*, pp. 255-256 ; Sylvie GUIGON, *Les fruitières à Comté. Fromager au village, l'art de composer*, Collection patrimoine ethnologique, Besançon, Éditions Cêtre, 1996, 111 p.

25. L'étude précise reste à faire. Quelques pistes sont proposées par Claire DELFOSSE, « Le savoir-faire des fromagers suisses de la France de l'Est (1850-1950) », dans Henry BULLER [dir.], *Être étranger à la campagne – Études rurales*, n° 135-136, juillet-décembre 1994, pp. 133-144 ; Claire DELFOSSE, *La France fromagère*, Thèse pour le doctorat en Géographie, Université Paris I, 1992, 2 volumes, 343 f° et 166 f°, à paraître aux Éditions de la Boutique de l'histoire.

26. Jean-Luc MAYAUD, *Les cycles d'une économie villageoise...*, rapport cité ; Michel VERNUS, *Le comté...*, *ouv. cité*, pp. 136-145.

27. Michel NAJAR, « La modernisation des fruitières à la fin du XIXe siècle en Savoie », dans *Fromages de Savoie. – Mémoires de la Société savoisienne*, 1995, pp. 75-80 ; Claire DELFOSSE, « Savoir scientifique et transformations de la production. L'exemple du fromage (1880-1950) », dans Bertrand VISSAC [dir.], *Milieux, société et pratiques fromagères – Ethnozootechnie*, n° 47, 1991, pp. 107-116.

28. Hyacinthe de GAILHARD DE BANCEL, *Les syndicats agricoles aux champs et au parlement, 1884-1924*, Paris, Spes, 1930, 312 p. ; Louis MAIRRY, *Le département du Doubs sous la IIIe République...*, *ouv. cité*.

29. Voir à ce sujet la multiplication des thèses de droit (39 sur le seul sujet des coopératives) repérées par Jean-Claude FARCY, « Bibliographie des thèses de droit... », *art. cité*, pp. 145-152.

30. Jean-Luc MAYAUD, « L'integrazione politica dei contadini in Francia... », *art. cité*.

31. Henri TRIPARD, *Des associations agricoles et plus particulièrement des associations fruitières dans l'est de la France (en Franche-Comté)*, Paris, A. Giard, 1890, 201 p. ; Suzanne DAVEAU, *Les régions frontalières de la montagne jurassienne...*, *ouv. cité* ; Michèle DION-SALITOT et Michel DION, *La crise d'une société villageoise. Les « survivanciers »...*, *ouv. cité* ; Jean-Luc MAYAUD, *Les cycles d'une économie villageoise...*, rapport cité.

32. André GUESLIN, *Les origines du Crédit agricole...*, *ouv. cité* ; Jean-Luc MAYAUD, *Les patrons du Second Empire...*, *ouv. cité*, pp. 111-122.

33. André GUESLIN, *Histoire des crédits agricoles. Tome I : L'envol des caisses mutuelles, 1910-1960*, Paris, Economica, 1984,

955 p.; André GUESLIN, *Le Crédit agricole*, Paris, Éditions La découverte, 1985, 124 p.

34. Pierre BARRAL, *Les agrariens français…*, *ouv. cité*; Gilbert GARRIER [dir.], *Le syndicalisme agricole en France…*, *ouv. cité*; Ronald HUBSCHER et Yves RINAUDO, «France. L'unité en péril», dans Bertrand HERVIEU et Rose-Marie LAGRAVE [dir.], *Les syndicats agricoles en Europe*, Paris, Éditions L'Harmattan, 1992, pp. 93-113; Ronald HUBSCHER et Rose-Marie LAGRAVE, «Unité et pluralité dans le syndicalisme agricole français. Un faux débat», dans *Annales, économies, sociétés, civilisations*, tome 48, n° 1, janvier-février 1993, pp. 109-134.

35. Philippe CHALMIN, *De la cotise au groupe. Les assurances mutuelles agricoles*, Paris, Economica, 1987, 268 p.; Philippe CHALMIN, Catherine GROSS et Anne LE FUR, *Éléments pour servir à l'histoire de la mutualité agricole. Tome 1: Des origines à 1940*, Paris, Economica, 1988, 602 p.; Philippe GONOD, «La Bresse, un foyer des assurances mutuelles (1843-1903)», dans Pierre PONSOT [dir.], *La Bresse, les Bresses de la Préhistoire à nos jours*, Saint-Just, Éditions Bonavitacola, 1998, pp. 151-158; Philippe GONOD, «Les sociétés d'assurances mutuelles de l'Ain au XIXe siècle. De la communauté à la commune», dans *Ruralia, revue de l'Association des ruralistes français*, n° 2, 1998, pp. 9-21.

36. Jean-Luc MAYAUD, «L'integrazione politica dei contadini in Francia…», *art. cité*.

37. François FURET et Jacques OZOUF, *Lire et écrire. L'alphabétisation des Français de Calvin à Jules Ferry*, Paris, Éditions de Minuit, 1977, 2 volumes, 398 p. et 380 p.; Antoine PROST, *Histoire de l'enseignement en France…*, *ouv. cité*; Jacques GAVOILLE, *L'école publique dans le département du Doubs…*, *ouv. cité*; Jean-Noël LUC, «Du bon usage des statistiques de l'enseignement primaire aux XIXe et XXe siècles», dans *Histoire de l'éducation*, janvier 1986, n° 29, pp. 59-67; Jean-Noël LUC, *L'invention du jeune enfant au XIXe siècle…*, *ouv. cité*.

38. Claude LELIÈVRE, «L'enseignement agricole dans le département de la Somme de 1850 à 1914», dans *Revue historique*, n° 555, juillet-septembre 1985, pp. 79-141; Michel BOULET, «L'enseignement agricole entre l'État, l'Église et les organisations professionnelles agricoles», dans *Annales d'histoire des enseignements agricoles*, n° 1, octobre 1986, pp. 85-94; Thérèse CHARMASSON, Anne-Marie LELORRAIN et Yannik RIPA, *L'enseignement agricole et vétérinaire de la Révolution à la Libération*, Paris, INRP/Publications de la Sorbonne, 1992, 741 p.; René BOURRIGAUD, *Le développement agricole au XIXe siècle en Loire-Atlantique…*, *ouv. cité*.

39. Voir à ce sujet la différence d'appréciation apparue au colloque de Rome de 1992 entre Bryan A. Holderness et Jean-Luc Mayaud.

Bryan A. HOLDERNESS, «La riposta alla crisi agraria della seconda metà del XIX secolo in Francia ed in Gran Bretagna: verso una storia comparata », dans Pasquale VILLANI [dir.], *L'agricoltura in Europa e la nascita della « questione agraria »...*, *ouv. cité*, pp. 467-492; Jean-Luc MAYAUD, « L'integrazione politica dei contadini in Francia... », *art. cité*.

40. Pierre BARRAL, « Un secteur dominé : la terre... », *art. cité*. Les critiques portées par Michel AUGÉ-LARIBÉ, dans *La politique agricole de la France... (ouv. cité)* sont toutefois excessives et sujettes à caution.

41. Jean BOICHARD, *L'élevage bovin, ses structures et ses produits...*, *ouv. cité*; Dominique JACQUES, *Voyage au pays des montbéliardes. « Au champ les vaches »*, Lyon, Textel, 1989, 182 p.

Ces deux races figurent d'ailleurs parmi le bétail de la famille Courbet que le peintre représente en 1850 avec *Les Paysans de Flagey revenant de la foire*.

Jean-Luc MAYAUD, « Des notables ruraux du XVIIIe au XIXe siècle... », *art. cité*; Jean-Luc MAYAUD, « Courbet à découvert... », *art. cité*.

42. Maurice VERNIER, *Historique de la race montbéliarde*, Besançon, Éditions Camponovo, 1953, 78 p.

43. Annie AMIZET, *L'évolution des races bovines française depuis la fin du XVIIIe siècle*, Thèse pour le doctorat vétérinaire, Alfort, 1964, 108 p. ; André THUILLIER, « L'évolution de l'élevage en Nivernais », dans *Économie et société nivernaises au début du XIXe siècle*, Paris/ La Haye, Mouton, 1974, pp. 53-95; André THUILLIER, « L'élevage des bovins en Nivernais, 1855-1880 », dans *Actes du 98e Congrès national des sociétés savantes. Section d'histoire moderne et contemporaine, tome I*, Paris, Bibliothèque nationale, 1973; J. CHAUVOT, *Les marchés du bétail et de la viande et l'élevage charolais. Aspects historiques de 1815 à nos jours*, Thèse pour le doctorat de 3e cycle, Faculté des lettres et sciences humaines de Dijon, 1979, 195 f° ; Françoise COGNARD, *L'élevage charolais dans la Nièvre (fin du XVIIIe siècle-1914). La naissance d'un système économique*, Mémoire de maîtrise sous la direction d'Annie Moulin, Université de Clermont-Ferrand 2, 1995, 217 f°; Caroline GILBERTE, *Les concours d'animaux gras à Lyon...*, *ouv. cité*; Caroline GILBERTE, *Les animaux gras en Rhône-Alpes au XIXe siècle...*, *ouv. cité*; Stéphane PAQUE, *Éleveurs et élevage bovin au pays des Quatre montagnes...*, *ouv. cité*; Stéphane PAQUE, *La spécialisation pastorale dans le département de l'Isère au XIXe siècle. Aspects économiques, sociaux et culturels*, Diplôme d'études approfondies sous la direction de Jean-Luc Mayaud, Université Lyon 2, en cours; Sébastien ROMAGNAN, *L'abondance et ses éleveurs en Haute-Savoie...*, *ouv. cité*; Sébastien ROMAGNAN, *La Savoie pastorale aux XIXe et XXe siècle: étude sociale, économique et culturelle d'une spécialisation agricole*, Diplôme d'études approfondies sous la direction de Jean-Luc Mayaud, Université Lyon 2, en cours; David TROUILLET, *Éleveurs en Charollais, éleveurs de charolais...*, *ouv. cité*.

44. Dominique JACQUES, *Voyage au pays des montbéliardes...*, *ouv. cité*.

La mise au point du dossier coïncide avec le passage à la tête du ministère (de décembre 1887 à février 1889) de Jules Viette, né à Blamont, dans le département du Doubs, et élu député de l'arrondissement de Montbéliard en 1876.

45. Jean-Luc MAYAUD, *150 ans d'excellence agricole en France...*, *ouv. cité*.

46. Ronald HUBSCHER, « Pouvoir vétérinaire et paysans : l'exemple de l'Ardèche au XIXe siècle », dans Alain FAURE, Alain PLESSIS et Jean-Claude FARCY [dir.], *La terre et la cité...*, *ouv. cité*, pp. 85-99 ; Ronald HUBSCHER, « L'invention d'une profession : les vétérinaires au XIXe siècle », dans Olivier FAURE [dir.], *Médicalisation et professions de santé, XVIe-XXe siècles – Revue d'histoire moderne et contemporaine*, tome 43, octobre-décembre 1996, pp. 686-708.

47. Jean BOICHARD, *L'élevage bovin, ses structures et ses produits...*, *ouv. cité*, pp. 113-118 ; Jean-Luc MAYAUD, *Les Secondes Républiques du Doubs...*, *ouv. cité*, pp. 111-121.

48. Jean-Luc MAYAUD, « Les résistances à la spécialisation pastorale... », *art. cité*.

49. Paule GARENC, « Un siècle d'évolution agricole dans les pays francs-comtois... », *art. cité* ; Jean-Luc MAYAUD, « Les mutations agricoles dans le val de Mouthe... », *art. cité* ; Jean-Luc MAYAUD, « De la déprise rurale aux XIXe et XXe siècles... », *art. cité*.

50. Jean-Luc MAYAUD, « Les mutations de la forêt comtoise... », *art. cité* ; René SCHAEFFER, « La forêt comtoise », dans *Le département du Doubs depuis cent ans...*, *ouv. cité*, pp. 133-158.

51. Jean BOICHARD, *L'élevage bovin, ses structures et ses produits...*, *ouv. cité*, pp. 93-151 ; Jean-Luc MAYAUD, *Les cycles d'une économie villageoise...*, rapport cité.

52. Jean-Luc MAYAUD, *Les paysans du Doubs au temps de Courbet...*, *ouv. cité*, pp. 43-44 et pp. 100-101 ; Jean-Luc MAYAUD, *Les Secondes Républiques du Doubs...*, *ouv. cité*, pp. 44-47 ; Alfred BOUVERESSE, *Histoire des villages et du canton de Rougemont (Doubs)*, Rougemont, chez l'auteur, 1976, 226 p.

53. Gilbert GARRIER, *Le phylloxéra. Une guerre de trente ans...*, *ouv. cité*, pp. 30-36.

54. Jean GUICHERD, « Les vignes et les vins du Jura », dans F. DOUAIRE [dir.], *Le Jura agricole. Étude sur l'agriculture du département du Jura*, Lons-le-Saunier, Imprimerie Verpillat, 1925, pp. 69-106.

55. Gilbert GARRIER, « Aspects et limites de la crise phylloxérique... », *art. cité* ; Gilbert GARRIER, *Paysans du Beaujolais et du Lyonnais...*, *ouv. cité*, pp. 417-442.

56. Claude Royer, « Voies et formes de la différenciation dans les vignobles de Franche-Comté », dans *Ethnologie et histoire...*, *ouv. cité*, pp. 63-96.

57. Georges Grand, « Le vignoble jurassien », dans *Enquête sur le Jura depuis cent ans...*, *ouv. cité*, pp. 119-135.

58. Jean-Luc Mayaud, « Un grand cru, une coopérative viticole : L'Étoile (Jura), 1912-1940 », dans Jean-Luc Mayaud [dir.], *Clio dans les vignes. Mélanges offerts à Gilbert Garrier*, Lyon, Presses universitaires de Lyon, 1998, pp. 155-181.

59. Yves Rinaudo, *Les vendanges de la République...*, *ouv. cité*, p. 59 et p. 109 ; Yves Rinaudo, « Syndicalisme agricole de base : l'exemple du Var au début du XXe siècle », dans *Le mouvement social*, n° 112, juillet-septembre 1980, pp. 79-96 ; Yves Rinaudo, « Voir et entendre : le progrès dans le vignoble varois à la fin du XIXe siècle », dans Gilbert Garrier [dir.], *Savoir paysan-savoir agronomique...*, *ouv. cité*, pp. 59-74.

60. François Julien-Labruyère, *Paysans charentais. Histoire des campagnes d'Aunis, Saintonge et bas Angoumois. Tome I : Économie rurale. Tome II : Sociologie rurale*, La Rochelle, Rupella, 1982, 2 volumes, 524 p. et 429 p. (tome I, pp. 305-395).

61. François Vatin, *L'industrie du lait. Essai d'histoire économique*, Paris, Éditions L'Harmattan, 1990, 223 p.

62. Gabriel Désert et Robert Specklin, « L'ébranlement, 1880-1914. Les réactions face à la crise... », *art. cité*, pp. 443-444 ; François Caron, *Histoire des chemins de fer en France, tome I : 1740-1883*, Paris, Librairie Arthème FAyard, 1997, 700 p.

63. François Julien-Labruyère, *Paysans charentais...*, *ouv. cité*, tome I, pp. 421-426.

64. Jean-Luc Mayaud, « Quand naquit la France du lait... », dans Philippe Gillet [dir.], *Mémoires lactées. Blanc, bu, biblique : le lait du monde – Autrement*, n° 143, mars 1994, pp. 181-191.

65. Alfred Durand, *La vie rurale dans les massifs volcaniques des Dores, du Cézallier, du Cantal et de l'Aubrac*, Aurillac, Imprimerie moderne, 1946, 530 p. ; Laurent Wirth, « Routine et nouveauté : le paysan cantalien face au progrès agricole au XIXe siècle », dans *Le paysan. Actes du 2e colloque d'Aurillac, 2-4 juin 1988*, Paris, Éditions Christian, 1989, pp. 49-60 ; Laurent Wirth, *Un équilibre perdu. Évolution démographique, économique et sociale du monde paysan dans le Cantal au XIXe siècle*, Clermont-Ferrand, Publications de l'Institut d'études du Massif central, 1996, 384 p. ; Bernard Vandeplas, *Le Cantal, de l'Ancien Régime à la fin de la Seconde République. Étude politique, économique et sociale*, Thèse de doctorat en histoire sous la direction de Philippe Vigier et Ronald Hubscher, Université Paris X-Nanterre, 5 volumes, 1995, 1456 f° ; Christian Estève, *Mentalités et comportements politiques*

dans le Cantal de 1852 à 1914, Thèse de doctorat en histoire sous la direction de Philippe Vigier et Francis Demier, Université Paris X-Nanterre, 1995, à paraître.

66. Claire DELFOSSE, *L'Oise au XIXe siècle : crèmerie de Paris*, Les cahiers de l'écomusée, n° 15, 1990, Beauvais, Écomusée du Beauvaisis, 1990, 72 p ; Gabriel DÉSERT, *Une société rurale au XIXe siècle. Les paysans du Calvados...*, *ouv. cité* ; Gabriel DÉSERT, « La dépression agricole de la fin du XIXe siècle en basse Normandie et ses conséquences », dans *Bulletin de l'Association française des historiens économistes*, n° 5, juin 1972, pp. 29-55 ; Pierre BOISARD, *Le camembert, mythe national*, Paris, Calmann-Lévy, 1992, 296 p. ; Claire DELFOSSE, *La France fromagère*, Thèse citée.

67. François JULIEN-LABRUYÈRE, *Paysans charentais...*, *ouv. cité*, tome I, p. 425.

68. Michel HAU, « Pauvreté rurale et dynamisme économique : le cas de l'Alsace au XIXe siècle », dans *Histoire, économie et société*, 1er trimestre 1987, pp. 113-138 ; Michel HAU, « La résistance des régions d'agriculture intensive aux crises de la fin du XIXe siècle : les cas de l'Alsace, du Vaucluse et du Bas-Languedoc », dans Philippe CHALMIN et André GUESLIN [dir.], *Un siècle d'histoire agricole française...*, *ouv. cité*, pp. 31-41 ; Claude MESLIAND, « Un modèle de croissance : l'agriculture cavaillonnaise (XIXe-XXe siècle) », dans *Provence historique*, octobre-décembre 1976 ; Claude MESLIAND, *Paysans du Vaucluse...*, *ouv. cité*.

69. Gabriel DÉSERT et Robert SPECKLIN, « L'ébranlement, 1880-1914. Les réactions face à la crise... », *art. cité*, p. 449.

Notes du chapitre 7

1. Ronald HUBSCHER, « Modèles d'exploitation et comptabilité agricole... », *art. cité*.

En collaboration avec Maurice Garden, je travaille actuellement à l'étude du livre de comptes d'une exploitation moyenne de fermier du haut Doubs au début du XXe siècle. Voir :

Maurice GARDEN, « *Alltagsgeschichte*, *Microstoria*, pourquoi pas histoire sociale ? », *art. cité*.

2. Rolande TREMPÉ, *Les mineurs de Carmaux...*, *ouv. cité* ; Rolande TREMPÉ, « Du paysan à l'ouvrier. Les mineurs de Carmaux... », *art. cité*.

3. Yvon LAMY, *Hommes de fer en Périgord au XIXe siècle...*, *ouv. cité* ; Yvon LAMY, « Agriculture et métallurgie en Dordogne à la fin du XIXe siècle... », *art. cité* ; Yvon LAMY, « Hommes de fer et paysannerie dans la Dordogne proto-industrielle... », *art. cité*.

4. Jean-Luc MAYAUD, *Les patrons du Second Empire. Franche-Comté...*, *ouv. cité*, p. 134.

5. *Ibidem*, pp. 34-35 et pp. 65-67.

6. Claude MESLIAND, « La double activité d'hier à aujourd'hui », dans *La pluriactivité dans les familles agricoles...*, *ouv. cité*, pp. 15-24.

7. Anne LESCALIER, *Le monde ouvrier aux forges de Syam de 1898 à nos jours. Vie et travail. Étude ethno-historique*, Mémoire de maîtrise sous la direction de Claude-Isabelle Brelot, Université de Franche-Comté, 1986, f° 126.

8. Selon l'expression de Bernard Lardière, séminaire de l'Équipe artisanat et proto-industrie, Université de Besançon, mai 1986.

9. Fabrice VURPILLOT, *La pluriactivité à Montécheroux...*, *ouv. cité*.

10. Franklin F. MENDELS, « Agriculture and Peasant Industry... », *art. cité*; Christian VANDENBROEKE, « Mutations économiques et sociales en Flandre au cours de la phase proto-industrielle, 1650-1850 », dans *Aux origines de la révolution industrielle...*, *ouv. cité*, pp. 73-94; *Patrimoine industriel en Normandie – Annales de Normandie*, tome 32, n° 3, octobre 1982, pp. 195-320; Gabriel DÉSERT, « Les migrations des Bas-Normands au XIXe siècle », dans Joseph GOY et Jean-Pierre WALLOT [dir.], *Évolution et éclatement du monde rural. Structures, fonctionnement et évolution différentielle des sociétés rurales françaises et québécoises, XVIIe-XXe siècles. Actes du colloque de Rochefort, juillet 1982*, Paris/Montréal, Éditions de l'École des hautes études en sciences sociales/Presses de l'université de Montréal, 1986, pp. 57-74; Alain LEMENOREL, « Géographie et structures de l'industrie textile en Haute et Basse-Normandie au XIXe siècle », dans *Les industries textiles dans l'Ouest, XVIIIe-XXe siècles – Annales de Bretagne et des pays de l'Ouest*, tome 97, n° 3, 1990, pp. 355-382.

11. Serge CHASSAGNE, « Industrialisation et désindustrialisation dans les campagnes françaises: quelques réflexions à partir du textile », dans *Aux origines de la révolution industrielle...*, *ouv. cité*, pp. 35-58; Samuel P.S. HO, « Proto-industrialisation, proto-fabriques et désindustrialisation: une analyse économique », dans *Industrialisation et désindustrialisation...*, *ouv. cité*, pp. 882-895.

12. *Aux origines de la révolution industrielle. Industrie rurale et fabriques...*, *ouv. cité*; *Aux origines de la révolution industrielle...*, *ouv. cité*; *Industrialisation et désindustrialisation...*, *ouv. cité*; Carlo PONI [dir.], *Forme proto-industriali – Quaderni Storici*, tome 20, n° 59, 1985; Wolfgang MAGER, « La proto-industrialisation. Premier bilan d'un débat », dans *Francia. Forschungen zur westeuropäischen geschichte*, tome 13, 1985, pp. 489-501; L.A. CLARKSON, *Proto-Industrialization : The First Phase of Industrialization?* Londres, MacMillan, 1985, 71 p. ; Wolfgang MAGER, « Proto-industrialization and proto-industry: the uses and drawbacks of two concepts », dans Sheilagh C. OGILVIE [dir.], *Proto-industrialization in Europe – Continuity and Change. A Journal of Social Structure, Law and Demography in Past Societies*, volume 8, n° 2, août 1993.

13. Peter KRIEDTE, Hans MEDICK et Jürgen SCHLUMBOHM, *Industrialisierung vor der Industrialisierung...*, ouv. cité.

14. Claude CAILLY, *Mutations d'un espace proto-industriel: le Perche...*, ouv. cité; André SANSON, *Économie du bétail. Applications de la zootechnie, volume III: cheval, âne, mulet*, Paris, Librairie agricole de la maison rustique, 1867; René MUSSET, *De l'élevage du cheval en France*, Paris, Librairie agricole de la maison rustique, 1917, 232 p.; Marie-Laure GARRIER et Jean-Luc MAYAUD, «L'émergence du cheval de trait français dans les concours agricoles, 1850-1900», dans Jean-Luc MAYAUD [dir.], *Clio dans les vignes...*, ouv. cité, pp. 467-484.

15. Jean-Yves ANDRIEUX, «L'industrie linière du teillage en Bretagne du nord (vers 1850-vers 1950): proto-industrialisation résistante ou industrialisation défaillante?», dans *Les industries textiles dans l'Ouest...*, ouv. cité, pp. 383-397.

16. Je reprends, ici, l'heureuse expression due à Claude-Isabelle Brelot. Claude-Isabelle BRELOT, «Un équilibre dans la tension: économie et société franc-comtoises traditionnelles (1789-1870)», art. cité.

17. Jean-François BELUZE, «Paysans et tisseurs au village: l'exemple de Coutouvre au XIXe siècle», dans Gilbert GARRIER [dir.], *Villages – Cahiers d'histoire*, tome 32, n° 3-4, 1987, pp. 381-403.

18. Ronald HUBSCHER, «La pluriactivité: un impératif ou un style de vie?...», art. cité.

19. Louis BERGERON, «Préface», dans Claude-Isabelle BRELOT et Jean-Luc MAYAUD, *L'industrie en sabots. Les conquêtes d'une ferme-atelier...*, ouv. cité.

20. François CARON, *Histoire économique et sociale de la France (XIXe-XXe siècles)*, Paris, Librairie Armand Colin, 1981, pp. 145-149.

21. Lucien FEBVRE, *Histoire de Franche-Comté*, Paris, Boivin, 1912, réédition: Marseille, Laffitte Reprints, 1976, 308 p. (p. 280).

Il est bien évident qu'il convient de replacer le mot «race» dans son contexte. Ronald HUBSCHER, «Réflexions sur l'identité paysanne au XIXe siècle: identité réelle ou supposée?», dans *Ruralia. Revue de l'Association des ruralistes français*, n° 1, 1997, pp. 65-80; Ronald HUBSCHER, «Historiens, géographes et paysans», *ibidem*, n° 4, 1999, à paraître.

22. Jean-Luc MAYAUD, *Les Secondes Républiques du Doubs...*, ouv. cité, pp. 111-122; Jean-Luc MAYAUD, «Un modèle d'économie de montagne: le haut Jura...», art. cité.

23. Claude FOHLEN, *Une affaire de famille au XIXe siècle...*, ouv. cité.

24. Jean-Luc MAYAUD, *Les patrons du Second Empire. Franche-Comté...*, ouv. cité.

25. Claude Gilbert BRISELANCE, *L'horlogerie dans le val de Morteau...*, ouv. cité; *Enquête sur le Jura depuis cent ans...*, ouv. cité; Jean-Luc MAYAUD, *Les patrons du Second Empire. Franche-Comté...*,

ouv. cité, pp. 130-143 ; Jean-Marc OLIVIER, *Société rurale et industrialisation douce...*, *ouv. cité*.

26. Hugues JAHIER, « La pénétration de l'objet *"made in England"* dans le Jura à la fin du XVIIIe siècle », dans *Travaux présentés par les membres de la Société d'émulation du Jura, 1988*, pp. 177-193.

27. Suzanne DAVEAU, *Les régions frontalières de la montagne jurassienne...*, *ouv. cité* ; Pierre LAMARD, *Histoire d'un capital familial au XIXe siècle : le capital Japy (1777-1910)*, Belfort, Société belfortaine d'émulation, 1988, 358 p. ; Hugues JAHIER, « La main-d'œuvre comtoise dans l'horlogerie neuchateloise vers la fin du XVIIIe siècle », dans *Travaux présentés par les membres de la Société d'émulation du Jura*, 1990, pp. 135-148 ; Jean-Luc MAYAUD, « La mobilité spatiale... », *art. cité*.

Travaux en cours de dépouillement systématique de tous les contrats d'apprentissage entrepris par l'Université de Neuchâtel et le Musée l'homme et le temps. Cette vaste opération est continuée de part et d'autre de la frontière et fait l'objet d'échanges au sein du Groupe franco-suisse d'histoire en histoire de l'horlogerie et des micromécaniques. Jean-Luc MAYAUD et Philippe HENRY [dir.], *Horlogeries : le temps de l'histoire...*, *ouv. cité*.

28. Claude Gilbert BRISELANCE, *L'horlogerie dans le val de Morteau...*, mémoire cité.

29. Laurent TAINTURIER, *L'évolution économique san-claudienne vue à travers les actes de sociétés commerciales et industrielles, 1813-1896*, Mémoire de maîtrise sous la direction de Claude-Isabelle Brelot, Université de Franche-Comté, 2 volumes, 1987, 222 f° + annexes ; Jean-Marc OLIVIER, « L'horlogerie dans la région de Morez aux XVIIIe et XIXe siècles : de l'artisanat à l'établissage spécialisé », dans Jean-Luc MAYAUD et Philippe HENRY [dir.], *Horlogeries : le temps de l'histoire...*, *ouv. cité*, pp. 197-211. ; Christelle KLÜGA, *Les tourneur de Lavans-les-Saint-Claude [Jura] : une étude sociale, 1860-1914,* Mémoire de maîtrise sous la direction de Jean-Luc Mayaud, Université Lyon 2, 1997, 2 volumes, 264 f° et 258 f° ; Jean-Marc OLIVIER, *Société rurale et industrialisation douce...*, *ouv. cité*.

30. Claude-Isabelle BRELOT, « Un équilibre dans la tension... », *art. cité* ; Jean-Luc MAYAUD, *La Franche-Comté de 1789 à 1870...*, *ouv. cité* ; Jean-Luc MAYAUD, *Les voies d'industrialisation en Franche-Comté...*, *ouv. cité*.

31. Jean-Luc MAYAUD, *Besançon horloger...*, *ouv. cité*.

32. René LEBEAU, *La vie rurale dans les montagnes du Jura méridional. Étude de géographie humaine*, Lyon, Institut d'études rhodaniennes, 1953, 604 p.

33. Archives diocésaines de Saint-Claude (Jura), 13 K 1, registre tenu par le R.P. Peuget, directeur des missions diocésaines (1880-1894), n° 553, 29 mai-18 juin 1887, mission de Septmoncel.

34. Anne-Marie PRODON, *Le pain de la terre. Les montagnards racontent*, Collection Archives vivantes, Yens-sur-Morges, Éditions Cabédita, 1992, p. 117-121 et pp. 141-142.

35. Jean-Marc OLIVIER, «L'horlogerie dans la région de Morez...», *art. cité*; Claude Gilbert BRISELANCE, *L'horlogerie dans le val de Morteau...*, mémoire cité.

36. À la différence d'un des aspects majeurs de la proto-industrialisation.

Serge CHASSAGNE, «Le rôle des marchands-fabricants dans la transition entre proto-industrie et industrie cotonnière dans la France du Nord-Ouest (1780-1840)», dans *Les industries textiles dans l'Ouest..., ouv. cité*, pp. 291-306; Didier TERRIER, *Les deux âges de la proto-industrie. Les tisserands du Cambrésis et du Saint-Quentinois, 1730-1880*, Paris, Éditions de l'École des hautes études en sciences sociales, 1997, 312 p.

37. Jean-Luc MAYAUD, «Industrialisation and financial networks : regional disparities in nineteenth century France», dans Philippe JOBERT et Michael MOSS [dir.], *The Birth and Death of Companies. An Historical Perspective*, Carnforth/Park Ridge, New Jersey, The Parthenon Publishing, 1990, pp. 137-156.

38. *Enquête sur le Jura depuis cent ans..., ouv. cité.*

39. Archives diocésaines de Saint-Claude (Jura), 13 K 1, registre cité.

40. Louis BERGERON, *L'industrialisation de la France, ouv. cité*, p. 23.

41. Catherine VUILLERMOT, *L'électrification du département du Doubs de la fin du XIXe siècle à 1945*, Mémoire de maîtrise sous la direction de Claude-Isabelle Brelot, Université de Franche-Comté, 1985, 176 f° + annexes; Catherine VUILLERMOT, «L'électrification du Jura des origines à la nationalisation (1892-1946)», dans *Travaux présentés par les membres de la Société d'émulation du Jura*, 1986-1987, pp. 255-270.

42. Jean-Luc MAYAUD, «Industrialisation and financial networks...», *art. cité*

43. Claude-Isabelle BRELOT et Jean-Luc MAYAUD, *L'industrie en sabots. Les conquêtes d'une ferme-atelier..., ouv. cité*, annexes prosopographiques; Jean-Luc MAYAUD, *Les patrons du Second Empire. Franche-Comté..., ouv. cité*; Johann HUMBERT, *Fabriques de faux dans le haut Doubs au XIXe siècle*, Mémoire de maîtrise sous la direction de Claude-Isabelle Brelot, Université de Franche-Comté, 2 volumes, 1994, 301 f° + annexes.

44. Anne-Marie PRODON, *Le pain de la terre, ouv. cité*, p. 146.

45. Jean-Luc MAYAUD, *Besançon horloger..., ouv. cité.*

46. Claude Gilbert BRISELANCE, *L'horlogerie dans le val de Morteau...*, mémoire cité; Natalie PETITEAU, *L'horlogerie des Bourgeois conquérants..., ouv. cité.*

47. Jean-Luc Mayaud, *Besançon horloger...*, *ouv. cité.*

48. David S. Landes, *Revolution in Time. Clocks and the Making of the Modern World*, Cambridge, The Belknap Press of Harward University Press, 1983, 482 p., traduction en français : *L'heure qu'il est. Les horlogers, la mesure du temps et la formation du monde moderne*, Bibliothèque illustrée des histoires, NRF, Paris, Gallimard, 1987, 623 p.

49. François Caron [dir.], *Entreprises et entrepreneurs...*, *ouv. cité* ; François Caron, *Le résistible déclin des sociétés industrielles*, Paris, Perrin, 1985, 330 p.

50. David S. Landes, « Évolution de l'industrie horlogère suisse (XIXe-XXe siècle) », dans *Revue d'histoire économique et sociale*, volume LIII, 1975, n° 1 ; François Jequier, *De la forge à la manufacture horlogère (XVIIIe-XXe siècles)*, Lausanne, Bibliothèque historique vaudoise, 1983, 717 p. ; François Jequier, « L'horlogerie du Jura : évolution des rapports de deux industries frontalières... », *art. cité* ; François Jequier, « Essai sur l'évolution des structures des entreprises familiales », dans Catherine Cardinal, François Jequier, Jean-Marc Barrelet et André Beyner [dir.], *L'homme et le temps en Suisse, 1291-1991*, La Chaux-de-Fonds, Institut l'homme et le temps, 1991, pp. 321-326 ; Jean-Luc Mayaud, *Besançon horloger...*, *ouv. cité* ; Jean-Luc Mayaud et Philippe Henry [dir.], *Horlogeries : le temps de l'histoire...*, *ouv. cité.*

51. Adrien Billerey, *Saint-Claude et ses industries...*, *ouv. cité.*

52. Ici comme dans l'horlogerie neuchâteloise, voir :

Marie-Jeanne Liengme, *Le sens de la mesure. L'émergence d'un discours historique centré sur l'industrie horlogère neuchâteloise*, Cahiers de l'Institut d'histoire, n° 2, Neuchâtel, Université d'histoire, 1994, 130 p. ; Marie-Jeanne Liengme Bessire, « La perception de l'histoire de l'horlogerie neuchâteloise à la fin du XIXe siècle », dans Jean-Luc Mayaud et Philippe Henry [dir.], *Horlogeries : le temps de l'histoire...*, *ouv. cité*, pp. 37-44 ; Marie-Jeanne Liengme Bessire, *L'industrialisation horlogère jurassienne (Suisse-France), 1850-1941 : représentations et identités*, Diplôme d'études approfondies sous la direction de Jean-Luc Mayaud, Université Lyon 2, 1997, 144 f°.

53. Jean-Luc Mayaud, *Les Secondes Républiques du Doubs...*, *ouv. cité*, pp. 84-99.

54. Anne-Marie Prodon, *Le pain de la terre...*, *ouv. cité*, p. 146.

55. Archives diocésaines de Saint-Claude (Jura), 13 K 1, registre cité.

56. Jean-Luc Mayaud, « Les souplesses de la proto-industrie... », *art. cité.*

57. Archives diocésaines de Saint-Claude (Jura), 13 K 1, registre cité.

Notes du chapitre 8

1. Claude-Isabelle BRELOT et Jean-Luc MAYAUD, *L'industrie en sabots. Les conquêtes d'une ferme-atelier...*, ouv. cité.

2. Guy-Daniel BOSSU, *L'industrie du jouet dans le Jura de 1919 à 1939*, Mémoire de maîtrise sous la direction de Janine Ponty, Université de Franche-Comté, 1992, 238 f°.

3. Lambrechure : revêtement de bois des étages du pignon ; en ranpendu : un balcon est aménagé dans la lambrechure.

4. Jean GARNERET, *La maison rurale en Franche-Comté*, Besançon, Éditions de Folklore comtois, 1968, 203 p. ; Jean GARNERET, Pierre BOURGIN, Bernard GUILLAUME, *Les maisons paysannes en Franche-Comté. Tome I : La maison du montagnon*, Besançon, Folklore comtois, 1980, pp. 220-221 ; Johann HUMBERT, *Fabriques de faux dans le haut Doubs...*, ouv. cité, tome II, f° 100, clichés n° 1 à n° 4 et plan n° 1.

5. Natalie PETITEAU, *L'horlogerie des Bourgeois conquérants...*, ouv. cité, pp. 34-37 et pp. 42-47.

6. Johann HUMBERT, *Fabriques de faux dans le haut Doubs...*, ouv. cité, tome I, plan n° 6 et cliché n° 9.

7. Jean-Luc MAYAUD, « Les souplesses de la proto-industrie... », art. cité.

8. Johann HUMBERT, *Fabriques de faux dans le haut Doubs...*, ouv. cité, tome II, plans n° 6, n° 9, n° 11 et clichés n° 6 à n° 8 ; plan n° 1 et clichés n° 12 et n° 13.

9. Claude-Isabelle BRELOT et Jean-Luc MAYAUD, *L'industrie en sabots. Les conquêtes d'une ferme-atelier...*, ouv. cité, pp. 48-51, pp. 56-57 et p. 63.

10. Johann HUMBERT, *Fabriques de faux dans le haut Doubs...*, ouv. cité, tome II, plan n° 3 et clichés n° 14 et n° 15.

11. *Ibidem*, plan n° 8 et clichés n° 26, n° 27 et n° 28.

12. Jean-Luc MAYAUD, *Les patrons du Second Empire. Franche-Comté...*, ouv. cité, pp. 136-137 ; Jean-Marc OLIVIER, *Société rurale et industrialisation douce...*, ouv. cité.

13. Paul-Louis PELET « La métallurgie aux champs. Le mythe de la ferme-atelier », dans *Revue suisse d'histoire*, volume 39, n° 2, 1989, pp. 157-163.

14. Claude-Isabelle BRELOT et Jean-Luc MAYAUD, *L'industrie en sabots. Les conquêtes d'une ferme-atelier...*, ouv. cité ; Johann HUMBERT, *Fabriques de faux dans le haut Doubs...*, ouv. cité, tome I, f° 102-104, f° 106, f° 109 et f° 216.

15. Laurence FONTAINE, « Le reti del credito... », art. cité.

16. Natalie PETITEAU, *L'horlogerie des Bourgeois conquérants...*, ouv. cité, pp. 45-48.

17. Johann Humbert, *Fabriques de faux dans le haut Doubs...*, *ouv. cité*, tome I, f° 122-123 et f° 166.

18. Jean-Luc Mayaud, *Les patrons du Second Empire. Franche-Comté...*, *ouv. cité*, pp. 78-88.

19. Johann Humbert, *Fabriques de faux dans le haut Doubs...*, *ouv. cité*, tome I, f° 23-27 et f° 194-200.

20. Jean Garneret, Pierre Bourgin, Bernard Guillaume, *Les maisons paysannes en Franche-Comté. Tome I: La maison du montagnon*, *ouv. cité*.

21. Claude-Isabelle Brelot et Jean-Luc Mayaud, *L'industrie en sabots. Les conquêtes d'une ferme-atelier...*, *ouv. cité*, pp. 107-108, p. 191, p. 192 et p. 224.

22. Jean-Luc Mayaud, « Pour une histoire des cultures rurales », dans Claude-Isabelle Brelot et Jean-Luc Mayaud [dir.], *Voyages en histoire...*, *ouv. cité*, pp. 153-165.

23. Jean-Luc Mayaud, « Les souplesses de la proto-industrie... », *art. cité*; Johann Humbert, *Fabriques de faux dans le haut Doubs...*, *ouv. cité*, tome I, f° 203 et f° 210-214, ainsi que les annexes généalogiques.

24. Louis Bergeron, *L'industrialisation de La France au XIXe siècle...*, *ouv. cité*, p. 11.

25. Anne-Marie Prodon, *Le pain de la terre...*, *ouv. cité*, p. 146.

26. Claude-Isabelle Brelot et Jean-Luc Mayaud, *L'industrie en sabots. Les conquêtes d'une ferme-atelier...*, *ouv. cité*, pp. 81-101.

27. Natalie Petiteau, *L'horlogerie des Bourgeois conquérants...*, *ouv. cité*, pp. 92-103.

28. Claude-Isabelle Brelot, « Pour une typologie des moteurs hydrauliques en Franche-Comté... », *art. cité*.

29. Claude-Isabelle Brelot, « Un équilibre dans la tension... », *art. cité*, pp. 368-373; Claude-Isabelle Brelot, « Typologie des établissements hydrauliques en Franche-Comté... », *art. cité*; Johann Humbert, *Fabriques de faux dans le haut Doubs...*, *ouv. cité*, tome I, f° 282; Jean-Marc Olivier, *Société rurale et industrialisation douce...*, *ouv. cité*.

30. Jean-Luc Mayaud, *Les patrons du Second Empire. Franche-Comté...*, *ouv. cité*, pp. 130-143; Jean-Marc Olivier, *Société rurale et industrialisation douce...*, *ouv. cité*; Natalie Petiteau, *L'horlogerie des Bourgeois conquérants...*, *ouv. cité*.

31. Jean-Luc Mayaud, « Les souplesses de la proto-industrie... », *art. cité*.

32. Claude-Isabelle Brelot, Philippe Jobert et Jean-Luc Mayaud, « The Financing of Businesses in the Proto-Industrial Age... », *art. cité*.

33. Johann Humbert, *Fabriques de faux dans le haut Doubs...*, *ouv. cité*, tome I, f° 106 et f° 165.

34. Jean-Luc MAYAUD, *Les patrons du Second Empire. Franche-Comté...*, ouv. cité.

35. Claude-Isabelle BRELOT et Jean-Luc MAYAUD, *L'industrie en sabots. Les conquêtes d'une ferme-atelier...*, ouv. cité.

36. Jean-Luc MAYAUD, «Les souplesses de la proto-industrie...», art. cité.

37. Claude-Isabelle BRELOT et Jean-Luc MAYAUD, *L'industrie en sabots. Les conquêtes d'une ferme-atelier...*, ouv. cité, p. 227 ; Johann HUMBERT, *Fabriques de faux dans le haut Doubs...*, ouv. cité, tome II, f° 43 et f° 102. Quelques-uns des meilleurs ouvriers de la taillanderie de Nans-sous-Sainte-Anne sont débauchés par les grosses maisons de l'industrie mécanique du Pays de Montbéliard.

38. Johann HUMBERT, *Fabriques de faux dans le haut Doubs...*, ouv. cité, tome I, f° 286.

39. François CARON, *Histoire économique de la France*, ouv. cité, p. 118.

Notes de la conclusion

1. «Ce n'est pas, bien sûr, comme le disait Lucien Febvre, la région qui compte, mais le problème qu'elle permet de poser, ou de reformuler en termes nouveaux», écrivent Louis Bergeron et Maurice Aymard dans la préface à Louis BERGERON [dir.], *La croissance régionale dans l'Europe méditerranéenne, XVIIIe-XXe siècles. Actes du colloque de Marseille, 16-18 juin 1988*, Paris, Éditions de l'École des hautes études en sciences sociales, 1992, 267 p. (p. 18).

2. Louis BERGERON [dir.], *La croissance régionale dans l'Europe méditerranéenne...*, ouv. cité.

3. Jean-François BERGIER, *Naissance et croissance de la Suisse industrielle*, Berne, Francke éditions, 1974, 170 p. ; Frédéric CHIFFELLE, «L'homme et la montagne : géographie humaine du Jura suisse», dans Jean BOICHARD [dir.], *Le Jura de la montagne à l'homme*, Toulouse/Lausanne, Privat/Payot, 1986, pp. 239-279.

4. Gilbert LOVIS, *Saulcy, histoire d'une communauté rurale jurassienne*, Porrentruy, Éditions Le pays, 1991, 399 p. (Réédition complétée de l'ouvrage de 1971) ; Sylvia ROBERT, «L'industrie dentellière dans les montagnes neuchâteloises aux XVIIIe et XIXe siècles. La comptabilité d'un négociant en dentelles de Couvet : le major Daniel-Henri Dubied», dans *Musée neuchâtelois*, 1988, pp. 69-95 ; Robert PINOT, «Monographie du Jura bernois. L'horloger de Saint-Imier», dans *La Science sociale*, août-décembre 1888 et janvier-novembre 1889, Paris, Firmint-Didot & Cie, 1888-1889, réédition dans Robert PINOT, *Paysans et horlogers jurassiens*, Genève, Éditions Grounauer, 1979, pp. 188-350 ; Christine GAGNEBIN-DIACON, «La fabrique et le village : la Tavannes Watch Co (1890-1918)», dans François KOHLER et Pierre-Yves MOESCHLER [dir.],

NOTES DE LA PAGE 186

Transformations économiques et changements sociaux dans le Jura : hier et aujourd'hui. Actes du 10ᵉ colloque du cercle d'études historiques, Tavannes, 22 octobre 1988 – Actes de la Société jurassienne d'émulation, 1988, pp. 229-240 ; Christine GAGNEBIN-DIACON, *La fabrique et le village : la Tavannes Watch Co (1890-1918)*, Porrentruy, Cercle d'études historiques de la Société jurassienne d'émulation, 1996, 134 p. ; Hugues SCHEURER, « Une entreprise familiale entre La Cibourg et Lisbonne (fin XVIIIᵉ-début XIXᵉ siècle) », dans Jean-Luc MAYAUD et Philippe HENRY [dir.], *Horlogeries : le temps de l'histoire..., ouv. cité*, pp. 157-168 ; Hugues SCHEURER, *Horlogerie et horlogers de la principauté et du canton de Neuchâtel (Suisse), 1750-1900*, Diplôme d'études approfondies sous la direction de Jean-Luc Mayaud, Université Lyon 2, 1996, 172 f° + annexes.

    5. Jean-Marc BARRELET, « Le développement d'une ville industrielle au XIXᵉ siècle. Le cas de la Chaux-de-Fonds, 1850-1914 », dans Paul BAIROCH et Anne-Marie PIUZ [dir.], *Des économies traditionnelles aux sociétés industrielles. Quatrième rencontre franco-suisse d'histoire économique et sociale. Genève, mai 1982*, Genève, Librairie Droz, 1985, pp. 25-58 ; Jean-Marc BARRELET et Jacques RAMSEYER, *La Chaux-de-Fonds ou le défi d'une cité horlogère, 1848-1914*, La Chaux-de-Fonds, Éditions d'En Haut, 1990, 214 p.

    6. François JEQUIER, *De la forge à la manufacture horlogère..., ouv. cité*.

    7. François JEQUIER, *Une entreprise horlogère du Val de Travers : Fleurier Watch Co SA. De l'atelier familial du XIXᵉ siècle aux concentrations du XXᵉ siècle*, Neuchâtel, Éditions de La Baconnière, 1972, 406 p. ; Béatrice VEYRASSAT, *Négociants et fabricants dans l'industrie cotonnière suisse, 1760-1840. Aux origines financières de l'industrialisation*, Lausanne, Payot, 1982, 281 p.

    8. Alun HOWKINS, *Reshaping Rural England. A Social History, 1850-1925*, Londres, Harper Collins Academic, 1991, 305 p.

    9. Piero BEVILACQUA [dir.], *Storia dell'agricoltura italiana in età contemporanea. I, Spazi e paesaggi. II, Uomini e classi. III, Mercati e istituzioni*, Venise, Marsilio Editori, 1989-1990-1991, 803 p., 893 p. et 1020 p.

    10. Victor BRETON SOLO DE ZALDIVAR, « ¿ De campesino a agricultor ? La pequeña producción familiar en el merco del desarrollo capitalista », dans *Noticiario de Historia Agraria. Revista Semestral del Seminario de Historia Agraria*, 3ᵉ année, n° 5, janvier-juin 1993, pp. 127-160 ; Ramon GARRABOU, « Trasformazioni strutturali dell' agricoltura europea durante la crisi : analisi del caso spagnolo », dans Pasquale VILLANI [dir.], *L'agricoltura in Europa e la nascita della « questione agraria »..., ouv. cité*, pp. 31-52.

11. Heinz-Gerhard HAUPT et Jean-Luc MAYAUD, « Der Bauer », dans Ute FRAVERT et Heinz-Gerhard HAUPT [dir.], *Der Mensch des 19.Jahrhunderts*, Francfort-sur-le-Main/New York, Campus Verlag, 1999, pp. 342-358.

12. Ronald HUBSCHER, « Modèles d'exploitation et comptabilité agricole... », *art. cité*; Bernard GARNIER et Ronald HUBSCHER, « Recherches sur une présentation quantifiée des revenus agricoles... », *art. cité*; Bernard GARNIER, « Comptabilité agricole et système de production : l'embouche bas-normande... », *art. cité*.

13. Ronald HUBSCHER, « La petite exploitation en France... », *art. cité*.

14. Maurice LÉVY-LEBOYER, *Le revenu agricole et la rente foncière en Basse-Normandie...*, *ouv. cité*; Maurice LÉVY-LEBOYER, « Les inégalités interrégionales : évolution au XIXe siècle », dans *Inégalités et solidarités dans l'agriculture française – Économie rurale*, n° 152, novembre-décembre 1982, pp. 26-33 ; Michel HAU, *La croissance économique de la Champagne...*, *ouv. cité*; François CARON, « Remarques sur la croissance bourguignonne principalement au XIXe siècle », dans *Annales de Bourgogne*, avril-décembre 1977 ; Michel HAU, « La résistance des régions d'agriculture intensive aux crises de la fin du XIXe siècle... », *art. cité*.

15. Jean-Luc MAYAUD, *150 ans d'excellence agricole en France...*, *ouv. cité*.

16. Concernant les grands notables : *Grands notables du Premier Empire*, 26 volumes publiés sous la direction de Louis Bergeron et de Guy Chaussinand-Nogaret ; Louis BERGERON et Guy CHAUSSINAND-NOGARET, *Les masses de granit. Cent mille notables du Premier Empire*, Paris, Éditions de l'École des hautes études en sciences sociales, 1979, 123 p. ; Louis BERGERON, « Les grands notables du Premier Empire. Problèmes de définition et d'étude d'une élite politique et sociale », dans *Pour une prosopographie des élites françaises (XVIe-XXe siècles). Table-ronde, Paris, 27 octobre 1979*, Paris, Institut d'histoire moderne et contemporaine, 1980, pp. 14-21.

Concernant les élites professionnelles : Christophe CHARLE, « Une enquête en cours de l'IHMC : le dictionnaire des universitaires français aux XIXe et XXe siècles », dans *Lettre d'information de l'Institut d'histoire moderne et contemporaine*, n° 8, 1984, pp. 5-8.

Concernant les patrons : Frédéric BARBIER [dir.], *Le patronat du Nord sous le Second Empire. Une approche prosopographique*, Genève/Paris, Librairie Droz/Librairie Champion, 1989, 424 p. ; Dominique BARJOT [dir.], *Les patrons du Second Empire. Anjou-Normandie-Maine*, Paris/Le Mans, Picard/Cénomane, 1991, 256 p. ; Philippe JOBERT [dir.], *Les patrons du Second Empire. Bourgogne*, Paris/Le Mans, Picard/Cénomane, 1991, 259 p. ; Jean-Luc MAYAUD, *Les patrons du Second Empire. Franche-Comté...*, *ouv. cité*.; Nicolas STROSKOPF, *Les patrons du Second Empire. Alsace*, Paris/Le Mans, Picard/Cénomane, 1994, 304 p.

Concernant les aristocraties ouvrières : Jean MAITRON [dir], *Dictionnaire biographique du mouvement ouvrier français*, Paris, Les Éditions ouvrières, 1964-1980, 15 volumes (périodes 1789-1864, 1864-1871, 1871-1914), aujourd'hui disponible sur CDRom.

17. Gilbert GARRIER, Pierre GOUJON et Yves RINAUDO, «Note d'orientation et de recherche sur la pluriactivité paysanne...», *art. cité*.

18. Ainsi qu'y invite Jacques Rémy : Jacques RÉMY, « La chaise, la vache et la charrue...», *art. cité* ;

Jacques RÉMY, « La canne et le marteau...», *art. cité* ; Jacques RÉMY, « Désastre ou couronnement d'une vie ?...», *art. cité*.

Voir, à travers l'exemple de Louis-François Pinagot, l'apport essentiel de ce type de source :

Jacques RÉMY, « Partage égalitaire et ventes aux enchères au siècle de Louis-François Pinagot », *art. cité*.

19. À titre d'exemple, et outre ceux cité *supra*, quelques DEA préparatoires à des thèses, sous ma direction, à l'Université Lyon 2 : Bertrand LAMURE, *Histoire du garde-champêtre dans la région Rhône-Alpes au XIXe siècle (1816-1914)*, 1996, 108 f° ; Laurence HUGOT, *Auberges et cabarets dans le Beaujolais. Étude économique et sociale (1836-1896)*, 1998, 2 volumes, 175 f° et 37 f° ; Mélanie METTRA, *Oliviers en Baronnies, XIXe-XXe siècles*, 1998, 121 f° + annexes ; Sébastien DURBIANO, *Les industries agro-alimentaires dans le département du Vaucluse aux XIXe-XXe siècles*, en cours.

20. Gaëlle CHARCOSSET et Jean-Luc MAYAUD, *Jean-Marie Dumont, agriculteur (1800-1865). Manuel d'histoire rurale contemporaine*, Paris, La Boutique de l'histoire éditions, à paraître en 1999.

21. Programme et équipe ont été présentés dans Jean-Luc MAYAUD, «L'Équipe "économies et sociétés rurales européennes contemporaines" du Centre Pierre Léon-Université Lumière Lyon 2, (UMR 5599 du CNRS)», dans *Ruralia. Revue de l'Association des ruralistes français*, n° 1, 1997, pp. 174-178. Un premier bilan des recherches en cours est en cours d'impression : *Histoire rurale, histoire sociale – Bulletin du Centre Pierre Léon d'histoire économique et sociale*, n° 1-2, 1999.

Table des cartes

Carte I	Superficie moyenne des exploitations en 1892	56
Carte II	Pourcentage des exploitations inférieures à 10 hectares en 1882	57
Carte III	Nombre d'exploitations inférieures à 10 hectares en 1892	58
Carte IV	Pourcentage des exploitations de 1 à 10 hectares en 1882	59
Carte V	Cotes foncières et exploitations inférieures à 1 hectare en 1882	60
Carte VI	Pourcentage des exploitations inférieures à 1 hectare en 1882	61
Carte VII	Nombre d'exploitations inférieures à 1 hectare en 1892	62
Carte VIII	Cotes foncières et exploitations de 1 à 5 hectares en 1882	63
Carte IX	Pourcentage des exploitations de 1 à 5 hectares en 1882	64
Carte X	Nombre d'exploitations de 1 à 5 hectares en 1892	65
Carte XI	Cotes foncières et exploitations de 5 à 10 hectares en 1882	66
Carte XII	Pourcentage des exploitations de 5 à 10 hectares en 1882	67
Carte XIII	Nombre d'exploitations de 5 à 10 hectares en 1892	68
Carte XIV	Les biens communaux en 1846	134
Carte XV	Les biens communaux en 1892	135
Carte XVI	Les terres incultes communales en 1892	136
Carte XVII	Les terres incultes des communaux en 1892	137
Carte XVIII	Les bois communaux en 1892	138
Carte XIX	Les bois des communaux en 1892	139
Carte XX	Les pâtures communales en 1892	140
Carte XXI	Les pâtures des communaux en 1892	141

Table des matières

AVERTISSEMENT	9
INTRODUCTION	13
Les apports de l'historiographie rurale	15
Les nouvelles lectures de l'objet rural	18
De la petite exploitation à l'économie de marché	21

PREMIÈRE PARTIE
La petite exploitation paysanne — 25

1. La France, un pays de petites exploitations agricoles	29
Omniprésence de la petite propriété	30
Réalité de la petite exploitation	36
Présupposé de la monoactivité agricole	47
Procès en routine et sous-développement	50
Dossier cartographique 1	55
2. La découverte de l'exploitation rurale	69
Ouvertures aux inflexions du marché	70
Désenclavement par la pluriactivité	74
Perméabilité aux circuits du crédit	80
3. Dynamisme et adaptations de l'exploitation rurale	83
Maintien et aptitudes à la reconversion	83
Reproduction et stratégies successorales	86
Reconnaissance par l'État	92
4. L'intégration à l'espace national	95
Moralisation du pauvre	96
Éducation du petit	100
Préservation de l'exploitation et mobilité sociale	106
Adhésion au politique	109

DEUXIÈME PARTIE
L'intégration de la petite exploitation :
de la communauté agraire au système agro-industriel — 113

5. Une communauté d'exploitations agricoles — 117
L'exploitation communautaire du terroir, frein au développement ? — 118
Les communaux, indispensables compléments à la petite exploitation — 121
Les moyens d'une spécialisation collective — 126

Dossier cartographique 2 — 133

6. Des choix agricoles collectifs — 143
Une gestion économique et financière au service des exploitations — 143
Des communautés réactivées par le mouvement coopératif — 147
Des spécialisations agricoles conquérantes — 153

7. Des stratégies pluriactives — 159
L'universalité de la pluriactivité — 160
La proto-industrialisation jurassienne : « un équilibre dans la tension » — 162
Dynamique de l'émulation — 170

8. Un système agro-industriel — 173
Symbiose active entre agriculture et industrie — 174
Pérennité de l'exploitation agricole — 176
« L'industrie en sabots » — 179

CONCLUSION — 185

Table des cartes — 275

Imprimé en France par IFC – 18390 Saint-Germain-du-Puy
N° d'imprimeur : 99/817 N° d'édition : 1144-01
Dépôt légal : novembre 1999